# 治家有道

## 曾国藩的家教密码

林乾　著

岳麓書社·长沙

**图书在版编目(CIP)数据**

治家有道/林乾著. --长沙:岳麓书社,2025.6(2026.1 重印).
ISBN 978-7-5538-2231-0

Ⅰ. B823.1

中国国家版本馆 CIP 数据核字第 2025TS0404 号

ZHI JIA YOUDAO

**治家有道**

作　　者:林　乾
出 版 人:崔　灿
出版统筹:马美著
责任编辑:刘　文　冷金成
责任校对:舒　舍
封面设计:赤　徉

岳麓书社出版发行
地址:湖南省长沙市爱民路 47 号
直销电话:0731-88804152　0731-88885616
邮编:410006

版次:2025 年 6 月第 1 版
印次:2026 年 1 月第 3 次印刷
开本:640mm×960mm　1/16
印张:22.75
字数:282 千字
书号:ISBN 978-7-5538-2231-0
定价:78.00 元

承印:长沙超峰印刷有限公司

如有印装质量问题,请与本社印务部联系
电话:0731-88884129

# 自序

“三代而下，教详于家”，这是明人张一桂对中国古代重视家庭教育的一句经典概括。

多年前我去意大利的佛罗伦萨，参观美第奇家族王宫，颇感惊讶的是，这个家族创造长达三百年的辉煌，特别是在文艺复兴中所发挥的至关重要作用，令人遐思不已。反观中国，也有创造历史的家族，如汉魏到南北朝时期，出现有名的政治门阀，乃至有“王与马共天下”的境况。但进入皇权越发强盛的隋唐以后，这样的家族几成历史的陈迹。百年家族颇不易寻觅。个中原因，值得我们深思。

当曾国藩与他的九弟曾国荃一起受封爵位的时候，曾家也成为中外瞩目第一家，保持或延续家族的荣耀，曾国藩担当起了关键先生，而且，他扮演这样的角色，早在他考中进士，步入翰林院之初，直到生命的最后一刻。

我个人以为，曾国藩家训中，最可贵之处，是他总结了四类家族（即官宦之家、商贾之家、耕读之家、孝友之家）的“兴衰周期率”。我想，孝友之家是曾国藩特别的“标目”。与我们的常识性判断恰恰相反，他认为官宦之家最易衰败，商贾之家次之，而延续长久的大多是耕读之家和孝友之家。这使我想到南方许多大户人家，特别是徽州地区，几乎门楣上都写有这样一副对联：

几百年人家无非积善；第一等好事只是读书。

这可以说是中国家族文化传承的核心价值。为此，第一，曾国藩提出，愿代代出秀才，秀才是读书的种子，世家的招牌，礼仪的旗帜。

第二，曾国藩提出，不以官位高低作为贤肖的标准。这反映出曾国藩对世事的洞明和透彻，也与常人所理解的迥然有别。一般人认为，只有家族出了高官显宦，才能光宗耀祖。曾国藩的四弟曾国潢就这样认为。为纠正这种错误的认识，曾国藩举出历史上很多一人之下万人之上的例证，包括汉朝的霍光、隋朝的杨素、盛唐宰相李林甫等等。他说这些人生前何尝不是赫奕一时，但不旋踵或遭灭族之诛，或被抄家流配。因此他告诫家人，对权力要有万分的敬畏，不可有丝毫的崇拜，提出“一入官场，即戴罪之身”的著名警示。

第三，曾国藩提出，凡家道长久者，不恃一时之官爵，而恃长远之家规；不恃一二人之骤发，而恃大众之维持。这一思想极为可贵。在传统社会，家族往往因“一人得道”而发迹、兴盛，反之亦然。道理很简单，家族是一个共同体小社会，每一个家庭成员都有责任维护家族的声誉。如果家族中出现“败类”，绝非仅影响其个人。曾国藩认识到，一个家族，如果靠一时的官爵，是断断无法维系长久的，因而，比起“个人”的因素，全家族都要遵守的家规更可靠更持久。而纳入家法族规的内容，一定有长久积累的过程。为此，他早在道光二十七年（1847）就提出：后辈子女无法则，立见消败，即便自己贵为宰相，又有什么值得骄傲的?！他一再要求主持家政的四弟曾国潢“立规条”，要求妻子“事事立个一定章程”。后来，逐渐形成与时俱进又有曾家特色的三代家训。

第四，曾国藩高度重视教育，认为一个担当公职的人，不但要“在邦无怨”，还要做到“在家无怨”。他通过自己多年的阅历体会，认识到人的天赋都差不多，而子女成才与否，是否走正路，关键在于教育。为此他提出“子弟之贤否，六分本于天生，四分由于家教”。他以下围棋为例说：生来就是围棋国手的，那是天赋，“屡学而不知局道，不辨死活者”，那是愚人。“此外，则皆相近之资”，这种情况下就看教育者的作用，“教者高，则习之而高矣；教者低，则习之而低矣”。他又以学习书法为例，说生来笔姿秀挺的，在于天赋，“屡学而拙如姜芽者”，那是愚人。此外“皆相近之姿，视乎教者何如。教者钟（钟繇）、王（王羲之），则众习于钟、王矣；教者苏（苏轼）、米（米芾），则众习于苏、米矣”。如果家长不能正确对待子女的教育，不能及时发现他们的短长，因慨叹子女没有天赋而放弃教育，“是犹执策而叹无马，岂真无马哉”。这就是说，子女都有成为千里马的可能，而能否使潜在的千里马变成现实中的千里马，就在于家长的教育。

早在道光二十二年（1842）前，曾国藩就有志编一部《曾氏家训》，并与他的九弟详细道及。但他很快就放弃了，为什么要放弃？他在日记中说：“因采择经史，若非经史烂熟胸中，则割裂零碎，毫无线索……故暂且不作《曾氏家训》。若将来胸中道理愈多，议论愈贯串，仍当为之。”实际还有一个重要原因，即曾家正在发达的路途中，而这一过程的家训积累似乎更有价值。后来曾国藩戎马倥偬，几乎没有闲暇时间，就明确以家书、日记代替家训。因而，笔者也以此作为解读曾国藩家训的主要依据，这大概符合曾国藩的原意。

本书在北京大学出版社 2019 年出版的原稿基础上，进行大幅度全面修改。谨此对岳麓书社崔灿社长、马美著总编辑，本书责任编辑刘文主任表达诚挚的谢意。

# 目录

## 第七章　立　志



## 第八章　劝　学



## 第九章　求　师

## 第十章　品格、习惯与意志力



## 第十一章　择　业



## 第十二章　交　友

# 第一章　家族文化、曾国藩的家世、家庭与家训

## 1．家训在中国文化中的地位

很多人都知道“六尺巷”这个有名的故事，说的是清朝康熙年间，时任文华殿大学士兼礼部尚书的张英，他老家安徽桐城的宅子与吴家为邻，两家院落之间有条巷子，供双方出入使用。后来吴家要建新房，想占这条路，张家人不同意，双方争执不下。这时，张家人写信寄给张英，请他出面解决。张英看了信后，认为应该礼让邻里，他的回信只写了四句话：“千里来书只为墙，让他三尺又何妨？万里长城今犹在，不见当年秦始皇。”家人阅罢，主动让出三尺空地。吴家见状，也主动让出三尺房基地，“六尺巷”由此得名。这个故事所提到的张家，就是清朝父子宰相张英、张廷玉之家。

桐城的“六尺巷”现在已成为传统文化道德教育基地，我去过两次，参观的人络绎不绝。“六尺巷”这个地方也是曾国藩一再跟他的弟弟曾国潢提到的。曾家是一个大家族，曾国潢没有做官，在家主持家务。曾国藩嘱咐这个弟弟，要好好读“父子宰相家训”（包括张英写的《聪训斋语》和张廷玉写的《澄怀园语》），说这是修身齐家的典范。这是张英和张廷玉父子撰写的。张家之所以能够父子两代相继在朝五十年，作为一品大员参与国家大政，而不出问题，这和张家良好的家风是分不开的。曾国藩至少五次推荐“父子宰相家训”，并说道：“句句皆吾肺腑所欲言。”可见，他对家风和家训非常重视。

“家”对中国人来说是一个非常重要的概念，与“家”关联的重要词语有“家庭”“家族”“家风”“家训”。中国人为什么如此重视家训？传统文化中，中国人“家”的概念跟西方“家”的概念不一样，可能也跟我们今天理解的“家”的概念不一样。我们今天所理解的“家”指的是狭义的“家庭”，是指有血缘关系的两代人，现在更多的是三口之家、四口之家，五口之家都很少了。三代以上的血缘关系都不是一个狭义的“家”了，而是“大家”了。也就是说，在我们今天不少家庭中，有血缘关系的祖父辈，可以说已经不包括在这个小小的“家”中了。但是，旧时的中国不是这样，中国古代的“家”更多的是指“家族”。今天我们国内有很多地方仍存在着古村落，大多数以姓氏来命名，如张家庄、李家庄。村庄是基层社会的一种组织结构，北方的村落一般以“屯”和“庄”来称呼，有时候村庄的名称就以居住的人的大姓命名，像我的老家村庄，就以林姓居多，所以叫“林家屯”，村一级也称林家村。

这些地名是中国传统文化在今天的遗存，反映了一种非常典型的聚族而居的村落文化。福建的土楼也是聚族而居，甚至是聚村而居，在北京也有这种情况。北京门头沟有一个叫“爨底下村”的地方，这个村子只有一个姓氏，就是韩姓，他们是明朝时从山西洪洞迁到此处，后来聚族而居，代代繁衍。像这种家族从什么时期起源的呢？从汉朝开始的。西汉末年出现了好多豪门大族，这些家族除了拥有大量的土地财富外，甚至拥有自己的军队，形成了很大的庄园地主势力，成为显赫一时的大家族，到了东汉后期更盛。我们熟悉的《三国演义》中，刘表、袁绍等都是豪强地主出身。这种家族文化到什么时候发展到极致呢？是宋朝。可以说中国的家族文化在宋代发展到了鼎盛时期，家族文化完成了一个大的建构。凡是一姓的族人，推认一个祖先，为祖先建立家庙、祠堂，还要修自己的族谱。小说《白鹿原》中，白、鹿两家是白鹿原上的大姓，白家一直担任村子里的族长，其他的小姓在此地就没有多大的话语权。族长作为官府承认的代理人，就可以制定乡约，乡约的权力来源于皇权，皇权支配宗族势力，族长就是执行乡约的人。就白鹿村乡约的内容而言，大多不外乎儒家修身、齐家、治国、平天下的人生哲学范畴，如在家族关系中要做到“能治其身，能修其家，能事父兄，能教子弟，能御童仆，能敬长上，能睦亲邻”等。这就是家族文化。我们在小说里会看得很清楚，明清以来都是这种文化设置，推举一个共主，建立一个祠堂，修一个家谱，同时还有祠田、族田。这种族田在南方非常普遍，特别是福建、江西的传统家族，其凝聚财富和人心的力量非常强。族田说白了，就是现在的公共事业。一个家族，出钱时不是每个人均摊，而是有钱出钱、有力出力，然后推举富裕的人或者告老还乡的致仕官员和有声望的贤达做这个族长，管理族田，建立一套完善的秩序制度，以维持大家族的发展和繁荣。由此可见，中国人特别重视家族，而一个家族的维系离不开家风和家训。

要管理一个家族，端正家风，就得有家法族规或者家训。关于家法族规，有的学者曾专门研究这个问题，像上海社会科学院的费成康先生，专门编了一本《中国的家法族规》。在中国传统社会中，有一个观点特别普遍，即“家国同构，移孝作忠”，也就是说，在家要尽子孝道，在朝要忠君报国。

这个观念和儒家的理念息息相关。儒家的创始人孔子，在《论语》中就提到了“仁”，“仁”有三个境界。第一个境界就是“己所不欲，勿施于人”，我们国家领导人提出构建人类命运共同体时就引用了这句话。这句话的意思大家耳熟能详，就是不能把自己的意志强加给别人。在家族文化当中也有这一层意思，尽管家法族规强调一个“严”字，但是不会强迫族人按照一个模式成长。

“仁”的第二个境界就是“出门如见大宾，使民如承大祭”。人要成长，就要自强不息，就好像每天都要见到尊贵的客人一样，不能懈怠，要恭敬认真，这就是“出门如见大宾”；还有“使民如承大祭”，作为国君，延至官员，不要轻易役使百姓，做上司的也不要轻易役使下属，这里讲的是对人的一种尊重。

“仁”的第三个境界，也就是最高的境界，是什么呢？即“在邦无怨，在家无怨”。“邦”是国家，“在邦无怨”就是你担任公职，要做到无怨无悔，把自己的工作做好，让别人无可挑剔，既要对得起自己，也要对得起你这一份拿百姓钱粮作为薪水的工作，这是公职人员应有的担当。除了“在邦无怨”，还有“在家无怨”，这就很自然地把在国家和在家庭当中扮演的角色联系起来。一个人做好他的本职工作，像大禹治水一样，三过家门而不入，公而忘私，国而忘家，感动了天子，天子传贤不传子，把天子之位给了大禹。但是儒家要求家庭角色也要扮演好，要“在家无怨”，当父母的要把家庭管理好、子女教育好，如果为人父母的，自己达到了人生的巅峰，很成功，子女的管教却一塌糊涂，这样发展下去，再好的家族也会像孟子所说的“君子之泽，五世而斩”，家族积累的荣光就到你为止了，这个家族文化会中断。为什么儒家如此推崇“在邦无怨，在家无怨”，把这两者并列起来呢？因为儒家重视家国同构。儒家经典《大学》一书中，就讲到了有名的“三纲八目”：“三纲”是“明明德”“亲民”“止于至善”，“八目”是“格物”“致知”“诚意”“正心”“修身”“齐家”“治国”“平天下”。八目中的“修”“齐”“治”“平”就是一个逻辑顺序：“身修而后家齐，家齐而后国治，国治而后天下平。”这样一个顺序，后面还有一个结论：“自天子以至于庶人，壹是皆以修身为本。”也就是说，从天子到黎民百姓，就只有一条道路，就是要以修身为本，才可以谈齐家、治国、平天下之事。

家族文化发展至今，跟我们所理解的太不一样了。今天甚至有丁克家庭，也就是不要孩子，过夫妻二人生活。这已经完全脱离了古代家族文化的范畴。从魏晋时期开始，国家的法律将亲族的“五服”关系纳入，有“准五服治罪”的说法。北京门头沟的爨底下村，“爨”字就是一个很难写的汉字，上面是一个兴（興）字头，林字站中间，大字下面架火烧。实际上，“爨”是中国古代的家族用语，就是共用一个灶台烧火做饭，而分爨就是分家。爨底下村这种大家族的聚落在中国古代非常多。据我看到的一个材料所言，在古代江州德安这个地方，有一陈姓家族，从唐末开始到北宋时期，两百多年共历十三世，延续人口有三千七百多，一直是一个大家族，没有分过家。宋朝的时候，朝廷和官府非常推崇这种大家族，算是达到了一种巅峰的状态。这种大家族的维系，靠的是什么？就是家法族规，也就是传承的家风和秉承的家训，这就是为什么家风、家训在中国古代如此重要的原因。今天虽然已经很少有过去那种大聚落的家族形式，基本上是小家小户，但是家庭环境和家庭的熏陶依然重要。为了创造一个良好的家庭环境，使子女无论在身体还是精神方面都健康成长，我们可以从古人的家训中寻找一些有益的启示。古人的家训涵盖面非常广，是经过几代、甚至十几代人的家族文化浓缩而成的规范，对于现代人来说，具有非常大的借鉴意义。

## 2. 曾国藩的家世、家庭

曾国藩所在家族自江西迁到湖南衡阳后，历世务农。自曾元吉将曾家从衡阳迁到大界，即位于衡阳、衡山与湘乡交界的高嵋山下，定下“勤俭立身”“耕读保家”的祖训后，曾家开始以耕读传家。曾国藩的曾祖父曾竟希（曾家尊为竟希公），卒于清嘉庆二十一年（1816），此时曾国藩5岁，是为四世同堂。竟希公少年曾在陈氏宗祠读书，说明曾家非常注重培养孩子读书。

曾国藩的祖父名玉屏，后来自己改为星冈（曾家尊为星冈公），与曾国藩的“祖孙情”非常深厚，曾国藩也深受他祖父的影响，其许多格言也来自祖父。星冈公少时没有读书，但为曾家留下许多做人做事的“规矩”。他中年时，已是儿孙满堂，十分重视子孙读书。曾国藩早年的读书先生，就是其祖父给请的。道光二十七年（1847），曾国藩升授内阁学士兼礼部侍郎衔，其祖父仍健在，他将此好消息告诉祖父。二年后，其祖父去世，享年76岁。安葬时，父亲曾麟书写信给在京为官的曾国藩，命他为文纪述祖父先德，揭诸墓道。曾国藩写道：祖父“威仪言论，实有雄伟非常之概，而终老山林，曾无奇遇重事一发其意。其型于家、式于乡邑者，又率依乎中道，无峻绝可惊之行。独其生平雅言，有足垂训来叶者”，于是敬述一二，以示后人。曾玉屏的妻子，即曾国藩的祖母王氏，属本邑“树德堂”王家，王家祠堂门前的对联“淮阴名家，荷叶巨族”，就出自曾国藩之手，由此可知曾国藩的祖母王氏也出身于大户人家。王氏比曾玉屏年长6岁，道光二十六年九月去世，享年80岁。曾玉屏排行第三，所居住的是湘乡之宅，名白玉堂。最初分家析产时，本来尚有良田，曾玉屏的长兄想要分得，曾玉屏不与之计较，所分的只有白玉堂老宅以及其他地方瘠田若干亩。这样，曾国藩的父亲另购黄金堂居住。曾玉屏很重视对先人的纪念，生前首倡为大界曾氏祖先修祠堂，认为“神之陟降，莫亲于祖考”，并留下“后世虽贫，礼不可隳；子孙虽愚，家祭不可简”等祖训。

曾国藩的父亲曾麟书，是星冈公的长子，曾家人尊为竹亭公。由于星冈公早年没有读书，于是把所有希望都寄托在曾麟书身上，而偏偏这个儿子禀赋不是那么好，“平生困苦于学，课徒传业者盖二十有余年”，参加童生试17次，直到43岁才取中生员，俗称秀才。曾国藩在《台洲墓表》中感慨道：“吾曾氏由衡阳至湘乡五六百载，曾无人与于科目秀才之列。至是乃若创获，何其难也。自国初徙湘乡，累世力农，至我王考星冈府君（指星冈公）乃大以不学为耻，讲求礼制，宾接文士，教督我考府君（指曾麟书）穷年磨厉，期于有成。”星冈公对长子曾麟书训诫极严，他也经常把自己在他人处所受的气撒到曾麟书身上。据曾国藩记载，星冈公“气象尊严，凛然难犯。其责府君也尤峻，往往稠人广坐，壮声诃斥；或有所不快于他人，亦痛绳长子。竟日嗃嗃，诘数愆尤。间作激宕之辞，以为岂少我耶？举家耸惧，府君则起敬起孝，屏气负墙，踧踖徐进，愉色如初”。星冈公去世时，曾国藩已39岁，年届中年，他亲眼所见，祖父对父亲的严厉，使得全家人大气都不敢出，曾麟书的个性也受到压抑。

曾麟书的妻子江氏，比丈夫年长5岁。她是湘乡兴让八都道常恬江沛霖之女，乳名“怜妹子”。出嫁后因丈夫曾麟书在族中大排行第四，人称麟四嫂，曾家晚辈人称江太夫人。江氏的乳名叫“怜妹子”，提起这一远近皆知的称谓还有一段“掌故”。江氏原籍江西，迁到湘乡后，到第十二代的男主人名叫江嘉爵，康熙十年（1671）病故，卒年五十岁。按当时农村的习俗，一般而言，人死后要请风水先生找一块墓地安葬，以图后代吉盛。不知是江嘉爵故去的突然，还是其他缘故，江氏卒后没有请风水先生相“阴宅”，而被安葬于湘乡二十都上山田冲仙人山的“仙女袒肤”。风水先生说：此仙乃处女，安葬于此的人户要“洗女”九代，即九代头胎女孩都不能让她活下来，否则男家不兴旺。江嘉爵至江沛霖共六传，繁衍28个男孩，却无一个女孩活下来。这说明江氏的许多女婴很可能都被遗弃了。而且，奇怪的是，尽管江氏六代以来生的都是男孩，却没有一个出仕为官的。江氏出生后，她的父亲将她偷偷地丢到床下，想让她冻饿而死。可是这个女孩的命实在太大，到半夜去看时，她仍然活着。江沛霖心中大惊，双手瘫软，说："可怜，可怜，罪过在我，你不应该死啊！"江沛霖的妻子到江家后，生的这个女孩是头胎，因此也舍不得这个亲骨肉，连忙将冻得半死的孩子抱进怀里。女儿很快苏醒了。家里的人又喜又忧，喜的是女孩命长；忧的是江家将来不会兴旺发达。因为女孩被冻了大半夜，家人都很可怜她，因而起个乳名叫"怜妹子"，长大后改为玲妹子。

按照迷信的说法，江氏家中已"洗女"六代，或者说六代无女孩，但没有"洗九代"。因此，很可能发男家，即江氏女孩出嫁的男家会兴旺发达。说来奇怪，江氏嫁给曾麟书后，曾家真的人兴财旺。丈夫成为秀才，儿子官封一品，可谓荣华已极。因此江氏家族几百年后还有人说，曾国藩家的升官发财是靠江氏祖先葬的这处"仙女袒肤"地。

最初，江家的条件显然要比曾家好，也有一些积蓄，而且，江沛霖的父亲是国学生员，算是有功名。曾国藩年幼时也曾在外祖父家读过书。据曾国藩的父亲曾麟书《江公良济及刘夫人墓碑》所记，江沛霖科场不中，但数十年"简册不离手"，为人又"轻财好义，家遂中落"。他一再激励自己的女婿曾麟书："吾知汝固能力学者，汝后嗣昌大有成，足以重为吾道之光，勉乎哉！"外公很看重曾国藩这个外孙。曾国藩十岁时就能写简单的文章，这年的腊月，曾麟书带着家眷看望江家，外公见曾国藩的文字就很器重。十年后，曾国藩学业粗有所成，外公喜不自胜。道光十四年（1834），得知24岁的外孙曾国藩考中举人，江沛霖对女婿曾麟书说："吾向者固知汝后力学有大成，足以重为吾道之光，此特其发轫耳!”

曾国藩对外公一家充满感情。道光十九年十月，曾国藩回京散馆（庶吉士）前，专程到道常恬看望舅家。见大舅陶穴而居，种菜而食，为恻然者久之。通十舅（二舅）送外甥时，对他说：“外甥做外官，则阿舅来作烧火夫也。”南五舅（三舅）送至长沙，握手曰：“明年送外甥妇来京。”曾国藩说：“京城苦，舅勿来。”三舅曰：“然。然吾终寻汝任所也。”言已泣下。道光二十四年，曾国藩在京做官，给家中几个弟弟写信说：“兄念母舅皆已年高，饥寒之况可想。而十舅且死矣，及今不一援手，则大舅、五舅者又能沾我辈之余润乎？十舅虽死，兄意犹当恤其妻子；且从俗为之延僧，如所谓道场者，以慰逝者之魂而尽吾不忍死其舅之心。我弟我弟，以为可乎?”曾国藩在京一直借债生活，但不忘寄钱周济舅家。大舅八十岁时，曾国藩写信：“大舅、五舅、龙三表弟向例各三串，今年大舅八十，拟添一串。”

咸丰七年，他在籍守父丧期间，还专程到三舅家为舅母 81 岁生日庆贺，还接二舅到腰里住上五天。曾国藩为官清廉，但表示“南五舅父处，余必寄贺信并寄薄礼”。咸丰十一年，曾国藩在军中得知南五舅母去世，当即给四弟曾国潢写信：“南五舅母弃世，纪泽往吊后，弟亦往吊唁否？此等处，吾兄弟中有亲往者为妙。从前星冈公之于彭家并无厚礼厚物，而意甚殷勤，亲去之时甚多。我兄弟宜取以为法。大抵富贵人家气习，礼物厚而情意薄，使人多而亲到少。吾兄弟若能彼此常常互相规诫，必有裨益。”

曾麟书还有个弟弟名曾骥云，曾骥云生于嘉庆十二年（1807），仅比曾国藩大 4 岁。但曾国藩十分尊重叔父。由于曾骥云所娶罗氏不能生产，而长兄曾麟书多子女，于是想把长兄之子过继一个为子。但曾国藩的母亲不允。道光十九年，曾国藩考中进士回乡期间，再三做母亲的工作，当年十月，曾国藩六弟曾国华过继给叔父为子。曾国藩在这个月二十六日的日记中记载了这件事："以三弟（大排行为六弟）温甫出抚与叔父高轩为嗣。先是，温甫少时，星者言其当作叔父义儿乃得长生，乡俗呼干爷也。后叔父无子，婶母病十余年，祖父屡次欲以温甫出抚，未果。本年七月，叔父以见嘱托，母亲不允，至是再四劝谐。是日请族戚四席。"

以上属于曾国藩的家世，下面讲曾国藩的家庭。曾国藩父母的情况已如前述。

曾国藩兄弟姊妹，共 9 人。其中兄弟 5 人。他居长，依次为四弟曾国潢、六弟曾国华、九弟曾国荃、季弟曾国葆。曾国藩有四个姊妹。大姐曾国兰，比曾国藩长 3 岁。乳名"男妹子"，是曾国藩祖父星冈公所赐，曾国藩后改为"兰"字。她嫁给贺家坳王国九为妻，生二子一女。长子王临三、次子王昆八。这就是曾国藩的两个长外甥。

大妹曾国蕙，比曾国藩小 3 岁，曾国藩家信中称为"二妹""蕙妹"。在曾国藩九兄弟姊妹中，蕙妹心灵手巧，工于女红。也嫁给贺家坳王姓，丈夫王待聘，又名王率五，曾国藩称为"待聘妹夫""率五妹夫"。王待聘与王国九是没出服的兄弟，而曾国藩的大姐、二妹嫁给前后王氏兄弟，故同住大屋，难免有些芥蒂，曾国藩多次写信予以调解，后来又让二妹搬出王家大屋另外居住。曾国藩在京为官的道光二十四年（1844），这个妹夫与其从弟仕四，历经艰辛，千里迢迢到京城，带来曾家的情况，还希望妻兄给找个差事。曾国藩写信告诉家中父母说：率五二人"初到京时，遍身衣裤鞋袜皆坏，件件临时新制，而率五仍不知艰苦。京城实无位置他处，只得暂留男寓，待有便即令他回家。男自调停妥当，家中不必挂心，蕙妹亦不必着急。至于仕四，目前尚在男寓吃饭。待一月既满，如有朋友回南，则荐仕四作仆人带归；如无便可荐，则亦只得麾之出门，不能长留男寓也。湖北主考仓少平系男同年相好，男托仓（少平）带仕四到湖北。仓（少平）七月初一出京，男给仕四钱约六千，即可安乐到家。本不欲优待他，然不如此，则渠必流落京城，终恐为男之累，不如早打发他回为妥。”

曾国藩一来职位不高，再者觉得做个最低的小吏，也要十年以上，于是一再劝妹夫回乡。当年八月，曾国藩的同年进士、同籍陈源兖的弟弟病逝于京，曾国藩遂将妹夫托其同年带回，并给祖父写信，详告情况之余，请家人要善待妹夫：“八月二十八日，陈岱云之弟送灵榇回南，坐粮船。孙以率五妹夫与之同伴南归。船钱饭钱，陈宅皆不受。孙（曾国藩自称）送至城外，率五挥泪而别，甚为可怜。率五来意，本欲考供事，冀得一官以养家。孙以供事必须十余年乃可得一典史，宦海风波，安危莫卜，卑官小吏，尤多危机，每见佐杂末秩下场鲜有好者。孙在外已久，阅历已多，故再三苦言劝率五居乡，勤俭守旧，不必出外做官。劝之既久，率五亦以为然。其打发行李诸物，孙一一办妥，另开单呈览。”“率五至家，大约在春初可以到家。渠不告而出，心中怀惭。到家后，望大人不加责，并戒家中及近处无相讥讪为幸。”咸丰四年（1854），王待聘暴亡后，曾国藩对二妹照顾有加，还破例让大姐次子王昆八、二妹长子王叶亭到军营，给他们安排一些临时差事，同时尽长舅教育外甥之责。同治三年（1864），二妹病逝，曾国藩送一百五十两银以为赙仪。或许王叶亭与曾国藩的幼子曾纪鸿年龄相仿，二妹去世后，曾国藩令王叶亭与曾纪鸿一起到金陵、保定衙署。经过曾国藩亲自督教，“叶亭甥侍此一年，胸襟日畅，文与字均长进也”。曾国藩后来还让这个外甥做草拟文件等事。曾国荃、李鸿章也相继推荐王叶亭做事，王也颇为争气，后北上参加顺天乡试。

曾国藩的三妹曾国芝，比曾国藩小 6 岁，自幼患佝偻病，故曾国藩特别怜爱这个妹妹，三妹自幼就跟从长兄读书，故姊妹中以她识字最多。由于身体有缺陷，曾家对国芝的婚事非常慎重，担心找不到好人家会受虐待。曾国藩考中进士留在翰林院后，曾家在乡里中的地位明显提高，经朱尧阶提亲，曾国藩亲自张罗，22岁的曾国芝嫁给朱咏春为妻。曾国藩在当天的日记中记载：“昨夜未睡。是日黎明，送四妹出阁。父亲、母亲、余及二妹送亲，共夫七十八名，并朱家来夫百一十二名。日中，饭黄巢山。夜，宿梓门桥。早，与朱家约黄巢山媒轿来往及亲轿来往共四餐，皆余家办；紫门桥来往四餐，皆朱家办。四妹出阁，哭甚哀，余亦甚难为情。”二年后，三妹生下一子，名朱震四（同治三年去世）。道光二十六年，曾国芝因难产而逝，年仅29岁。

曾国藩还有一个最小的妹妹，在九兄弟姊妹中也最小，故称“满妹”。8岁时与曾国藩长子桢第死于痘疫。

曾国藩的“小家庭”，他与夫人欧阳夫人，共生育8个子女：

长子幼殇。

次子曾纪泽，道光十九年十一月生于荷叶塘白玉堂。

三子曾纪鸿，道光二十八年生于京城寓所。

长女曾纪静，道光二十一年生于京城。

次女曾纪耀，道光二十三年生于京城。

三女曾纪琛，道光二十四年生于京城。

四女曾纪纯，道光二十六年生于京城。

满女曾纪芬，咸丰二年生于京城。

## 3. 曾国藩家训由来

中国古代的家训很多，现存的第一部最完整的家训是《颜氏家训》，作者是南北朝时期的颜之推，这部家训可以说是古今家训之祖。

全书七卷二十篇，大约成书于隋朝年间，是颜之推记述个人经历、思想、学识以告诫子孙的著作。“教子篇”“兄弟篇”“治家篇”“勉学篇”“涉务篇”“养生篇”等影响尤为久远。颜之推一生，历仕四朝，三为亡国之人，饱尝离乱之苦，并无赫赫之功，未列显官之位，却因一部《颜氏家训》而享千秋盛名。而为这部家训做解读的版本有十几种，推崇的人更多。清人王钺称赞家训“篇篇药石，言言龟鉴，凡为人子弟者，可家置一册，奉为明训，不独颜氏”。当代著名学者王利器为之所作“集解”，是权威的版本。

还有一部是宋朝的司马光所著的《温公家范》，因司马光去世后被追封为温国公，故以“温公”指代司马光。“家范”是家训的典范，名字不一样，但也是家训。司马光的事迹很多，有名的“司马光砸缸”堪称家喻户晓。他官至宰相，与改革家王安石私交甚好，但是他反对王安石变法，两个人朝堂之上争得面红耳赤，朝堂之下却是好朋友。司马光一生中还有一个非常重要的贡献，即创造“通鉴体”，与一般的编年不一样，他主持编撰的《资治通鉴》，在中国史学体裁系统中是很重要的一部。顾名思义，这部史书主旨就是“鉴于往事，有资于治道”，以历史的得失作为鉴诫来加强统治。《温公家范》采集了《周易》《大学》《孝经》《礼经》等所述道德准则与历代相关人物事迹，又辅以司马光本人的论述，司马光称该书“皆圣人正家以正天下者也……可为人法者”，强调治家以礼为先。他在家范中提出的许多思想，至今仍足以发人深思。他引用前人论述，在论及“才”与“财”的关系时，提出：“贤而多财，则损其志；愚而多财，则益其过。”在论及“才”与“官”的关系时，他提出：“能薄而官大，是谓婴害；无功而家昌，是谓积殃。”

清朝最有名的家训，是曾国藩一直推崇的“父子宰相家训”，以及雍正帝后来回忆他的父亲康熙帝教育子女的《庭训格言》，还有就是我讲的曾国藩家训。曾国藩家训现今流传的版本不多，曾国藩生前也没有成书，只是散记于曾国藩的书信和日记中。曾国藩早年的时候，曾立志要做一部家训，这是在道光二十二年（1842）的时候在日记中提到过的，而且还跟他的九弟曾国荃详细地讲过。那时他在京城做官，带着曾国荃读书。曾国荃非常有名，后来协助曾国藩筹建湘军，打太平军，是湘军有名的猛将。这两个曾氏兄弟相差十三岁，曾国藩考了进士后，留在了翰林院，在京城做官，希望最小的弟弟将来能够有出息，就把他留在自己的身边读书。但是曾国荃受不了兄长的严厉课读，在曾国藩京城的家中住了半年多就嚷着要回家，对此作为兄长的曾国藩很痛心，训斥无效后，便把这件事情告诉老父亲。

道光二十一年，五月十八日信中说："九弟功课有常。《礼记》九本已点完，《(纲)鉴(易知录)》已看至三国，《斯文精萃》诗、文各已读半本。诗略进功，文章未进功，男亦不求速效。观其领悟，已有心得，大约手不从心耳。"

三个月后又信告家人："九弟《礼记》读完，现读《周礼》。"

九月十五日信中说："九弟迫思南归，不解何故。自九月初间即言欲归，男始闻骇异，再四就询，终不明言。不知男何处不友，遂尔开罪于弟，使弟不愿同居。男劝其明白陈辞，万不可蕴藏于心，稍生猜疑。如男有不是，弟宜正容责之，婉言导之，使男改过自赎。再三劝谕，弟终无一言。如男全无过愆，弟愿归侍定省，亦宜写信先告知父亲。待回信到时，家中谕令南归，然后择伴束装，尚未为晚。男因弟归志已决，百计阻留，劝其多住四十天。而弟仍不愿，欲与彭山屺同归。彭会试罢屈，拟九月底南旋，现在尚少途费，待渠家寄银来京。男目下已告匮，九弟若归，途费甚难措办。……自从闰三月以来，弟未尝片语违忤，男亦从未加以词色，兄弟极为湛乐。兹忽欲归，男寝馈难安，展转思维，不解何故。男万难辞咎。父亲寄谕来京，先责男教书不尽职、待弟不友爱之罪，后责弟少年无知之罪，弟当翻然改寤。男教训不先，鞠爱不切，不胜战栗待罪之至。伏望父母亲俯赐惩责，俾知悛悔遵守，断不敢怙过饰非，致兄弟仍稍有嫌隙。男谨禀告家中，望无使外人闻知，疑男兄弟不睦。盖九弟不过坚执，实无丝毫怨男也。"

在曾国藩三十岁生日时，曾国荃向长兄祝寿，经过长兄的一再开导，又值父亲大人写手谕劝其"境遇难得，光阴不再"，九弟自此不再想回家。十二月，曾国藩信告家人："九弟读书，近有李碧峰同居，较有乐趣。男精神不甚好，不能勤教，亦不督责。每日兄弟语笑欢娱，萧然自乐，而九弟似有进境。"

到次年七月，曾国荃结束在京与长兄一家共同生活一年半的时光，启程回家。曾国藩向祖父写信总结说："九弟自到京后，去年上半年用功甚好。六月因甲三（曾纪泽）病，耽搁半月余。九月弟欲归，不肯读书，耽搁两月。今春弟病耽搁两月。其余工夫，或作或辍，虽多间断，亦有长进。计此一年半之中，惟书法进功最大。外此则看《纲鉴》三十六本，读《礼记》四本，读《周礼》一本，读《斯文精萃》两本半，因《周礼》读不熟，故换读《精萃》，作文六十余篇，读文三十余首。父亲出京后，孙未尝按期改文，未尝讲书，未能按期点诗文。此孙之过，无所逃罪者也。读文作文全不用心，凡事无恒，屡责不改。此九弟之过也。好与弟谈伦常、讲品行，使之扩见识、立远志，目前已颇识为学之次第，将来有路可循。此孙堪对祖父者也。待兄甚敬，待侄辈甚慈，循规蹈矩，一切匪彝慆淫之事毫不敢近，举止大方，性情挚厚。此弟之好处也。弟有最坏之处，在于不知艰苦。年纪本轻，又未尝辛苦，宜其不知；再过几年，应该知道。九弟约计可于九月半到家。孙恐家中骇异，疑兄弟或有嫌隙，致生忧虑，故将在京出京情形，述其梗概。至琐细之故，九弟到家详述，使堂上大人知孙兄弟绝无纤介之隙也。”

从这些事情中，曾国藩深知作家训的重要性。

但是，作家训不易，因为家训是家族文化的传承和集大成，每一句话要有出处，要言之有据，引经据典，才具有教育的权威性。旧时代很多普通家庭也有家训，但传下来的并不多。而世家大族由于经济、文化的优势，往往能把家训传下来。家训要符合经义，在义理的层面中，有理论基础。曾国藩说作家训要采集经史，经史没有在心中烂熟，那是写不好家训的；除此之外，还要采集诸子之言。作家训不能东抄西凑，那样的话意义不贯通，跟家族没有什么关联，抄来的家训也没有什么用。所以，曾国藩写了一段时间之后，觉得很难完成，只好作罢，等将来时机成熟时，再来总结家训。

道光二十二年，曾国藩在京城为官，翰林院检讨平时没有什么事，而读书养望是其“本职”。曾国藩此时加入倭仁所办的“正学会”，与京城有名的士人交往颇多，并深受他们的影响。当年七月，他的九弟曾国荃回家乡，九月，四弟曾国潢、六弟曾国华又在童生试中不售，曾国藩深知自己责任重大，一再给家中长辈、几个弟弟写信，也想编曾氏家训。但直到道光二十四年（1844）八月，才开始编纂。八月初六日记：“下半天细思家训条例。夜抄家训百字，自誓以后非有大故，每日皆抄百字；倘有不抄，永绝书香。”在随后的八月七日、八日等多日，记载“夜抄家训百余字”“抄家训二百余字”。

根据黎庶昌（1837—1897）编撰的《曾文正公年谱》记载，道光二十八年，曾国藩“又采辑古今名臣大儒言论，分条编录为《曾氏家训长编》，分修身、齐家、治国为三门，其目三十有二”。也就是说，曾国藩为家训编了三十二类，共计分为三大篇，分别为修身、齐家、治国。根据这个记载，曾国藩为了写家训这部书，做了基础工作，但是现存的曾国藩的资料，没有找到《曾氏家训长编》。黎庶昌是曾国藩的四大弟子之一，也是诸弟子中为曾国藩非常器重的一位，他讲的应该是有依据的，但是我们没有看到原书。还有，曾国藩去世后，他的弟子李瀚章编纂的，也是流传范围最广的《曾文正公全集》，也没有收录家训（家书也没有收录）。至于后来出现的上、下两卷本《曾国藩家训》（或称《曾公家训》《曾文正公家训》），属于坊刻的，是湖南传忠书局在光绪年间印行的；还有在曾国藩的弟子王定安所编的《求阙斋弟子记》（曾国藩在京城时把书斋命名为"求阙斋"）中卷二十五、二十六的曾国藩家训。这两者内容大同小异。尽管曾国藩生前没有编一部完整的家训，但是曾国藩经常说自己是把一部分家书代替了家训，有时也把日记作为家训，还有的内容，曾国藩明确为"家训"。如同治四年十一月初十日记："作'家训'四条，教训儿妇诸女，约六百余字，至二更始毕。"这四条家训，曾国藩家书在此时间前后并无记载，似即同治九年所书"慎独""主敬""求仁""习劳"四条。

与作家训相关的还有一事，就是修族谱。曾国藩对此极为用心。那是道光十九年，他考中进士，留在翰林院之初，回乡期间，因赶上时疫，他的长子纪桢及满妹"皆以逆症夭亡"，故耽搁回程。这年四月起，他与主持修族谱的叔父曾骥云多次商议，又约族人至公屋议请，还亲自或派人至衡阳、清泉、耒阳、永兴、安化、宝庆等地，厘清源流。八月十七日，他遇到"族中有名国正者，在宝庆营。其父故衡阳，随母至湘乡，因徙寓宝庆，娶金氏，生国正兄弟四人"。曾国藩"因修谱事，踪迹其源流，悯其孤苦，因教之勤俭忠信。复至两营及协镇都督处，托其照拂"。在曾国藩的协助下，湘乡大界曾氏族谱，于次年修成。是为三修族谱。其后，又先后于光绪二十六年（1900）、民国三十五年（1946），由曾国藩后人第四次、第五次修成族谱。曾氏家族最近一次修族谱，是2010年，历时八年，至2018年刊行。第二卷收有“祖训”。

我们今天所讲的曾国藩家训的内容，主要依据曾国藩家书、日记等作品。

《求阙斋弟子记》所录曾国藩家训二卷和光绪年间坊间所刻的《曾文正公家训》，流传较广的应属后者。钱穆是鼎鼎有名的大学问家，有名的著作有《国史大纲》《中国历代政治得失》《人生十论》等。他在《人生十论》的前言中说：

有一天，那是四月初夏之傍晚，独自拿着一本东汉书，在北廊闲诵，忽然想起曾文正公的家书家训来，那是十年来时时指导我读书和做人的一部书。我想，曾文正教人要有恒，他教人读书须从头到尾读，不要随意翻阅，也不要半途中止。我自问，除却读小说，从没有一部书从头通体读的。我一时自惭，想依照曾文正训诫，痛改我旧习。

他读到的那个版本，应该是坊间翻刻的传忠书局本。连钱穆这样的大学者，都把他的一生成就归之于读曾国藩的家训，可见曾国藩的家训在民国时期影响之大。

还有，锺叔河先生编辑的《曾国藩往来家书全编》，是搜集最全的曾国藩的家书集。古代通讯不发达，可以说是“家书抵万金”。《全编》分为三编，即长辈编、教子编、诸弟编，把曾国藩和父辈及兄弟、子侄辈之间往来的书信都收进去了，包括由曾氏后人带到中国台北的，约1047件，共收2119件家书。《全编》还作了一些注解，因为有一些方言土语，加之时代语境不同，不但湖南以外的人不易理解，即便湖南人也不能全部理解。从家书可以得知，曾国藩早年所记不少是流水账，如告诉父亲钱怎么花、给舅舅几两等。曾氏后人带到中国台北的，其中一部分，由学生书局影印，以《湘乡曾氏文献》为名出版。《湘乡曾氏文献》手稿中有一部分为《曾文正公家训》，这也是我们研究其家训的主要依据之一。

还需要提出的是唐浩明先生评点的《曾国藩家书》，他对366封曾国藩写给长辈、诸弟、子侄的家书进行详细评点，每一封均拟标（主）题，评点内容既详尽又切当。这本书对理解家书内容、写作背景、主旨等均有大裨益，是目前对家书最详尽的评点本。

曾国藩的家书，多数来自十几年行军打仗、为人修身的阅历。蒋介石经常对其子蒋经国讲，曾国藩家书“皆阅历之语”，就是自己阅历得来的东西；而且读的时候朗朗上口，有无穷意蕴在其中。笔者每次讲课，听者要我推荐关于曾国藩的书籍，我总是推荐曾国藩家书、日记。其他方面像奏折之类，一般人可能不太容易理解，但家书人人都可以看，并从中受益。因为家书讲的都是家庭日常之事，更多的是为人处世的道理，从这些书信中可以看到曾国藩如何确立家训、家规的。

以上对中国的家族文化、家训在家族文化中的地位，以及曾国藩家训的由来，作了一个简单的介绍。下面进入曾国藩家训的基本内容。

# 第二章　曾国藩的『家族兴衰周期律』

## 1. 官宦之家

所谓的“家族兴衰周期律”是一个长期以来被研究的话题。曾国藩关于家族兴衰的观点，涵盖面非常广，士农工商都被涵盖在内，可以说是涵盖了当时整个社会职业的四大群体。曾国藩对此得出的结论，可能令我们大家都想不到，他认为哪种家庭最长久呢？当然不是士，士指的是官僚士大夫，官宦之家是中国旧时一种比较特别的家族。他说：

细思凡天下官宦之家，多只一代享用便尽。其子孙始而骄佚，继而流荡，终而沟壑，能庆延一二代者鲜矣。

也就是说，官宦之家大多数是一代享用便尽，延续一两代的很少。中国人常讲“一朝天子一朝臣”“铁打的衙门流水的官”，曾国藩在家训中讲，子弟不必做官。中国古人的很多家训也都这样说。三国时期的诸葛亮在家训中曾说：“不为良相，便为良医。”也是不希望后人汲汲于做官。曾国藩尤其强调后人不要打仗当将军，他说，杀戮易于造孽，不易于积善。《易经》中也认为：“积善之家，必有余庆；积不善之家，必有余殃。”一个人一生行善积德，不一定在这一代当中得到回报，但很可能在下一代得到老天的眷顾。曾国藩认为打仗毕竟是流血、掉脑袋的事情，易于造杀孽，不易于积善，所以他希望后人不要做将军，行杀戮之事。他认为官宦之家，大多是一代便把富贵荣华享用完了，而第二代延续的就很少，张英、张廷玉的“父子宰相家训”之所以如此受推崇，就在于他们能一代一代地延续下来。

作为高官，应该如何管理一个大家族，曾国藩对此特别用心，提出做高官的子弟以半字不涉官府、公庭为要。我觉得对今天的人有特别大的启示意义。过去有好多父子一同做官的，最后都到哪里去了呢？不是抄家就是革职查办，到监狱里面去相聚，甚至有些走上了断头台。所以曾国藩反对他的子弟投身于官场，至于兄弟、子侄辈干涉官场的任何事情，他也是绝对不允许，“无半字涉公庭，乃为得体”，要做到这一点就非常厉害了。他讲官宦之家，“子孙始而骄佚，继而流荡，终而沟壑”，“沟壑”是指处于极端困厄之境，甚至在野外死亡，死无葬身之地。唐代诗人刘禹锡诗云：“旧时王谢堂前燕，飞入寻常百姓家。”东晋王导、谢安两大家族是多么显赫，但是家族一旦零落，连燕子也不留恋其巢，转而飞入寻常人家。在政局波谲云诡的年代更是如此，一朝为官，一朝被褫夺公权，想求为布衣都不可得。《史记·李斯列传》记载，秦朝丞相李斯被赵高构罪，“论腰斩咸阳市。斯出狱，与其中子俱执，顾谓其中子曰：‘吾欲与若复牵黄犬俱出上蔡东门逐狡兔，岂可得乎！’遂父子相哭，而夷三族”。李斯父子临死时，回忆当年牵着大黄狗猎兔的情景，现在想都不要想了，想求为平民百姓不可得。在乱世当中尤其如此。明亡时，崇祯帝自杀前，入寿宁宫，长平公主牵衣而哭。崇祯帝说：“汝何故生在帝王家？”挥剑砍去，断掉自己心爱的女儿长平公主左臂。由此可见，曾国藩的话警示的意义非常强，他认为官宦之家能延续一两代的很少，如能做到值得庆幸。他给官宦之家作了一个定义。这就是为什么好多的古人不希望自己的儿子继续做官。曾国藩也讲，一入官场总是碰境，就是戴罪之身。《红楼梦》第一回中，甄士隐注解《好了歌》就说：“因嫌纱帽小，致使锁枷扛。昨怜破袄寒，今嫌紫蟒长。”那些嫌官职小而拼命往上爬的人，其结果是枷锁套在了脖子上；昨天愁苦身穿破棉袄太寒伧，今朝戴罪却怨这官当得太大。权力真是不可求，不可求！

当得知他的儿子曾纪鸿居乡举止大方时，在抚州的曾国藩非常欣慰，写手谕给纪鸿说：“凡人多望子孙为大官，余不愿为大官，但愿为读书明理之君子。勤俭自持，习劳习苦，可以处乐，可以处约。此君子也。余服官二十年，不敢稍染官宦气习，饮食起居，尚守寒素家风，极俭也可，略丰也可，太丰则吾不敢也。凡仕宦之家，由俭入奢易，由奢返俭难。尔年尚幼，切不可贪爱奢华，不可惯习懒惰。无论大家小家、士农工商，勤苦俭约，未有不兴，骄奢倦怠，未有不败。尔读书写字不可间断，早晨要早起，莫坠高曾祖考以来相传之家风。吾父吾叔，皆黎明即起，尔之所知也。”

同治六年，来自河南商城的大学士周祖培去世，曾国藩照惯例送了丧葬礼，而周家公子文翕回信，曾国藩发现“别字甚多，字迹恶劣不堪，大抵门客为之，主人全未寓目。闻周少君平日眼孔甚高，口好雌黄，而丧事潦草如此，殊为可叹！”曾国藩当即以此事，当面教育纪泽，并写入日记：“盖达官之子弟，听惯高议论，见惯大排场，往往轻慢师长，讥弹人短，所谓骄也。由骄字而奢，而淫、而佚，以至于无恶不作，皆从骄字生出之弊。而子弟之骄，又多由于父兄为达官者，得运乘时，幸致显宦，遂自忘其本领之低，学识之陋，自骄自满，以致子弟效其骄而不觉。吾家子侄辈亦多轻慢师长，讥谈人短之恶习。欲求稍有成立，必先力除此习，力戒其骄。欲禁子侄之骄，先戒吾心之自骄自满，愿终身自勉之。”

## 2. 商贾之家

官宦之家具有世俗的权力，代表的是贵；商贾之家则垄断着世俗的财富，代表的是富。在我们传统社会当中，商人是没有多少地位的，但是比起一般百姓来说，还是好太多了。对于财富，有些所谓的清流，宁让自己的子女沿街乞讨，也不向铜臭低头。曾国藩的看法不一样，他认为没有基本的生活保障是不行的。他讲道：“商贾之家，勤俭者能延三四代。”经商的这些家族，如果勤俭持家，那么比官宦之家要长久。经商之家能延续多长时间呢？延续三四代，正如俗话说的“富不过三代”。什么样的人家能够延续三四代呢？勤俭的家庭。第一代打江山，赚了很多钱，建立财富帝国；第二代还得继续奋斗，勤俭不挥霍；但是到了第三四代鲜有坚持勤俭的。一旦挥霍浪费，家财很快就会败光，那还延续什么呢？尤其是现在的家庭，子女不多，更多的是独生子女，不像过去的商贾之家多子多孙，老大不行，老二还可以撑一撑门户，但是谁能保证老二的后代能继续撑持呢？过去有些商贾之家与官员勾结做坏事，或者自己触犯国家法令，一旦被查，整个家族都受到牵连，要知道旧时的株连是很厉害的，古代有“准五服定罪”，真要犯了大错，抄家的抄家，杀头的杀头，流放的流放，子子孙孙永不得翻身。一旦抄家，不论官员还是富商大贾，抄家之后是非常惨的，所以商贾之家不要犯大错、触国法，要勤俭持家，这样就能够延续三四代。

## 3. 耕读之家

第三种家族能延续五六代，是哪种家族呢？耕读之家。曾国藩说：“耕读之家，谨朴者能延五六代。”

这个大家可能想不到，耕读之家能够延续那么久。所谓的耕读之家，以耕读传家，既学做人，又学谋生。耕田以五谷养家糊口，以立性命；读书则知礼义，养身性，立大德。一般人会感到奇怪，按说士大夫阶层地位高，家境殷实富足，商贾之家就更不用说了，但是家族延续时间却没有那么长。相反，耕读之家属于升斗小民，小日子过得紧巴巴的，但靠着自己的勤劳、节俭，日子一天一天地往下过，一代一代往下延续，说不定突然有一代发迹了。像清朝的张英、张廷玉这个家族就是这样，延续了两百年才逐渐发迹的，两百年积蓄下来的“德能”在张英这里一下子爆发起来。其实，曾国藩的家族也是这样的。曾家落籍湖南的太高祖曾元吉，是康雍时期人，他教育子孙“勤俭立身”“耕读保家”。到曾国藩发迹，经历一个多世纪。所以，他说耕读之家能够延续五六代，但是延续五六代还是有个前提，那就是“谨朴”。这个前提跟富商大贾之家不一样，富商大贾之家讲“勤俭”二字，不挥霍，还得继续奋斗；耕读之家不一样，不是奋斗的问题，而是谨慎厚道。在中国文化中，“谨”是非常重要的，居家必谨，就像当官必慎一样。“朴”则说人还是要厚道、朴实，讲根本，不虚伪。这样的话，家族能够延续五六代。

## 4. 孝友之家

第四种家族，是能延续最长的家族，是什么样的家族呢？曾国藩说："孝友之家，则可以绵延十代八代。"

能够延续十代八代的，是"孝友之家"。什么是孝友之家呢？事父母孝顺、对兄弟友爱的家族。"孝友"之"友"不是朋友，而是对待自己的兄弟姐妹像朋友一样。曾国藩眼中的几类家族，官僚士大夫是一类，富商大贾是一类，耕读之家是一类，孝友之家也是一类，孝友之家的范围可能更广阔一些，可以涵盖前面三大类。

曾国藩在家族文化、家训中推崇的第一个字就是"孝"。孝是中华家族文化中本源的东西。《孝经》是十三经之一，《孝经·三才章第七》中说："夫孝，天之经也，地之义也，民之行也。"曾国藩说，别的事情你做出来，上天一定有果报吗？很难说，但是孝友立刻有果报。如果你对自己的父母不好或者家中出了逆子，家庭立刻就遭殃，家族说不定立刻就完蛋。这就是为什么孝是中华家族文化的本源，在家族文化的家训中，孝一直是被推崇的核心。曾国藩记述过他父亲的一件事情，就是他的祖父晚年可能得了今天所说的心脑血管疾病，卧床多年，父亲昼夜伺候，不是几个兄弟轮流照顾。曾国藩说，我要给父亲写墓志铭，写些什么呢？就写"孝"这一件事情足矣。中国有"百善孝为先"的经典话语，曾国藩在家族当中一直把孝提升到首要位置。他对侄子曾国荃之子纪瑞说："知侄身体业已长成，孝友谨慎，至以为慰。吾家累世以来，孝弟勤俭。辅臣公（高祖父曾辅臣）以上吾不及见，竟希公（曾祖父曾竟希）、星冈公（祖父曾星冈）皆未明即起，竟日无片刻暇逸。竟希公少时在陈氏宗祠读书，正月上学，辅臣公给钱一百，为零用之需。五月归时，仅用去一文，尚余九十九文还其父。其俭如此。星冈公当孙（曾国藩自称）入翰林之后，犹亲自种菜收粪。吾父竹亭公（曾麟书）之勤俭，则尔等所及见也。"所以，他讲孝友之家可以延续到八代乃至十代。曾国藩早年经历家庭变故较多，有两个弟弟（曾国葆和曾国华）

死在战场上，只剩下九弟曾国荃和四弟曾国潢，他临终之前曾对子女说，我还有两个弟弟，你们要事叔父如父亲一样，事叔母如母亲一样，事堂兄弟如手足一样。凡事要俭省，对叔父叔母家里头，处处要从厚从优。可见，曾国藩不是只顾自己的小家庭，他认为兄弟都要照顾好，才能把大家族带起来。他引用《孝经》上的话说："孝悌之至，通于神明，光于四海，无所不通。""通于神明"就是说老天爷在那里看着，你不孝就会受到报应，家族不祥和就会逐渐衰败。如果做到了在家族中人人孝悌，那就会"光于四海，无所不通"，这是一个很高的境界。

## 5. 不做代代为官之想

有了上述四种家族的对比，曾国藩由此申述：

深恐其以一身享用殆尽，故教诸弟及儿辈，但愿其为耕读孝友之家，不愿其为仕宦起见。

他还是不希望自己的家里人世代做官，事实上不能也根本做不到世代做官。他给妻子欧阳夫人写信时说，我们家里不要有代代做官之想。当官是偶然之事，不是必然的，不能拿这个偶然的东西当成一种必然，当成家族世代的追求，那肯定不行。清朝有十二位铁帽子王，其中八位是在清朝开国之初立下战功的皇亲宗室，因为功勋卓绝，获得世袭罔替的永久封爵，同时还享有配飨太庙的殊荣。另外四位属于恩封，在清朝中后期稳固江山中立功而受封。铁帽子王是来之不易的，要知道八大铁帽子王当年可是跟努尔哈赤、皇太极打天下的，经历了浴血奋战、沙场拼杀，是拿命换来的。铁帽子王世袭罔替，不降封，不像其他的王，如果失宠，就面临降封。到下一代时由亲王变成郡王，再下一代时由郡王变成贝勒，之后由贝勒变为贝子……这就叫降封。世袭罔替就不降封。八大铁帽子王属于功封，打江山有功劳。到了雍正时期，因雍正帝的十三弟胤祥，对雍正朝的治绩助力甚大，遂得世袭罔替的许可，为铁帽子王，这是清朝有史以来第九位铁帽子王，属于恩封的。但是，非皇室宗亲封王是很危险的，像韩信、吴三桂等。自古以来，官职越高，风险越大。基于此，曾国藩不希望自己的后代做官，做高官。他曾给几个弟弟写信说：

若不能看透此层道理，则虽巍科显宦，终算不得祖父之贤肖，我家之功臣。若能看透此道理，则我钦佩之至。

此话之意是说如果弟弟们看透这层道理，那就不会觉得自己在朝中将来做大官就了不得。很多做了高官的，在位期间如果犯了重大的错误，被撤职查办，那么家族也就随之消散。

曾氏家族是典型的耕读传家，原本从江西迁到湖南衡阳，又从衡阳迁到今天的双峰县荷叶镇定居。在曾氏家族历史中，五六百年都是寂寂无闻，虽有读书人，却无人考取过功名，连秀才都没有。但是，这个家族能够长期延续，自然有一种家族传统在维系，曾国藩的祖父星冈公（曾玉屏）曾有一副对联就是答案，这副对联的原文是：

奉祖宗一炷清香，必诚必敬

教子孙两条正路，宜耕宜读

这两句话看似简单，却是一个家族能长久下去的真理所在。中国人的信仰体系，一般来说有两个：一是信天命，“天”就是天帝，中国人畏天；一是信祖宗，我们在遇到重大难题时，常说祖宗保佑后代平平安安之类的话。要知道，老天离我们远，只能敬畏，祖宗才是我们生活中存在过的，离我们很近。《左传·昭公十八年》子产曰：“天道远，人道迩，非所及也，何以知之？”意思是说，天道远离人间，人道则存在于身边的社会人事之中，可以就近掌握。对于人所难及的事物，那就难料了。所以还是敬祖宗靠谱些。“奉祖宗一炷清香，必诚必敬”，敬祖宗的时候好像祖宗就在那里一样，要怀有恭敬之心。我记得幼年时期，每逢腊月时节尤其是除夕，家里是要祭祀祖宗的，每年只有到那时才把祖宗的牌位请出来。由于正逢饥荒年代，家里没有什么吃的，祖父带领父亲、叔叔和其他家人依次给祖宗上香，上供的就是几块点心、几样水果。小孩子嘴馋，平常几乎见不到这些，想吃却不敢拿，因为那是给祖宗的，等到供完的时候，家长才分给大家一人一小块。正是这种情形，让我们记得祖先是要敬的，敬了祖先自己也有分享，也就是有回报。

“教子孙两条正路”，两条正路是什么呢？“宜耕宜读”。“耕”是种地，种地是为了吃饭，农民不种地，吃什么，喝西北风？当然不行。这里泛指靠自己的双手获得劳动果实。“读”，当然是读书，读书是为了修身养性，让子孙不愚。这就是耕读传家，耕地的同时，不忘读书，保证后代不会种一辈子地。旧时读书人希望“朝为田舍郎，暮登天子堂”，读书人没几个做一辈子的田舍郎。中国古代的科举制度为农民提供了一个读书做官的途径。隋唐时期科举取士，农民子弟就有考中进士的，曾国藩也是如此，祖辈务农为生，虽是地主，但也是农人出身。“朝为田舍郎，暮登天子堂”在他身上得到了体现。我在研究曾国藩时常常会看到，中国传统文化非常重视读书。曾国藩的家训中提到要读书的地方就有很多，他认为读书就是止愚。孔子说：“唯上知与下愚不移。”为什么说“下愚不移”呢？下愚者是指愚蠢者，没读过书，不明事理，所以不会改变自己的看法和行为。要想“暮登天子堂”，跟天子一起讨论国家大政，不读书能行吗？

从祖先留下的家训就可以看出，曾国藩把家族文化进一步发扬光大，并概括祖训为“八字诀”：

书、蔬、鱼、猪、早、扫、考、宝。

这里的第一个字就是书，读书第一，延续了祖父的家训。到了曾国藩的父亲曾麟书时，家传对联给子弟：

有子孙有田园，家风半读半耕，但以箕裘承祖泽
无官守无言责，世事不闻不问，且将艰巨付儿曹

把诗书和田园结合为半耕半读，上升到家风的层次，要代代传下去。后面讲如果没有做官，也没有对君主进谏的责任，那么国家方针大政就没资格参与，对于时事也不要轻易评论，当然这是在当时的集权政治下的状况，不像现在的民主社会。不希望子孙辈轻易谈论国政，但是寄望于将来子孙能在朝为官参与国家的大政，这是老父亲对曾国藩这一代的殷殷期许。不像我们今天有的家长，目光短浅，老算经济账，说花那么多钱供孩子读书，最后却连工作都找不到，读书纯粹无用。其实这种家长太短视，用经济来衡量子女的读书，不知道读书对孩子的成长的重要性。我至今非常感恩我的父亲当年让我坚持考大学，参加了三次高考，才考上吉林师范大学。在那时的农村来说，这是非常不容易的事情，尤其是二十世纪的七八十年代，家庭非常贫困，老父亲却支持我一

年又一年地复读。要知道，当时的农村少了一个劳动力，家庭的负担是非常重的。所以，我常跟不少家长讲，不要算这种短视的经济账，一定要从长远来看。

曾国藩陪他的父亲麟书（竹亭公）多次考秀才，就是考不中，曾国藩直到二十二岁时才考取秀才，考了七次，而父亲曾麟书直到四十三岁参加第十七次考试，才考取秀才。秀才年年有考，乡试和会试、殿试则是三年一次，除了遇到朝廷恩科加试，否则人生一辈子没考几次，大好时光可能就过去了，很多人白发苍苍还是童生，连秀才都不是。像左宗棠二十岁乡试中举，此后在会试中却屡试不第，就没考中进士。曾国藩的父亲考了十七次才中了一个秀才。在清朝秀才是当不了官的，清朝当官对于旗人来说是例外的，对于汉人来说必须举人以上才能当官。举人当官也当不了大官，举人考三次进士就得经过九年，基本上没什么希望了，除非到吏部参加大挑，从举人当中千挑万选出来，到地方为官，熬上个县级官员就不错了，那真的是祖上有德。可见，过去做官是有门槛的，不是什么人都可以。曾国藩的父亲曾在家办了一个私塾，主要是教曾家子弟，私塾名“利见斋”，取自《易经·乾卦》第二爻的“见龙在田，利见大人”，这句话非常有讲究，读书就是为了利见“大人”，“大人”是指圣明、位与德兼备的人物。这种人物必将惠及天下，给人们带来无限生机与希望。说白了，还是希望子弟读书考取功名，为官参政。曾国藩的父亲如此殷切期望，就是希望把孩子培养成才，有朝一日在朝为官。曾国藩写给父亲的墓志铭中说：“府君既累困于学政之试，厥后挈国藩以就试，父子徒步橐笔以干有司，又久不遇。”父子两人，从乡下走几百里到长沙去考试，好长时间考不中秀才。父亲实际是通过自己屡试不中的经历，对儿子进行“挫折”教育。传统的读书从“千百三”（《千字文》《百家姓》《三字经》）开始，属于扫盲阶段，读

《四书》是第二阶段，第三阶段是为了科举考试，就要读《五经》了。过去是八股取士，人的教育就按这个模式来进行，官僚士大夫阶层从小接触的都是这套东西，明清以后的科举考试只许在《四书》《五经》范围内命题。这种教育体系维持了明清几百年的统治。曾国藩写他父亲考中秀才时说："至是乃若创获，何其难也。"对于曾家来说，也算得上开天辟地的一件大事，真的是"何其难也"，一个秀才就如此难考。

曾国藩于道光十五年至十八年（1835—1838）参加三次会试后才登第，殿试位列三甲第四十二名，赐同进士出身。这一年他二十八岁，应该说这个年龄不早也不晚，大体还可以。李鸿章和胡林翼是二十四五岁中进士，年龄比曾国藩小，不过这算不了什么，明朝万历年间内阁首辅张居正则更早，十二岁时就中了秀才，次年中举，因为年龄太小，被考官故意压了几年，十六岁中举人，二十三岁中进士。曾国藩不算早，也不算晚，太晚的话，对他来说就没有机会了。明清时期，做官如同上阶梯，要一阶一阶往上走，年龄太大的话，就很难继续走上去了。曾国藩考中后，运气不错，没多久参加朝考，列一等第三名，道光帝亲拔为第二，选为翰林院庶吉士。能成为庶吉士的都有机会平步青云，张居正即是庶吉士出身。清朝时，汉人大臣亦多出于翰林院庶吉士。进士中比较优秀的才能入选庶吉士，一般为期三年，曾国藩就这样留在了翰林院，后来经过散馆考试，授翰林院检讨，从七品的官职。曾国藩入翰林院后，其父亲当然也不能免俗，说儿子进了翰林院，可了不得，清朝有"宰相出翰林"这一说，说不定自己的儿子将来当宰相都有可能。所以，曾国藩告假回乡后，曾家大摆酒席，大宴宾客三天，自然免不了收点人情礼。这个情形曾国藩的日记写得很清楚，到了第三天的时候，他的祖父把他的父亲叫过来说，宽一（曾国藩的乳名）虽然点了翰林，我们家还是要种田吃饭，不能拖累他。这几句话对曾国藩一生有非常重要的影响，后来他一直告诫自己，坚决不做贪官，这一条底线要守得住。祖父训斥他父亲这几句话，就是家训，告诉大家不要忘了本分，孙子做了大官，不要觉得家里就了不得，何况只是出了一个翰林，还没做大官，做大官岂不是忘乎所以？这几句话实际上我们可以作很多的解读。平民百姓出身的人走向官场，有些就没有坚持操守，为什么？因为中国人情关系太复杂，人情味太浓厚，一人得道，鸡犬升天，有些人觉得自己发达了，就要帮扶当年一起吃苦的兄弟辈，于是各种违例行为出现。我们看到，曾国藩的祖父就意识到了，这是非常及时的警示。

## 6．不以职位论高低

曾国藩从“家族兴衰的周期律”当中，引申出两个观点，第一个就是“不以职位论高低”。我们经常会走进这样一个误区，认为一个家族出来一个高官，这个家族就飞黄腾达了。在曾国藩看来，其实不然。

在曾家主持家政的是曾国藩的四弟曾国潢。曾国藩有五个亲兄弟，在家族中，曾国藩排行老大，曾国潢排行老四，被称为四弟或澄弟，曾国荃则排行第九。曾国潢在主持家政时就常说，大哥才是我们曾家的“肖子贤孙”，替我们曾家光大了门楣，且身居高位，我们做弟弟的不够努力，还是平民百姓。曾国藩听到这些言论，一再提醒弟弟，要转变观念，并给他写了一封长信，就提到不以职位论高低，他说：澄弟每以我升官得差，便谓我是继承曾家的肖子贤孙，殊不知这不是区别贤与不肖的标准也。如以为当高官就是贤肖，则李林甫、卢怀慎这样的人，何尝不位极人臣，赫奕一时，岂能谓之贤肖哉？

也就是说，如果以职位论高低的话，历史上好多人位极人臣，一人之下，万人之上，为什么还有人出大问题，甚至被诛灭九族？所以，衡量对家族贡献大小不是看职位高低。这个观点对我们今天还有着非常重要的启示。肖，这里是“像”的意思。我们今天仍在用的“肖像”二字，就是“肖”的原意。成语“惟妙惟肖”，也是这样的意思。引申的意义是继承。康熙遗诏命雍亲王继承皇位前，有一句“深肖朕躬”，即此意。曾国藩接着说：

> 要令罢官家居之日，己身可以淡泊，妻子可以服劳，可以对祖父兄弟，可以对宗族乡党，如是而已。

要想评价一个人，应该等他辞官回家，离开权力中心，这时如果他自己可以淡泊度日，安享晚年，妻子儿女仍然在操持家务，该做什么还做什么，这样才算对得起祖父兄弟，对得起宗族乡党。做官到最后也不过如此而已。

这是非常淡泊的一句话，但做到这样的高官显宦，古今能有几人。

如果单纯评价人的职位高低，有的人官位可能来路不正，或者为官后行为很有问题。曾国藩在信中以历史上两个人为例，并进一步阐述。这两个人都是唐朝的，分别是李林甫和卢怀慎，这两人可谓极端。曾国藩在信中对弟弟说：李林甫晚年溺于声妓，姬侍盈房。自以结怨于人，常忧刺客窃发，重扃复壁，络板甃石，一夕屡徙，虽家人不之知。在位十九年，死后追削官爵，籍没家产，子婿流配。

从曾国藩借用《旧唐书》的描述可以得知，晚年的李林甫妻妾盈房，纵情声色，在朝堂之上与很多人结怨，经常怀疑有刺客要谋害他，以至于要设置重重门禁，建造可藏人的夹墙，用厚厚的门板做门，大石块砌墙，每天晚上要换好几个地方睡觉，就是家人都不知道他真正睡在什么地方。这样做官，真可谓朝不保夕。由此可见，李林甫生前位高权重、穷奢极欲，平日为人横行无忌，且树敌众多，提心吊胆地过日子；死后官爵被剥夺，家产全部籍没，儿子、女婿被流放。他一死，家族就出问题。成语“口蜜腹剑”讲的就是李林甫，嘴上对人说得比蜜还甜，心里却在磨刀霍霍，这样的人大家当然会提防他。在唐代史书中，不论《新唐书》还是《旧唐书》，李林甫都是奸臣的代表。

除了李林甫，曾国藩还列举了卢怀慎。卢怀慎是唐玄宗继位后，任命为宰相的。他自认才能不如姚崇，遇事推让，被讥为“伴食宰相”。其人为官清廉，但是家无储蓄，门无遮帘，饮食无肉，妻儿饥寒，生活得很贫穷。清廉之过，骨肉至亲不能庇护。从曾国藩的评价来看，我觉得很奇怪，李林甫是一个奸臣的形象，为什么要列举清廉的卢怀慎呢？因为卢怀慎虽然为官清廉，但他让家人饥寒交迫，与儒家所讲的“老吾老以及人之老，幼吾幼以及人之幼”相违背了，首先你要关爱自己身边的人，同在一个屋檐下的人，才可以关爱天下人。卢怀慎到底是什么问题呢？我们都知道，开元年间是唐朝的盛世，比唐太宗的贞观之治还要辉煌，也就是说，国家不是很穷，卢怀慎为官清廉没有问题，但是自己饮食无肉，妻儿受饥寒，以至于做人的一点尊严都没有，这是所谓的清官之误。为官不可以贪，但是太清贫也不行，起码也得让自己活得有尊严。这也是曾国藩的财富观。曾国藩临死之前也留了一点银子给家里人分，共计有上万两，放在今天换算成人民币，也是不少的钱，上百万家资。他认为，为官可以清廉，但是连自己家人都不能照顾，让他们受饥寒之苦，自己得了清廉的名声，这不是做官应有的行为，儒家也不提倡这样的行为。

这里，曾国藩所说还有一个引申的含义，即孔夫子所说的，“君子不患无位，患所以立”。又有先贤所说：“君子不患位之不尊，而患德之不崇；不耻禄之不夥，而耻智之不博。”即不要总是忧虑自己没有位置，或者位置不高，而恰恰相反，忧虑的是自己拿什么立得住，用什么能够做得称职；不要忧虑自己的位置不高，而要为自己道德修养不足而忧虑。

## 7. 家道可久恃家规

第二个观点就是“家道可久恃家规”。曾国藩写给曾国潢的家书中说：

凡家道所以可久者，不恃一时之官爵，而恃长远之家规；不恃一二人之骤发，而恃大众之维持。我若有福，罢官回家，当与弟竭力维持。老亲旧眷、贫贱族党，不可怠慢，待贫者亦与富者一般。当盛时预作衰时之想，自有深固之基矣。

家道如何长久，避免三世、四世而斩，不是靠一时官爵高低，官做得再大，也是一时的，不是持久的，终有告老还乡那一天。所以家道持久的原因不是“一时之官爵”，而是依靠规划长远历代积累的家规。也不是靠家族中一两个人一下子就发达，而是要依靠族中大众，要多出贤子弟，这样才能把家族维持得非常好。不依靠一两个人的发达，这一点在曾国藩组建湘军时，表现得特别明显，攻打太平军靠的就是团队的力量。

至于说到“罢官回家”，曾国藩还好，他是干了一辈子，最后死在了两江总督任上。他做高官的时间也很长，从三十七岁开始做礼部侍郎起，到最后死在两江总督任上，有二十四年之久。“我若有福，罢官回家，当与弟竭力维持”，倘若我有福气，将来罢官回家，跟老弟一起竭力维持这个家族。这个愿望，曾国藩是没法实现了。但从这句话可知，他最关心的还是家族的长远未来，而非一时的富贵发达。

还有，“老亲旧眷、贫贱族党，不可怠慢，待贫者亦与富者一般”，对待亲戚朋友，不论是富贵还是贫穷者，都不要怠慢，要一视同仁。这里的含义，是给子孙留余泽。不要看见贫贱的人户就鄙弃他，看见富贵的就攀附他。岂知世事是变化的，要做积善之家。

他还特别讲“当盛时预作衰时之想”，也就是说，在兴盛时，要考虑到盛极而衰的趋势，一个家族不可能做千年的旺族。在中国帝制时代更是如此，缺乏几百年望族的大环境。专制皇权的发达，使得像魏晋南北朝时期的望族，只能成为历史的一种记忆。曾家自曾国藩开始，可以说是做了百年的旺族。第二代中，长子曾纪泽是著名的外交家，与俄国谈判收回伊犁，收回伊犁特克斯河流域土地及部分利权，被认为是晚清一次较为成功的外交行动。小儿子曾纪鸿是有名的数学家。到第三代时，长孙曾广钧在二十三岁时考中进士，这是很了不起的。盛时要作衰时想，人总是有盛、有衰的时候，不能长盛不衰。曾国藩曾给曾国潢讲，官运极盛的时候，子孙经手公事格外顺手，一倡百诺，但是“闲言即由此起，怨谤即由此兴”。现在当于极盛之时作衰落时候的设想，“盛时百事平顺之际，预为衰时百事拂逆地步”之想，衰败时什么事情也办不了，寸步难行，人在气势正旺的时候应当想到这个。家族更应当如此。

# 第三章　曾门三代家训

## 1．祖父曾玉屏的家训之“八宝”

曾家的家训，是经过很多代而形成的。据《大界曾氏六修族谱》序称：元吉公提出“勤俭立身”“耕读保家”，是后来形成的曾氏耕读文化的思想渊源。而形成较为成形、系统的家训，应从曾国藩的祖父曾玉屏的“八宝六恼”开始，再传到曾国藩为“八本三致祥”，进而到曾国藩的次子曾纪鸿妻郭筠形成“富厚堂课程”六条。曾国藩去世后，由他的小儿媳妇郭筠，也就是曾纪鸿的妻子来主持曾家事务。三代都有家训家规，而且非常简明扼要。

一个家族的家训烦琐，会让子孙无所遵从，而曾家就是几句简单的话。祖父曾玉屏在曾家的发展史上是一个非常关键的人。曾国藩受祖父的影响很大，家书中经常引用他的话。如致九弟信中说：“先星冈公云济人须济急时无。又云随缘布施，专以目之所触为主，即孟子所称‘是乃仁术也’。”

曾玉屏给曾家确立的家训被概括为“八宝六恼”。

“八宝”就是“书蔬鱼猪，考早扫宝”，关于“八宝”，曾国藩给他四弟的家书中讲得很透彻：

余与沅弟论治家之道，一切以星冈公为法，大约有八字诀。其四字即上年所称“书蔬鱼猪”也，又四字则曰“早扫考宝”。早者，起早也；扫者，扫屋也；考者，祖先祭祀，敬奉显考、王考、曾祖考，言考而妣可该也；宝者，亲族邻里，时时周旋，贺喜吊丧，问疾济急。星冈公常曰：“人待人，无价之宝也。”星冈公生平于此数端，最为认真。

先说“书蔬鱼猪”。“书”，指读书。曾家非常重视读书。宋朝汪洙《神童诗》云：“朝为田舍郎，暮登天子堂。”早上你还在种地，通过科举考试中了进士，成为天子门生，晚上就随侍在天子旁边。这句诗虽然有点夸张，但说明了一个事实，就是寒门子弟要读书，通过科举考试，摆脱自己贫寒的处境，才能施展自己的抱负。中国过去的科举考试，在我们今天看来虽然有很大的弊端，但在过去来说应该是最公平的。我曾经在讲课的时候，讲到中华民族的传统美德，一般人都会强调吃苦耐劳、有智慧等，但是有一条不会被特别提及，那就是我们这个民族非常重视教育。即使父母吃不饱穿不暖，也要保证子女的教育，让子女读书识字。现在的年轻人对贫寒可能没有什么印象，但我们那个年代的人印象深刻，那时家里缺衣少食，但父母还是竭尽全力维持子女的教育，让子女通过读书跳出寒门，改变命运。

为什么要读书？一是可以明事理，二是可以守身。明事理，就会明白哪些事情你应该做，哪些事情不应该做。没有读过书的人遇事有时难免就会莽撞、愚昧。“愚昧”这个词意味着什么？不开化。没有读书的话就很难明白深刻的事理。还有就是守身，读书可以让自己不做出格的事情，守住道德的底线。曾家祖训第一条就是读书，不少家族都是这样。我有一次参观胡雪岩故居，胡是徽商的代表人物，徽商就是以书养财，也就是靠学问来增长见识，获得更多的财富。老话讲“三代不读书，一屋都是猪”，话虽糙一点，但道理在那里。

曾家把书放在第一位，第二位的就是“蔬”，种植蔬菜。曾国藩的祖父经常讲靠劳动所得的食物吃起来特别鲜美，这大概是古人眼中的绿色食品吧。鱼和猪，都是农耕社会的产物。“书蔬鱼猪”，概括起来就是所谓的耕读之家。要把庄稼地打理好，养点家禽家畜和鱼等，还要带动家里人读点诗书。正如俗话所说“穷养猪，富读书”，说的就是解决物质需求后，还要寻求精神需求的满足。

再看“早扫考宝”。曾国藩解释说“早者，起早也”，这和老子讲的“人法地，地法天，天法道，道法自然”有关系，人的行为要合乎自然之道，要跟自然相称。起得早就会做得好，一日之计在于晨、一年之计在于春，就是这种道理。传统农业社会中，日出而作，日落而息，讲究的就是以自然之道来作息。中医讲早睡早起，睡觉不超过子时，早起精神好，这样才合乎阴阳自然之道。经过一晚上的睡眠积蓄，到早上人的精力最充沛。现在的人不是这样了，各种各样的娱乐把人给坑了，很多人熬夜，尤其很多小孩儿，日上三竿才起床。这是对身体的提前透支。曾国藩强调祖父的“早”字诀，也跟他自身有关。当年曾国藩在京城的时候也是晏起，太阳老高他也不起床，尤其是新婚燕尔的时候，陶醉在缠绵中，以至于他的父亲给他写信说要他早起。后来组建湘军，要行军打仗了，曾国藩还是没有养成早起的习惯。他父亲说，你老吃败仗，就因为没有在军营中带头早起，早起的话就在时间上争取了主动，也会更好地思考当下的战局，筹备未来的战斗。在父亲的劝诫下，曾国藩后来立下一条规矩，每天早上只要太阳一出来，军营开始吹号角，他就起床。这是“早”字诀，在曾氏家训中是非常重要的。

“扫者，扫屋也”，扫是为了居处干净整洁。在过去，由于疾病防疫比较落后，一旦爆发大规模的瘟疫，很多人就只能等死。疾病的产生跟不讲卫生有很大的关系，尤其是传染病，只要稍微不讲究卫生，染上疾病的概率就会增大。在大的流行性传染病面前，人的承受能力或者家庭的承受能力都很小，所以一定要注意个人和家庭的环境卫生，让病菌没有生存的空间。再说，家里打扫得干干净净，居住起来也很舒服。

“考者，祖先祭祀，敬奉显考、王考、曾祖考，言考而妣可该也”，“考”原指父亲，父亲去世后，称“先考”；“妣”原指母亲，母亲去世后，称“先妣”。这里的“考”包含了“妣”在内。“考”字诀说的是对逝去的前辈，我们通常所说的列祖列宗要祭祀，要敬奉“显考、王考、曾祖考”。“显考”是指高祖父，按曾国藩所说，也包括高祖母，“王考”是指祖父或父亲，“曾祖考”则是曾祖父母。这是按照《礼记》一书《祭法》篇对祖先的祭祀要求来说的，曾家家训强调要祭祀，要敬奉，就是不要忘记祖先的恩泽，珍惜先人的美德和祖业。

“宝”则是针对亲戚邻里，曾国藩解释说：“宝者，亲族邻里，时时周旋，贺喜吊丧，问疾济急。”亲族邻里之间一定要和睦，关系处理不好，日常生活当然不是很舒畅。我们今天也是一样，大家主要面对的还是工作环境，如果与同事之间关系不融洽，工作岂能顺心如意？古人非常强调这种小氛围的融洽关系，曾国藩的祖父称之为“宝”，可见其重要性。亲族乡里之间，要不时走动周旋，有什么事情要帮忙的尽力去帮，喜事、丧事都要顾及周全。还有“问疾济急”，人家得病了要去探望一下，对于一时周转困难的要救急。俗话说“远亲不如近邻”，有事了远亲有时救不上，还是要依靠近邻。孟子说：“出入相友，守望相助，疾病相扶持。”用在邻里之间最是恰当不过。“守望相助”的观念在中国的村落中可谓是根深蒂固，这样一来就使得邻里相谐，有好事大家分享，有困难大家分担。这其实也是一种家族的观念。曾国藩曾以幕僚李申夫为例来告诫家人，李申夫的母亲经常对李申夫说一些如何为人处世的话，这些话看似平常，但是很有道理。譬如有些人平时有钱有酒敬远亲，反而疏远看轻邻里之人，当自己遭遇灾难的时候，才想起近邻来，此时自然是来不及了，近邻只会看你的笑话。这些话也贯彻了曾家家训的“宝”字诀，邻里之间就是要守望相助，自己有财力的时候要周济邻里。曾国藩的祖父星冈公曾经说：“人待人，无价之宝也。”一语说透了“宝”字的真谛，就在于“人待人”要问心无愧。

以上“八宝”，曾国藩的祖父都是认真执行。因此曾国藩在家书中要弟弟立刻写在屏风上，让兄弟们告诉子女，作为家训传下去。

长子纪泽新婚伊始，曾国藩致信强调曾门的“早”字诀：“我家高曾祖考相传早起，吾得见竟希公、星冈公皆未明即起，冬寒起坐约一个时辰，始见天亮。吾父竹亭公亦甫黎明即起，有事则不待黎明，每夜必起看一二次不等，此尔所及见者也。余近亦黎明即起，思有以绍先人之家风。尔既冠授室，当以早起为第一先务。自力行之，亦率新妇力行之。……余尝细观星冈公仪表绝人，全在一重字。余行路容止亦颇重厚，盖取法于星冈公。尔之容止甚轻，是一大弊病，以后宜时时留心。无论行坐，均须重厚。早起也，有恒也，重也，三者皆尔最要之务。早起是先人之家法，无恒是吾身之大耻，不重是尔身之短处，故特谆谆戒之。”

曾国藩非常重视对先人的祭祀，这也来自其祖先。据曾国藩道光十九年七月十四日日记记载：“余家有中元会，每年七月十四，剪纸为衣，束纸钱为包，祭历代祖先，首太高祖元吉公，中殇以上，无所不祀。吾祖兄弟三人，三家轮办祭事，起庚辰年。本年在堂叔楚善家。”

这里所说的“庚辰年”，似指嘉庆二十五年（1820），这一年曾国藩十岁。楚善是曾国藩的八叔，也是曾国藩的曾祖父竟希公一支，与曾国藩的父亲曾麟书属堂兄弟。

曾国潢移居新屋后，曾纪泽一家仍住在黄金堂老宅。曾国藩立即告诫纪泽说："澄叔已移寓新居，则黄金堂老宅，尔为一家之主矣。昔吾祖星冈公最讲求治家之法，第一起早，第二打扫洁净，第三诚修祭祀，第四善待亲族邻里。凡亲族邻里来家，无不恭敬款接，有急必周济之，有讼必排解之，有喜必庆贺之，有疾必问，有丧必吊。此四事之外，于读书、种菜等事尤为刻刻留心，故余近写家信，常常提及书、蔬、鱼、猪四端者，盖祖父相传之家法也。尔现读书无暇，此八事，纵不能一一亲自经理，而不可不识得此意，请朱运四先生细心经理，八者缺一不可。其诚修祭祀一端，则必须尔母随时留心。凡器皿第一等好者留作祭祀之用，饮食第一等好者亦备祭祀之需。凡人家不讲究祭祀，纵然兴旺，亦不久长。至要至要。"

曾国藩甚至认为，不讲究祭祀的家族不会长久。这与中国先民的观念非常契合。中国人有"事死如事生，事亡如事存，孝之至也"的观念。

曾国潢早在曾国藩京城为官时，就曾为长兄打理家务。曾家发迹后，曾国藩指定曾国潢主持家政。而去信也以星冈公为法："我祖星冈公第一有功于祖宗及后嗣，有功于房族及乡党者，在讲求礼仪，讲求庆吊。我父守之勿失，叔父于祭礼亦甚诚敬。贤弟若能于礼字详求，则可以医平日粗率之气而为先人之令子；若于族戚庆吊时时留心，则更可仪型一方矣。"当曾国藩得知"家中用度日趋于奢"时，说这样下去"实为可怕，望弟时时存'紧一把'之心。其铺账须各开各的，不可由大中开"。

## 2. 祖父曾玉屏的家训之“六恼”

接下来就是曾国藩祖父家训的“六恼”。“恼”就是要忌讳的东西，“六恼”具体是什么呢？曾国藩说：“地、命、医理、僧巫、祈祷、留客久住，六者俱恼。盖星冈公于地、命、医、僧、巫五项人，进门便恼，即亲友远客久住亦恼。此八好六恼者，我家世世守之，永为家训。子孙虽愚，亦必略有范围也。”

首先是“地”，与风水有关。民间所谓阴阳宅，这也是普通百姓颇为信奉的，而曾星冈对风水师这类人却拒之门外。譬如因为迷信“地”，今天要迁坟，明天要改阳宅，颠来倒去的，让神灵和人都不得安稳。曾国藩对于祖父所传下来的家训没有完全坚守，虽然对于“六恼”，特别是风水这一条，最初也不相信，但由于后来家里接连出事，他表现出犹豫。为祖父母、父母改葬最能说明他在此事上态度的变化。

## 3. 地、风水与改葬

道光二十六年（1846）九月，曾国藩的祖母去世，先葬木斗冲，他对祖母的坟地选址不甚满意，第二年正月，给祖父写了一封信，希望改葬：

“祖母已于十二月初十安葬，甚好甚好，但孙有略不放心者。孙幸蒙祖父福佑，忝居卿大夫之末，则祖母坟茔必须局面宏敞。其墓下拜扫之处须宽阔，其外须建立诰封牌坊，又其外须立神道碑。木斗冲规模隘小，离河太近，无立牌坊与神道碑之地。是以孙不甚放心，意欲从容另寻一地，以图改葬。不求富贵吉祥，但求无水蚁无凶险，面前宏敞而已。不知大人以为何如？若可，则家中在近境四十里内从容寻地可也。”

曾国藩当即写信与朱尧阶，请渠寻地。不久又寄信与易敬臣。但由于曾国藩的祖父不同意，曾国藩只好作罢。他写信给诸弟：

“祖母之葬事既已办得坚固，则不必说及他事。日前所开山向吉凶之说，亦未可尽信。山向之说，地理也；祖父有命，而子孙从之，天理也。祖父之意已坚，而为子孙者乃拂违其意，而改卜他处，则祖父一怒，肝气必郁，病势必加，是已大逆天理；虽得吉地，犹将变凶，而况未必吉乎？自今以后不必再提改葬之说。或吉或凶，听天由命；即朱尧阶、易敬臣亦不必请他寻地。”

曾国藩认为，地脉、山象之说，其实就是地理，没有别的，但是“祖父有命，而子孙从之”，祖父说应该怎么做，作为子孙应该遵从。这就是天理，既然地理比不上天理，那就用天理来做事，祖父的话还是要听。但是，时过境迁，祖母去世不到半年时间，曾国藩对改葬的态度就有了变化，其间有三件事让他心情舒畅：一是祖父的病已痊愈，二是困扰他自己多时的癣疾好了，三是他的官衔升至二品。于是，他在给几个弟弟的信中口气大变，说祖母坟地“风水之好可知，万万不可改葬。若再改葬，则谓之不祥，且大不孝矣”。半年前，他嫌祖母坟前地势不够开阔，不气派，希望改葬；现在自己升官了，若再改葬，则既不祥且大不孝。在道光二十九年（1849）的时候，曾国藩给诸位弟弟的家书中又说道：

“自丙午（道光二十六年）冬葬祖妣大人于木兜冲之后，我家已添三男丁，我则升阁学（内阁学士），升（礼部）侍郎，九弟则进学补廪。其地之吉，已有明效可验。我平日最不信风水，而于朱子所云‘山环水抱’‘藏风聚气’二语，则笃信之。木兜冲之地，予平日不以为然，而葬后乃吉祥如此，可见福人自葬福地，绝非可以人力参预其间。家中买地，若出重价，则断断可以不必；若数十千，则买一二处无碍。”

曾国藩发现自从祖母葬在木斗冲之后，家里运势很好，说福人自葬福地，这不是人力所能改变的，还是不要乱动这个地方。可见，风水非人力可为，不要迷信地仙之类人的说法。不过，后来曾国藩的观念有所改变。

咸丰二年六月，曾国藩母亲江氏病逝。当时太平军攻打省城长沙，曾国藩回籍奔丧后，父亲曾麟书命曾国藩速速安葬其母，曾国藩遵父命将母亲安葬在荷塘二十四都下腰里。咸丰七年（1857）二月，父亲曾麟书在荷塘二十四都黄金堂去世，曾国藩将父亲安葬在周壁冲。但是在老屋黄金堂，父亲去世不到一年，大儿媳妇（曾纪泽的妻子贺氏）因难产而在这里去世，其后，贺氏母亲也在这里去世。接连有亲人死在这里，曾国藩和诸位弟弟就觉得“不吉”，于是，为长辈寻求理想“阴宅”的念头一直在心中萦绕。他先后请过多位“地师”相地，结果并不理想。他写给曾国荃的家书中说：“吉壤难得，即仅图五患之免，亦不易易。”

所谓“五患之免”，根据宋代学者程颐《葬说》所论，即祖先坟墓“须使异日不为道路，不为城郭，不为沟池，不为贵势所夺，不为耕犁所及”，这个观念与风水之说显然不是一回事，但再好的风水之地，遇到“五患”，就什么都没有了。

接下来，家中又发生一件大事。也就是咸丰八年（1858）十月，曾国藩的弟弟曾国华在安徽庐州三河与太平军交战阵亡。曾国华虽然过继给叔父曾骥云，而终究还是同胞兄弟，闻听凶讯时，曾国藩悲愤的心情可想而知。更不幸的是，过了三个多月才找到一具无头的尸体，还不知道是不是曾国华的。经过这次打击，曾国藩对风水的态度有了一些变化。先前丁忧期间，虽然曾希望为祖父母和父母另择吉壤，但那时的心态并不急切，觉得不轻易改葬为宜。毕竟在他的心目中，自己官运亨通多少与祖母坟地风水有些联系。这次不同了，他有点怀疑曾国华阵亡与父母坟地风水有关，因而强调要尽快改葬二亲。在给诸位弟弟的家书中，曾国藩写道：

如温弟（曾国华字温甫）之变（死在战场）果与二坟相关，则改葬可以禳凶而迪吉；若温弟事不与二坟相关，亦宜改葬，以符温弟生平之议论，以慰渠九泉之孝思。

不仅如此，他还对当年没有仔细为父亲寻求理想“阴宅”而后悔：

自温弟遭难后，余常以（咸丰）七年择地不慎为悔，故此时求改葬之意，尤形迫切。

但改葬事宜甚为重大，曾国藩不懂风水，不敢造次。他找亲家朱尧阶，但朱不用心，曾国藩说“此人虽系至亲，似宜疏而不宜密”。后又请风水师刘为章看地。咸丰八年正月他给先行出山的九弟曾国荃写信表示：“母亲改卜吉城之事，余常常在念。现请刘为章来乡，大约正月可到。猫面脑之地，必须渠与（朱）尧阶等一看始可放心。此外寻新穴颇不易得，然余决志在今年办妥。新宁知县许九霞过此，自言于风水颇精，许（九霞）来帮同寻觅。惟渠新被劾，未便在乡久住。弟在外亦尝闻有明眼人可延至家者否？若无其人，不必为此更纷心也。”

但刘为章所看地，曾国藩与许九霞又不满意。他写给九弟信说：

“刘为章在白果看地，余与尧（朱尧阶）、霞（许九霞）不以为然。

第二次往看岳龙，则飘然不反，回湘潭筱岑（欧阳兆熊）家去矣。顷有杜茂才者，丰城人，避难来住永丰，至我家投效，因留其看地。据刘与杜二人言，周璧冲有凶煞，是宜速改。余观杜之识似胜于刘，并胜于近处诸人，不知视东阳叔祖何如耳？余心时时未忘改葬一事，而苦自己不善看，又苦无最贴心之人。弟意以东阳叔祖为主，渠亦难于远出寻求，且上等者自须先自为谋。日夜念此，至焦灼耳。"

其后，刘为章为曾家在湘潭看好了一块地，欧阳兆熊代为办理，曾国藩写信说："欧阳小岑代买湘潭周家之地，刘为章所看者。沅弟若克复吉安之后乞假归家，便中可至该处一看。先大夫、太夫人葬地实不放心。澄弟向不信风水之说，洪弟在家无事，可留心学习。为二亲求一佳城，不必为子孙富贵功名，但求山环水抱，略有生气，俾二亲之体魄少安，即子孙之福荫亦未始不在其中。余于亲在日不克笃一日之孝养，亲没之后又不克求一善地用妥先灵，诸弟若能尽心竭力肩任此事，则余寸心之疚可少释耳。"

咸丰八年冬，经曾国潢、曾国荃二兄弟多方寻找，最后看中湘乡县二十九都台洲之猫面脑，此地与南岳七十二峰之一的九峰山山脉相连，又在其亲家罗泽南故里，故曾国荃最为满意。但这块"好地"偏偏又是洪姓与夏姓多年争讼之地。风水先生又告知，猫面形地在夏家，而"结穴"在洪家地头。就是说，这块地涉及洪姓、夏姓二家。曾国藩收到二位弟弟的信，这时他已重新出山，于是给洪、夏二家写信，随即致信九弟、四弟：

"先考妣改葬事决不可缓。余（咸丰）二年、七年在家主持葬事，办理草草，去冬今春又未能设法改葬，为人子者第一大端，问心有疚，何以为人？何以为子？总求沅弟为主，速行改葬，澄弟、洪弟（曾国葆）帮同办理，为我补过。至要至祷！洪、夏争地，果可用否？吾不得知。兹亲笔写二信与洪、罗二处，以冀或有所成。”

经过曾国藩调解，夏家同意将猫面脑地卖给曾家，但洪家的工作又很难做。为此，曾国荃用了一些办法。咸丰九年八月，才完成改葬。曾国藩在九月初二日日记记载：“是夜接家信，澄弟一件、沅弟一件、纪泽一件，知先考妣改葬事，于八月十四日自腰里起行，十五日午刻至猫面形山内，十六日午刻下肂，诸事办理妥协，此心为之大慰。沅弟之为功不小矣。并寄穴土一块来，看土似石非石，色似朱非朱，不燥不润，应尚安吉也。”

曾国藩对九弟曾国荃雷厉风行办理改葬之事，非常欣慰，并将清朝名人书法画扇三十柄相赠，这大概是送给弟弟最值钱的礼物了。他给三位弟弟写信说：“沅弟到家后，雷厉风行办理改葬大事，启土下肂，俱得吉期，欣慰无量。余在家疚心之事，此为最大。盖先妣卜葬之时，犹以长沙有警，不得不仓卒将事；至七年二月，大事则尽可从容料理，不必汲汲以图。自葬之后，吾之心神常觉不安，知我先人之体魄亦当有所不安矣。此次改葬之后，我兄弟在外者勤慎谦和，努力王事，在家者内外大小，雍睦习劳，庶可保持家运蒸蒸日上乎？沅弟办理此事，为功甚大。兹以国朝名人法书名画扇三十柄奉赠，酬庸之物颇丰。我父母亦当含笑于九原也。”

但这件事在当地闹得沸沸扬扬，以至于咸丰十年九月胡林翼写密信告诉陈作梅，请陈私下与曾国藩讲。因陈不在军中，曾国藩担心是军务事宜耽搁误事，拆开信阅后大惊。因密信闪烁其词，曾国藩只好向爱徒李鸿章了解实情，原来是猫面脑之地，洪家不服，到处写信告状。曾国藩日记载：

“早饭后清理文件。旋接胡宫保（胡林翼）信，内有与陈作梅密信，因作梅已赴江西。余拆阅，中言沅甫（曾国荃）乡里之评，如此大非乱世所宜，公可密告涤丈（指曾国藩）箴规之云云。余因作梅在此数月，并未提及一字，不知所指何事。因问少荃（李鸿章）曾闻作梅说及我家事否。少荃言曾闻作梅说及沅甫乡评不好。余细叩何事，渠言洪家猫面脑葬地，未经说明，洪家甚为不服。洪秋浦有信寄余，其中言语憨直，因隐藏未经寄营。本县绅士亦多见此信稿者，并劝余设法改坟，消患无形等语。又言沅甫起新屋，规模壮丽，有似会馆。所伐人家坟山大木，多有未经说明者。又言家中子弟荡佚，习于吹弹歌唱之风云云。余闻之甚为忧惧。……细思余德薄能鲜，忝窃高位，又窃虚名，已干造物之忌，而家中老少习于'骄、奢、佚'三字，实深悚惧。"

曾国藩常把日记作为家书。他把前引日记寄给曾国荃，希望有所补救："二十九日记中记作梅之言，不知渠何以全不向余提及。猫面脑之事，弟克复安庆后，当归家妥办。如洪家执意不肯，只好略略迁改，移于夏家契地内。但求大致稳妥，不必泥于阴地一线之说，反诒求福太过之讥。"但"略略迁改"谈何容易，无非多给洪家补偿而已。曾国荃对其长兄出尔反尔，颇为不满。为此曾国藩写信表示，由他出面亲自解决：

"洪家之事，是非曲直，可一言而决。先茔葬在夏家卖契之内，则我直而洪曲。若系我直，则国藩长子也，断不要弟与澄、季独当其事，当由我挺身出来任之。有祸我当，有谤我受，决不出一分一厘与洪。若系洪直，则从容当谋一妥善之法。谚云'一家饱暖千家怨'，况吾家显宦，岂能免于讥议？至日记，除家中人来，并无人看见，希庵（李续宜）屡求抄阅未许。此物在家，何千龄万代之有？弟若此过虑，吾向家中取来涂灭可也。作梅不向我说而告之润帅（胡林翼），吾亦不以为然。（咸丰）七年，黄金堂起槽门，刘为章不向我告知其凶而告之李筠生，吾亦心非之。弟日内要打援贼，千万莫恼怒也。至嘱。"

后来可能由于曾国潢在家协调，洪家同意将地卖给曾家，但洪秋浦仍不亲自到场画押，曾国藩担心日后仍有口舌。

概括来说，曾国藩对风水的态度，经历了由不信到热心再到批评的转变。早年他不信风水；1847 年，他官升几级，便开始相信并热心于风水；1858 年曾国华阵亡后，他开始反思自己的家史，开始批评风水之类的迷信。总体而言，他对风水可以说是信而不迷，他曾经说："凡已发之家，未有续寻得大地者。"也就是说，这个家庭很兴旺发达的时候，不会轻易去寻求更好的地为祖先迁葬。他还提出："人力所能谋，只能求免水、蚁、凶煞三事，断不能求富贵利达。明此理，绝此念，然后能寻平稳之地。不明此理，不绝此念，则并平稳者亦不可得。"

## 4．星冈公的"五恼"

星冈公"六恼"中的其他"五恼"，由于时代变迁，曾家也没有完全传承下来。

与洪家争风水之地风波停歇后，曾国藩写信给四弟曾国潢，表示到他们这一代，不能完全遵守星冈公的规训："吾祖星冈公在时，不信医药，不信僧巫，不信地仙。此三者，弟必能一一记忆。今我辈兄弟亦宜略法此意，以绍家风。今年白玉堂做道场一次，大夫第做道场二次，此外祷祀之事，闻亦常有，是不信僧巫一节，已失家风矣。买地至数千金之多，是不信地仙一节，又与家风相背。至医药，则合家大小老幼，几于无人不药，无药不贵。迨至补药吃出毛病，则又服凉药以攻伐之，阳药吃出毛病，则又服阴药以清润之，展转差误，不至大病大弱不止。弟今年春间多服补剂，夏末多服凉剂，冬间又多服清润之剂。余意欲劝弟少停药物，专用饮食调养。泽儿虽体弱，而保养之法，亦惟在慎饮食节嗜欲，断不在多服药也。洪家地契，洪秋浦未到场押字，将来恐仍有口舌。地仙、僧巫二者，弟向来不甚深信，近日亦不免为习俗所移。以后尚祈卓识坚定，略存祖父家风为要。天下信地、信僧之人，曾见有一家不败者乎？”

曾国藩向来以老庄之道为修身之本，经过曾家的大变故，他认为一个家庭大体上也会经历三十年一轮回的兴衰，古代称三十年为一世，经过一世的兴盛，之后可能要经过一段劫难，再兴盛的家庭很少一直兴盛下去。物极必反，天理所包括的天地万物也是如此。他在书信中回顾家族三十多年来的历史，说道：

吾家自道光元年（1821）即处顺境，历三十余年均极平安。自咸丰年来，每遇得意之时，即有失意之事相随而至。

这些得意时伴随的失意事，包括：1852 年，曾国藩在江西主持考试，请假回老家，就遇上母亲去世；1854 年，曾国藩指挥湘军攻克武汉田家镇，声名鼎盛，腊月二十五还被朝廷赏赐黄马褂，没想到当夜就遭遇大败，衣服、文卷全部丢失；1856 年冬天至 1857 年春天，曾国藩兄弟三人督师于外，在瑞州（今江西高安）合围太平军，形势大好，不料父亲去世；1858 年曾国荃收复江西吉安，气势正盛，十月初七接到朝廷嘉奖，初十却有曾国华战死沙场的消息传来。正所谓“福兮祸之所伏”。

关于曾国藩祖父家训第一恼之“地命”，讲得比较多。接下来就是第二恼“医理”。说不信“医理”，当然不是说不信医学。这里讲的是那种江湖游医，这些人大多招摇撞骗，没有太大的本事，所以不要轻易相信他们下药。曾国藩非常注重养生，一生中不愿意轻易服药，更别说服那些游医开的药了。

“僧巫”则是“六恼”中的二恼，僧是游方僧，巫是巫婆。“祈祷”也是一恼，天天上庙里敬神拜佛，天天吃斋念佛。曾家后代少有信佛的，但也有信佛终身未嫁的，曾国藩也顺其自然，不强行要求子女不信佛，这一点他还是比较开放的。“留客久住”是最后一恼，过去是农业社会，一般人家底薄，多一个人口就多一碗饭，而且客人住久了，也会带来一些不和谐的因素，反而产生嫌隙。俗话说：“久住令人贱，频来亲也疏。”在别人家住得太久了，客人也变得不再尊贵；来往太频繁了，亲密的程度自然会下降，变得不受欢迎。

关于祖父的“八宝六恼”，曾国藩总结说：

“早扫考宝，书蔬鱼猪”八字，是吾家历代规模。……不信医药、地仙、和尚、师巫、祷祝等事，亦弟所一一亲见者。吾辈守得一分，则家道多保得几年。望弟督率纪泽及诸侄切实行之。

他还把祖父的家训编成了歌诀，让家族的人都记住。这是在给曾国潢的家书中提到的：

子弟之贤否，六分本于天生，四分由于家教。吾家代代皆有世德明训，惟星冈公之教尤应谨守牢记。吾近将星冈公之家规编成八句，云：“书蔬鱼猪，考早扫宝，常说常行，八者都好；地命医理，僧巫祈祷，留客久住，六者俱恼。”……此八好六恼者，我家世世守之，永为家训。子孙虽愚，亦必略有范围也。

曾国藩的妹妹国蕙去世七天才大殓，曾国藩为此写信给曾国潢，要他遵守星冈公“绳墨”：“凡地师及选择方术之言，其近情理者信之，其不近情理者决不必信。七日始大殓，此不近情理之言也。吾祖星冈公于僧道巫医及堪舆星命之言皆不甚信，故凡不近情理之言不敢向之开口。以后吾家兄弟子侄，总以恪守星冈公之绳墨为要。”

曾国藩一生受其祖父影响甚大，乃至重大时刻的选择，都以星冈公为教。当得知九弟曾国荃欲参劾湖广总督官文时，曾国藩予以劝阻，并援引星冈公的遗训说：

星冈公教人常言：“晓得下塘，须要晓得上岸。”又云：“怕临老打扫脚棍。”兄衰年多病，位高名重，深虑打扫脚棍……弟若直陈顺斋排行，则人皆疑兄弟熟商而行。百喙无以自解，而兄愈不能轻轻引退矣。望弟平平和和作一二年，送阿兄上岸后，再行轰轰烈烈做去。至嘱至嘱。

## 5．对家乡的爱

曾氏家族在双峰县荷叶镇有十堂之说，包括富厚堂、白玉堂、黄金堂、大夫第（敦德堂、奖善堂）、万宜堂、修善堂、有恒堂、华祝堂、文吉堂等。黄金堂和白玉堂是曾家早期的宅第，从这个名字来看，曾家也希望金玉满堂。曾国藩出生在白玉堂，他对自己的家乡寄托了无限的爱，后来升官发达后写了很多歌颂自己家乡的诗文。

中国古代文人诗作中，有不少是写自己的家乡的。在古代，特别是清朝时候规定，告老回乡的官员不管之前官位有多高，解职之后一个月必须回老家。虽说是对官员的限制，但也未尝不是人老后对家乡的依恋和向往的体现。

道光十五年（1835），曾国藩二十五岁。头年冬天，首次进京参加科考未第，但他雄心不已，决心客居北京，参加来年的会试。在除夕大节，曾国藩思乡怀亲，感慨万千，于是挥笔写下一首诗（《岁暮杂感十首·其二》）说的就是家乡，全诗如下：

高嵋山下是侬家，岁岁年年斗物华。
老柏有情还忆我，夭桃无语自开花。
几回南国思红豆，曾记西风浣碧纱。
最是故园难忘处，待莺亭畔路三叉。

这首诗中写的就是白玉堂，高嵋山下的祖业是从曾国藩的曾祖父开始的。曾国藩从出生开始到少年时代都是在白玉堂生活，十六岁之后才离家去衡阳读书，开始接触经世致用之学。在此之前一直是在自家私塾“利见斋”跟随父亲读书。在衡阳拜廪生欧阳凝祉为师，开始新的读书之路。欧阳凝祉认为曾国藩是一个有才能的人，将来必定会有出息，就把自己的女儿嫁给了他，这就是众所周知的欧阳夫人。求学衡阳这一重要的决定改写了曾国藩的一生。对于一个人的人生，有时候父母的决定非常重要。曾国藩的运气不错，他后来也特别相信运气。他走出了自己的家门，从一个狭小的天地到衡阳，几年之后很快从秀才、举人考中进士，一路飞黄腾达。

故居白玉堂右侧有一棵大树，当地人称为蟒树。在传统的观念中，凡是大的宅子，一定要有大树在屋前屋后，大树枝繁叶茂，则预示着这个家族一定兴旺发达，当然树的年龄一定要比宅子高，所以过去有所谓的“请树”一说，就是在方圆百里要找一棵树龄非常大的树移栽于宅子旁。曾国藩家里也是这样。

2006 年我到白玉堂参观的时候，工作人员告诉我，这里还没有成为国家重点文物保护单位之前，来参观的人络绎不绝，除了中国台湾地区的参观者，还有不少东南亚地区的人来参观。在湖南，曾国藩故居（包括富厚堂在内）的影响可以说非常大。白玉堂的风水在有些人看来也是很好的，前面说到的那棵大树就是如此。传说，看曾家是不是发达就看这棵树。枝繁叶茂的时候，曾家如日中天，飞黄腾达，曾国藩在前方打仗每战必克，他的官位也越来越高。这棵树长势萎靡的时候，曾家可能就遭遇厄运了。当然，这棵树也被列为重点保护文物之一被保护了下来。过去有句话叫“种人先种树”，古人讲“一年之计，莫如树谷。十年之计，莫如树木。终身之计，莫如树人”，这说明宅前屋后种树的重要性。中华民族树的根在哪里？在黄帝陵。黄帝陵周围，千年以上树龄的树就有三万多株，黄帝手植柏树龄更长，距今五千多年。要说我们中华民族树的根就在那里，确实如此。

曾国藩咸丰八年重新出山之后就没再回到自己家乡，镇压太平天国后，清廷给他封了侯爵，按照侯爵规制修建的富厚堂，也是曾国藩的故居之一，现在是全国重点文物保护单位。就地理条件来讲，曾国藩故居富厚堂的风水如何？有人说富厚堂“山环水抱，藏风聚气”，背靠半月形的鳌鱼山脚，三面群山环抱，坐西朝东，前临弯曲有情的涓水河。从远处看来，富厚堂极像一把硕大无比的太师椅，坐镇鳌鱼山下，指挥千军万马。可惜的是，曾国藩一直没有入住。

## 6．曾国藩的“八本”

到曾国藩的时候，他将家训从祖父时期的“八宝六恼”继承发展为“八本三致祥”，他说：“吾教子弟，不离八本三致祥。”之所以说这一家训是继承发展，是因为曾国藩所处的时代不一样了，不能固守祖父的“书蔬鱼猪，早扫考宝”，要有适当的创新。

何谓“八本”？

八者曰：

读古书以训诂为本，

作诗文以声调为本，

养亲以得欢心为本，

养生以少恼怒为本，

立身以不妄语为本，

治家以不晏起为本，

居官以不要钱为本，

行军以不扰民为本。

这就是“八本”。曾国藩故居富厚堂就曾以此来命名，叫八本堂，名称来源就是曾国藩写的这个家训。后来曾纪泽根据《汉书》当中的“富厚如之”改名为富厚堂，这个富厚是道德修养要高的意思。

在曾国藩的“八本”中，尽管我们还可以找到他祖父家训的痕迹，但还是不一样了。“读古书以训诂为本”，“训诂”是讲古文的文字学，有所谓的形训、音训、义训，在科举考试时代，尤其是明清时期，清楚地解释古文字义是读书人必备的本事。“作诗文以声调为本”，前面讲的是读古书，后面讲的是作诗文，要合声调，讲究韵律。

“养亲以得欢心为本”，“养亲”就是对长辈，你得让老人高兴，人老的时候，尤其年龄特别大的老人，有点像老小孩，你得顺着他，让他高兴欢喜，当然让长辈欢喜也有个度，不要过分。

第四句开始讲养生了，“养生以少恼怒为本”，曾国藩认为养生之道，其中之一就是少恼怒，不要老生气。《黄帝内经》说“怒伤肝”，现代医学研究证明，人身上很多的病，包括胃病、肝病这些，有时就跟情绪有关。尤其是肝病，甚至肝癌，有不少是因为情绪得来的。不恼怒，肝气好，一定是一个修养非常好的人。不发脾气，面色红润，这个人一定是属于性格极好的。反过来，肝气非常重，郁郁之气老是藏在体内，脸色肯定不怎么好，精神状态自然也不会佳。曾国藩讲“养生以少恼怒为本”，他的养生也非常有特点，常讲“君逸臣劳”，“君逸”即大脑少思虑、省烦恼，“臣劳”就是筋骨常动。他讲的这些非常符合养生之道，也是现代医学所提倡的。

接下来就讲到“立身”了，“立身以不妄语为本”。人一辈子要立得住，就不要乱讲话，不说假话、大话，也不要出言不逊，这样才不会给自己带来不必要的麻烦。这大概也是我们平常所讲的要积口德。

“治家以不晏起为本”，这是祖父家训中的“早”字诀，曾国藩只是改了一种说法。不要日上三竿才起床，这样的话很多事就能及时完成。曾国藩把治家的“早”字诀也用于治军，经常放醒炮，黎明时一放炮，大家就起床。因为这个规定，李鸿章就曾出过洋相。李鸿章出身名门，父亲李文安在刑部做官十几年，与曾国藩是同年登科，是同学，李鸿章算是官二代。由于曾国藩在军中规定天刚亮，一吹号角，放醒炮，军中高层和幕僚都要聚在一起吃早餐，李鸿章一开始就受不了起早，总是不到场。有一天曾国藩来一个突然袭击，说少荃（李鸿章字）不来就不开餐，让身边的人去请。李鸿章连忙穿好正装，赶来用餐。曾国藩把筷子一放，教训李鸿章说，少荃，我这里有一个字叫“诚”，还有一个“早”字，如果你受不了，那就另谋高就。这个事对李鸿章来说，影响是很大的。后来李鸿章写回忆录的时候就提到，当时他虽然感觉在众人面前很掉面子，但是依然发奋，第二天开始就来得早了，不再拖拉。习惯是怎么养成的，有时候就是逼出来的。曾国藩这种做法其实也是对年轻人的督促。年轻人的培养六分在于天生，四分在于督促；有时甚至是六分靠督促，靠自觉并不一定可以做到。久而久之，就形成一种习惯，后来李鸿章那种懒惰的公子哥作风再也没有了。后来曾国藩在众人面前表扬李鸿章，说少荃天生于文牍最近，或可青出于蓝而胜于蓝。这番话是说，李鸿章天生是写材料的坯子，将来的成就可能会超过我曾某人。这对李鸿章是一个非常大的激励。

“居官以不要钱为本”，做官不能贪污受贿。曾国藩身居高位，弟弟当官了，儿子将来也会当官，尽管家族不是属于完全靠当官传承，但是肯定会有高官，所以还是要有所戒惕。当官不要老想着捞钱，自身要清廉，不能见钱就伸手，如果见钱就贪，这个家族一时积累的不义之财即便富可敌国，但一旦东窗事发，面临的可能不仅仅是抄家，还有被问斩。做官最根本的底线就是不要贪，先守住这一条，至于仕途的发展除了能力之外，有时还得靠运气，有很多机缘巧合的因素在其中。

“行军以不扰民为本”，这里讲的是治军。开始曾家五兄弟全部上了战场，后来四弟曾国潢回家主持家政，剩下的四兄弟全部上战场。当时的曾家没有分家，几十口人住在一起。大家知道，有二位死在战场，一个是曾国葆（五兄弟中最小的），一个是曾国华。在军中，幸存下来的是曾国藩和他的九弟曾国荃。曾国藩因镇压太平军有功，官至两江总督，手中握有重兵。曾国藩治理湘军，军纪还是很严格的。这形成“行军以不扰民为本”。湘军的纪律严明是很出名的，曾国藩为湘军编写的《爱民歌》中有这样几句：“三军个个仔细听，行军先要爱百姓……爱民之军处处喜，扰民之军处处嫌。……军士与民如一家，千记不可欺负他。”这首歌对于军队建设有很好的借鉴意义，据著名的历史学家、太平天国史研究专家罗尔纲先生考证说，解放军的“三大纪律八项注意”就借鉴了曾国藩的《爱民歌》。

曾国藩的家训“八本”，从字句看起来虽然平易浅显，但是至深的道理都在平易的语言中。曾国藩一生的言论，大家都知道并不深奥，为什么他的言论能如此深入人心、流传这么广呢？就因为他的语言朴实平易，道理却很深刻。

对于“八本”，曾国藩说道：“凡事皆有至浅至要之道，不可须臾离者，因欲名其堂曰八本堂。”这就是后来曾国藩故居富厚堂最初名为“八本堂”的由来。他也说：“古人格言尽多，要之每事有第一义，必不可不竭力为之者。得之则如探骊得珠，失之则如舍本根而图枝叶。古人格言虽多，亦在乎吾人之慎择而已矣！”也就是说，古人格言非常多，但每件事情有个“第一义”，也就是“本”，这是人要竭力守住的，不然枝枝蔓蔓太多了，那样的话无从遵守。

曾国藩的“八本”说，有很鲜明的时代特点。这个“八本”说，我觉得还是以儒家的精神为主。我曾翻阅过有关孔子的文献，孔子就提出过“三思”“六本”。《荀子·法行》中提到孔子讲的“君子三思”，原文是：“君子有三思而不可不思也：少而不学，长无能也；老而不教，死无思也；有而不施，穷无与也。是故君子少思长，则学；老思死，则教；有思穷，则施也。”“少而不学，长无能也”，少年时候不学习，长大了就没有才能。正所谓“少壮不努力，老大徒伤悲”。“老而不教，死无思也”，老年时候不能教育人，死后就没人记得你。年岁大的时候，子女有没有教育成才？古话讲“前三十年看父敬子，后三十年看子敬父”，自己的事业做得再大再好，还要看后人是什么样子的。我曾经给一些大企业家讲家训，他们对曾国藩的家训都很感兴趣，我就告诉他们，不管你们的事业做得多大，还是要抽出一定的时间，高度重视子女的教育，要不然悔之不及。任何事情都可以追溯，可以重新再来，但唯有一条，也就是孔子说的“逝者如斯夫，不舍昼夜”。时间是不可倒流的，所以不要留下遗憾。“有而不施，穷无与也”，富足的时候不施舍，贫穷了就没有人帮助。自己富有了，就要回报社会，帮助有困难的人群。至于后面的话，意思就是君子年少考虑到长大后的事，就会努力学习；老年考虑到死后，就会教育后人；富有的时候考虑到贫穷，就会施舍。这是荀子记载下来的孔夫子言论。还有“六本”，出自《孔子家语·六本》，孔子曰：“行己有六本焉，然后为君子也。立身有义矣，而孝为本；丧纪有礼矣，而哀为本；战阵有列矣，而勇为本；治政有理矣，而农为本；居国有道矣，而嗣为本；生财有时矣，而力为本。”

这段话说的是一个人立身行事有六个根本，才能成为君子。我只给大家讲述一下大概意思：立身有仁义，孝道是根本；举办丧事有礼节，哀痛是根本；交战布阵有行列，勇敢是根本；治理国家有条理，农业是根本；掌管天下有原则，选定继位人是根本；创造财富有时机，肯下力气是根本。意思很明了，这里就不详细解说了。

## 7. 曾国藩的“三致祥”

接下来看曾国藩家训中的“三致祥”。祖父是“六恼”，到他这里是“三致祥”。“祥”是吉祥，获得好的回报就是“致祥”。哪三种行为会获得吉祥的回报呢？那就是“孝致祥，勤致祥，恕致祥”。

首先看“孝致祥”。曾国藩说：

吾父竹亭公之教人，则专重“孝”字；其少壮敬亲，暮年爱亲，出于至诚，故吾纂墓志仅叙一事。

“孝”的观念在中国文化中源远流长，“孝”字的汉字构成，上为老、下为子，也就是子能承其亲，并能顺其意。通俗点说，“孝”就是孝敬父母、尊重长辈的伦理行为，体现出感恩、回报和礼敬。在中国传统道德规范中，“孝”具有特殊的作用和地位，正如俗话讲“百善孝为先”。曾国藩说他父亲教育子女，最看重的还是“孝”，看到自己的亲人长辈发自内心油然而生的那种爱，都是出于至诚。曾国藩认为自己的成就，在仕途上的升迁，是“孝致祥”，是父祖的恩泽回报。关于“孝”，曾国藩进行了阐述，跟我们今天所理解的又不一样，他说：

凡子之孝父母，必作人有规矩，办事有条理，亲族赖之，远近服之，然后父母愈爱之，此孝之大者也。若作人毫不讲究，办事毫无道理，为亲族所唾骂，远近所鄙弃，则贻父母以羞辱，纵使常奉甘旨，常亲定省，亦不得谓之孝矣。

曾国藩认为，凡是儿子孝敬自己的父母，做人有规矩，办事有条理就是孝。这跟我们今天的孝又不一样了。做人有规矩，办事有条理，亲戚宗族依赖他，远近乡党佩服他，竖大拇指，这样父母越喜爱他，这是孝的第一个含义，是曾国藩讲的大孝。把父母安养得非常好，让他们生活得顺心如意，这其实是小孝。如果做人毫不讲究，办事毫无道理，亲族唾骂，远近鄙弃，就算你当了高官别人也不会服你，这样的话，父母在家也抬不起头来，对你所做的伤天害理之事也是敢怒不敢言，羞于见人。让父母蒙羞，你的事业做得再大、官做得再高又有什么用呢？这是大不孝。因为有了前述行为，就算你在家“常奉甘旨，常亲定省”，“不得谓之孝”，在家里就算经常给父母奉上美味的食物，每日早晚请安，这也算不上真正的孝顺父母。

对于“孝”，曾国藩又作了进一步延伸，这是在给长子曾纪泽的家书中所提到的。曾国藩认为：“独孝友则立获吉庆。”这就是“孝致祥”。而且，“孝友为家庭之祥瑞，凡所称因果报应，他事或不尽验，独孝友则立获吉庆，反是则立获殃祸，无不验者”。孝友能给家庭带来祥瑞，我们平常所说的因果报应，在其他方面不怎么灵验，但是对一个家庭来说，“孝友”这一条太灵验了。一个家庭如果出了逆子，立刻遭殃。“吾早岁久宦京师，于孝养之道多疏，后来展转兵间，多获诸弟之助，而吾毫无裨益于诸弟。”曾国藩说，他早年在京城为官，没有在身前奉养父母。后来辗转各地，一直在打仗，多亏诸位弟弟在家奉养父母，但他说自己没有给弟弟们带来什么帮助，实在惭愧。“余兄弟姊妹各家，均有田宅之安，大抵皆九弟扶助之力。我身殁之后，尔等事两叔如父，事叔母如母，视堂兄弟如手足。凡事皆从省啬，独待诸叔之家，则处处从厚。待堂兄弟以德业相劝、过失相规，期于彼此有成，为第一要义。”这是曾国藩处理天津教案前，曾昏迷了很长时间，认为自己可能要不久于世，写了上述的家书给长子曾纪泽。曾国藩的兄弟姐妹很多，四个弟弟，三个姐妹。各家均有田宅，不愁吃喝，至少衣食无忧，都是九弟曾国荃辅助之功。大家都知道曾国荃攻打安庆后，曾把英王陈玉成府邸的财富据为己有，民间流传曾国荃打下天京后，掳掠的金银如海、财货如山，这些财宝都运回了湖南。曾国荃把得来的钱财用于买房置地，在亲族中出手也很大方。所以，曾国藩对儿子说，今后要视叔父（曾国潢、曾国荃）如自己的父亲一样，待叔母就像自己的母亲一样，待堂兄弟就像亲兄弟一样。宁愿自己俭省吝啬一点，但是对待几个叔叔的家里处处要从厚，对待堂兄弟以“德业相劝、过失相规”，这是第一要义。我在后面还会讲到，曾国藩对所有的侄子，真正尽到了一个做大伯的责任。

再看“勤致祥”。“勤”是中华民族的传统美德。曾国藩一生守住的红线，就是三个字：清、慎、勤。但是在家族家训中，他没有强调“清”和“慎”，因为这毕竟还是与官场有关。孔夫子讲“五十而知天命”，这个时候的人即将步入老年，谋事在人，成事在天，没有结果的事情不要太强求。孔夫子也讲“后生可畏”，但是“四十、五十而无闻焉，斯亦不足畏也已”，四十岁、五十岁没有什么成就，这个人恐怕也就这个样子，没有什么作为了。五十岁已是知天命之年了，努力作为但不要祈求有结果。曾国藩特别相信天命，尤其是晚年。所以，曾国藩经常讲天命，但他说人跟天还是有一争，那就是“勤”。天道酬勤，勤劳的人能够获得老天丰厚的回报，天道是最高的道，老天能够回报就是因为你勤。曾国藩晚年的时候悟出来，人的一辈子与天可能有一争的，就是“勤”字。曾国藩说：

余近年默省之勤、俭、刚、明、忠、恕、谦、浑八德，曾为泽儿言之，宜转告与鸿儿，就中能体会一二字，便有日进之象。泽儿天质聪颖，但嫌过于玲珑剔透，宜从浑字上用些工夫。鸿儿则从勤字上用些工夫。

这是他写给两个儿子的家书所提到的。他说人的一辈子说来道去，要具备八个字：勤、俭、刚、明、忠、恕、谦、浑。这八种德行，两个儿子如果能从中体会一两个字，便会有大的进步。因为曾纪泽天资聪颖，曾国藩觉得他过于玲珑剔透，应该从“浑”字上用功夫。小儿子曾纪鸿呢？应该从“勤”字上用功夫。关于“浑”字，一般人可能不太容易理解，我们可以从曾国藩写给九弟曾国荃的信中了解一二。他说：

勤、俭、刚、明四字，皆求诸己之事；孝、信、谦、浑四字，皆施诸人之事。孝以施于上，信以施于同列，谦以施于下，浑则无往不宜。大约与人忿争，不可自求万全处，白人是非，不可过于武断。此浑字之最切于实用者耳！

这段话中的“浑”，是对人，心里明白装糊涂。也就是说，人不能太精明，一个人太精明，就工于算计，曾国藩用人时就不太喜欢这种人；“浑则无往不宜”，最好的就是“浑”，对上级、对同事，都可以运用。曾国藩常讲，智和愚的力量不可忽视，人遇事，有时需要用智慧，有时候需要装愚、装糊涂。曾国藩早年，写了十三篇小文章，其中有一篇叫《儒缓》。他说，古往今来成大功的人有两类，一类得之于天授，一类得之于人事。天授是遗传基因好，天资聪明；但是真正成大功的人往往是得之于人事。人的天资再好，还得在工作和实践中把自己的本事练大。曾国藩的天资并不是很好，他曾说少荃“论及余之短处，总是儒缓”，也就是反应太慢。孔子说“恭则不侮，宽则得众，信则人任焉，敏则有功，惠则足以使人”，有人就说曾国藩是“敏则有功”，同样一个小时，曾国藩能把事情处理得井然有序，有的人则忙忙叨叨、无所适从。但曾国藩说自己天生不敏，是平常靠勤学苦练练出来的。曾国藩确实不是一个天资聪颖的人，而是属于儒缓成功的。从传说曾国藩早年温习《论语》遭遇小偷的故事就可以看出他的天资如何。当时，曾国藩没有考中进士，于是准备第二次考试。有一天正在家里挑灯夜战，来了一个不速之客——小偷。小偷看到曾国藩正在念《论语》，一时不好下手，只好趴在梁上，等他一会儿把书温熟睡觉后再动手，结果曾国藩读着《论语》，颠来倒去就是记不住。这个小偷听曾国藩读了几遍，都能背下来了，可是直到东方欲晓，曾国藩还是记不下来。小偷心想，这个人真够笨的。为了避免被识破抓到，无奈之下，小偷只好溜之大吉。从这个故事可知，曾国藩不是聪明的人。不仅小偷看不起他，曾国藩的老师也不看好他，和弟弟一起上课的时候，教三遍，弟弟就会了，曾国藩还是记不住。所以，老师说，将来你若能考中进士，我给你背伞，你今后可能就只适合戳牛尾巴，一辈子离不开土地。但是，曾国藩勤学苦练，发愤图强，最后还是成功了。可见，成大功者往往是“儒缓”，认定目标，一步一个脚印，日久天长的积累，正如庄子所说的“美成在久”。曾国藩认为成功之道，概括起来，离不开两个字，即“勤”和“谦”。一个人能够做到勤、谦二字，就会把事业做大。禀赋一般的人，通过后天的勤奋努力，勤能补拙；有才华的人自恃才高，平日里不太努力，工作起来马马虎虎，就会出大问题。对此，曾国藩总结说：“立身之道，以禹墨之‘勤俭’，兼老庄之‘静虚’，庶于修己、治人之术，两得之矣。”大禹治水，三过家门而不入；墨子节用，过着清廉俭朴的生活。但是，光有勤、俭二字还不行，还要学老庄的静和虚，不出风头，保护好自己。

我曾经研究清朝的皇帝，对于雍正帝，我就觉得这个人很传奇，概括他的一生，就是一个“奇”字。为什么奇？非长、非嫡、非能、非贤。我们都清楚，康熙帝开始是立了太子的，皇太子胤礽是废了又立，立了又废，当了四十多年的太子，最后还是给废了。但是还是得有人继承皇位，康熙帝就让大臣们推选，在成年的二十四个阿哥中，得到最多荐举的是八阿哥胤禩。四阿哥胤禛，也就是后来的雍正帝，少有人推举。那时的雍正帝在干什么呢？我们知道今天的雍和宫就是原来的雍亲王府，不远处有一个柏林寺。胤禛每天跟柏林寺的和尚们一起参禅论佛，据说他的修行已到了很高的程度。这一举动是向外界说明他对太子之位没有兴趣。但是，最后的皇位谁得到了？胤禛得到了。可见，雍正帝深得老子之道，“夫唯不争，故天下莫能与之争”。这就是曾国藩后来悟到的，不单单靠勤奋，尽心尽力为朝廷服务，还要不张扬，保护好自己。他后来还讲：

古人修身、治人之道，不外乎勤、大、谦。勤若文王之不遑，大若舜禹之不与，谦若汉文之不胜。而勤谦二字，尤为彻始彻终，须臾不可离之道。勤所以儆惰也，谦所以儆傲也，能勤且谦，则大字在其中矣。

尤其是“千古之圣贤豪杰，即奸雄欲有立于世者，不外一‘勤’字；千古有道自得之士，不外一‘谦’字”，圣贤豪杰，想要真正出人头地，也就是一个勤字；得道之人，离不开一个谦字。所以他总结说：“吾将守此二字以终身，倘所谓‘朝闻道夕死可矣’者乎。”终身都要守住“勤”“谦”二字。

第三个致祥，就是“恕致祥”。“恕”即宽于人而严于己。曾国藩曾讲“居家有四败”，其中之一就是“刻薄寡恩者必败”，人太刻薄不行，还是要胸怀宽广一点，该宽恕别人时就要宽恕，不要斤斤计较。对别人要宽，对自己则要严。他用《易经·谦卦》中的“劳谦，君子有终，吉”说：“思‘劳、谦’二字之道，精力虽止八分，却要用到十分；权势虽有十分，只可使出五分。庶几近之。”这就是宽于人而严于己。

曾国藩经常将祖父的“八宝”与他的“八本”相衔接，作为曾家家训。曾国藩以钦差大臣署理两江总督后，将行辕安在凶险之地祁门。当时是他危险之时，为此给四弟曾国潢写信说：“今年殆万难支持。然余自咸丰三年冬以来，久已以身许国。愿死疆场，不愿死牖下，本其素志。近年在军办事，尽心竭力，毫无愧怍，死即瞑目，毫无悔憾。”随即以家训相嘱：

“家中兄弟子侄，惟当记祖父之八个字，曰：‘考、宝、早、扫、书、蔬、鱼、猪。’又谨记祖父之三不信，曰：‘不信地仙，不信医药，不信僧巫。’余日记册中又有八本之说，曰：‘读书以训诂为本，作诗文以声调为本，事亲以得欢心为本，养生以戒恼怒为本，立身以不妄语为本，即不扯谎也，居家以不晏起为本，作官以不要钱为本，行军以不扰民为本。’此八本者，皆余阅历而确有把握之论，弟亦当教诸子侄谨记之。无论世之治乱，家之贫富，但能守星冈公之八字与余之八本，总不失为上等人家。余每次写家信，必谆谆嘱咐。盖因军事危急，故预告一切也。”

危急时他又给三位弟弟写信，叮嘱的仍是谨守家训：“自去冬至今，无日不在危机骇浪之中。所欲常常告诫诸弟与子侄者，惟星冈公之八字、三不信及余之八本、三致祥而已。”他还特别说明：“兹因军事日危，旦夕不测，又与诸弟重言以申明之。家中无论老少男妇，总以习勤劳为第一义，谦谨为第二义。劳则不佚，谦则不傲，万善皆从此生矣。”

曾国藩又给二子写了同样内容的信，在复述“八宝”“三不信”“八本三致祥”后，他特别叮嘱道：“处兹乱世，银钱愈少，则愈可免祸；用度愈省，则愈可养福。尔兄弟奉母，除劳字、俭字之外，别无安身之法。吾当军事极危，辄将此二字叮嘱一遍，此外亦别无遗训之语。尔可禀告诸叔及尔母无忘。”

## 8. 郭琇《富厚堂日程》

第一代的家训是曾国藩祖父传下来的，到他父亲那一代大体遵循星冈公之教，没有留下成型的家训，所以第二代家训就是从曾国藩开始形成的，第三代的家训是曾国藩的儿媳妇完成的。曾国藩还是很有眼光的，他培养了一个好儿媳，也就是小儿媳妇郭筠，曾纪鸿的妻子。曾国藩擅长相人，他认为曾家下一代发达的应该在老二家，也就是小儿子这一家，后来也确实如此。大家可能想不到，曾国藩当时手握重兵，是湘军的最高统帅，是朝廷的钦差大臣，还是两江总督，同时还兼着其他官职，主管对外的交涉通商。朝廷每有大政要征求他的意见，真可谓日理万机；但是曾国藩每天处理这些事情井井有条，晚上除了读书作文，还要督促子女，即灯下课子读书。灯下课子读书，就是跟自己的儿子、儿媳妇在一起读诗书。大家可能会想，过去男女授受不亲，何况是公公跟儿媳妇在一起读书，那怎么行呢？但是不然，曾国藩还是重点培养小儿媳妇，当然这也是郭筠本人的根基好。郭筠是何许人也？其父是曾国藩的同科进士郭霈霖。这门亲事还是郭筠年仅一岁时，她的父亲与曾国藩订的娃娃亲，将她许配给刚出生的曾纪鸿为妻。曾国藩不像有些人要攀高枝、结权贵，他对儿女的亲事没有门第的界限，就算是妾生子也未尝不可。他父亲是坚决不允许的，因为过去认为妾生的子女低人一等。过去认为女子无才便是德，但实际上从明朝之后这个传统就改变了，女子也读诗书。郭筠很小的时候就会作诗、写文章，是个才女。曾国藩在外为官时，一般不带家属，唯一的破例就是带着小儿子曾纪鸿这一家。从在安庆攻打太平天国一直到在南京做两江总督，都是带着小儿子一家在身边。曾国藩亲自教导儿子、儿媳，做直隶总督时也是亲自教，当然郭筠确实是幼承家训，儒学底子很好，到了曾家以后曾国藩又不遗余力地培养。

郭筠与曾纪鸿成婚后，在曾国藩的亲自指点下，通读《十三经注疏》《御批通鉴辑览》等书，成为当时名噪京华的才女。夸张一点说，清人几百年的学问就集中在这部阮元编辑的《十三经注疏》里，今天我们都很难想象有人能通读这样的书。《御批通鉴辑览》全名是《御批历代通鉴辑览》，是在乾隆帝亲自参与和裁断下，由清朝官方纂修的一部大型纲目体编年通史。乾隆帝的“御批”达十五万字之多，成为该书不可分割的重要组成部分。曾国藩指导郭筠读了这两部书。这些教育后来得到了回报。据郭筠的孙女曾宝荪回忆说：

“据祖母自己说：‘我十九岁结婚，大部头的书，如《十三经注疏》《御批通鉴》等都是到曾家来，在文正公指导之下才读的。’”

二儿子曾纪鸿三十三岁就去世了，曾家后代的培养主要就是靠这位小儿媳妇。曾国藩育有二子五女，家族真正发达还是靠这二子。所谓的发达，就是子嗣繁多。曾国藩去世后，大儿子曾纪泽继承了官爵。最初，曾纪泽原配贺氏难产，没有生育，续娶刘蓉女儿，二人生有一子广铭，但非常小就去世了；二人所生有两个女儿。同治十年十一月二十二日，曾国藩身体出现明显的“中风”症状，于是由郭筠与长嫂商量，经曾国藩允准，将曾纪鸿的三子曾广铨过继给曾纪泽为嗣子。曾纪泽日记载：“侍大人叩谒祖堂，栗弟（曾纪鸿）以第三子广铨出嗣于余，告祖，拜贺良久。”中国过去这种现象很常见。像我的外祖父家也是这样，二舅没有孩子，大舅有六子，就把最小的孩子过继给了二舅。过去讲，一个宗族不能让他断了血脉，有时为了保持血脉就通过过继的方式。广铨出嗣纪泽后仅仅两个多月，曾国藩就去世了，爵位由曾纪泽承袭。过去还有一种说法，说过继之子能“引子”，即抚养兄弟之子为己子后，自己就能生子。果然，不到两年，即同治十二年九月十五日，妻子刘氏为纪泽生子广銮，后又于光绪五年（1879）生子广鍚。广銮五岁时，随父母远赴英法。光绪七年（1881），纪鸿在京病逝，在曾国荃的支持下，郭筠携四子一女回到老家富厚堂。当时曾纪泽一家在国外，曾家一切事务皆赖郭筠操持。她秉承先人家训，是曾国藩家教思想的具体实施者。郭筠丧夫时才三十多岁，她已经是曾家的长辈，她为曾家的后代立了规矩，曾手书《富厚堂日程》，载有六条家训，要求曾家的子孙都要做到，内容如下：

一、男女皆应知习一样手艺。

二、男女皆应有独自一人出远门之才识。

三、男女皆应知俭朴，每月所入必要敷每月所出，人人自立一账簿，写算不错。

四、男女皆应侠义成性，不要行为有亏。

五、男女皆应抱至公无私的心肠，外侮自不能入，而自强不求自至矣。

六、我家行之，一乡风化，则强国之根，基于此矣。

这六条家训也是与时俱进，有很多新的东西，与曾国藩的时代相比又不一样了。第一条，男女都应该学得一样手艺，这是立身之本，没有本事，怎么在社会生存。不管男女，都要有一样看家的本领、谋生的手艺。第二条，男女都要有独自出远门的才识。这个提法就不一样了，那个时候社会信息已经逐渐流通，故步自封就要落后，所以要走出家门，接纳外面的新事物。

第三条还是继承了上代家风，家里的男女要知道俭朴，每月的花费要记账。从曾国藩开始，到儿媳妇这一代及以后，曾家对于每一个人每月的花销是记得清清楚楚的。大家看《红楼梦》中贾家也是这样，一个人月例（每月照例支给的费用）有多少，按辈分、地位来支取，这个规定是很清楚的。在曾家，曾国藩的妻子最高，每月有十二两银子，当时叫作湘银，在当时来说，湘银不怎么值钱，和官银还不一样，折合成官银大概是八两。但是，十二两湘银，曾国藩觉得已经很高了。

第四条就讲人的忠和义，“男女皆应侠义成性，不要行为有亏”。忠义是我们的文化传统，尽己之谓忠，尽自己的能力做好事。义者，宜也，自己应该做的事就要去做。曾家规定，男女都要讲究忠义，为人处世不要做对不起天地良心的事。过去常有人说曾国藩守旧，其实不然。全国人大常委会前副委员长许嘉璐先生曾经说，曾国藩是传统文化的守护者和传播者，以及近代化的开拓者。从曾家家训来看，也非常明显，郭筠提倡与时俱进，不能墨守成规。曾氏三代家训，时代特点非常突出，但是本质性的东西依然存在。从第五条的“男女皆应抱至公无私的心肠，外侮自不能入，而自强不求自至矣”就可以看出。第六条则有表率的作用，“我家行之，一乡风化，则强国之根，基于此矣”。

郭筠有感于自己的丈夫纪鸿没有中进士，而文正公希望家里多出读书人，故回到湘乡后，对儿子广钧督教甚严。广钧是曾国藩的长孙，同治五年八月十日生，当时曾国藩在打捻军焦灼之时，十九日接九弟曾国荃及纪泽、纪鸿信，“知纪鸿儿于初十日子刻生一子，忧愁煎迫之时得抱孙之喜信，为之一慰”。广钧颇得祖父喜爱，名字也是祖父所取。广钧生下十几天，曾国荃也连得二孙。曾国藩致信九弟，告之起名：“弟之两孙元五、元六派名广文、广敷，余孙元七拟取派名广钧，既无偏旁合为一律，惟广字下一字用十一真、十二文之韵，声调较为清亮。”广钧非常聪明，年六岁时，曾国藩在江宁两江总督新署，家人抱广钧游玩，他看见匾额楹联，已经认得很多字。曾国藩去世，清廷降谕旨加恩，纪鸿、广钧赏举人，广镕员外郎、广铨主事。十五岁时父亲纪鸿去世，光绪十五年，广钧考中进士，时年二十三岁。当年四月初九日，曾纪泽日记载：“得报，知重伯（广钧字）中式会试第一百三十三名。自先文正戊戌登科以来，始有继起者，乐何如之！编电呈叔父。”

在这里值得叙述的是，曾国荃次子曾纪官之妻刘鉴，乃大学士刘权之孙女，刘若珪之女。她自幼受过良好的家庭教育，诗词文赋，琴棋书画均有涉猎，有才女之美誉，嫁到曾家后承担起培养曾家几房的重任，对曾氏后代成才起到了重要作用。她于晚清所著《曾氏女训》三卷，于民国初年经湖南巡按使沈金鉴向政府提出，列入女子修身家事教科书中。该书自序批驳“女子无才便是德”乃迂腐谬论，认为这种观念汩没人的性灵，阻碍人的进化，提出“有贤女然后有贤妇，有贤妇然后有贤母，有贤母然后有贤子孙”。

又，曾国藩的小女儿曾纪芬，幼承家训，嫁给聂缉椝后，结合曾、聂两家的家庭教育特点，培养了一大批优秀人才。晚年结合教育子女的实践，参考日本下田歌子《家政学》，重编《家政学》。她在《叙言》中历数曾家“八字祖训”，至其父（曾国藩）“又以勤敬足成十字训勉子弟，虽戎马倥偬、簿书焦劳，不惮叮咛”，称其嫁到聂家后，三十多年来，身被先人遗泽，获益匪浅。该书对今日家庭教育仍有重要参考意义，共分十二章，分别为《总论》《教育初基》《教育渐次》《教育总义》《家庭表率》《理财》《养老》《治病》《卫生》《交际》《避难》《仆婢》。

从广义而言，郭筠、刘鉴、曾纪芬都属于曾国藩（兄弟）的下一代，三人家训、家政并观，不但可以考察曾氏家训的时代变迁，也可以看到曾氏家族的传承渊源有自。

## 9. 家教的开放思想

在这里我们讲一下曾国藩家教的开放思想。这一点在清末大家族中是很少见的。从曾家第二代开始迈出国门，有不少子弟留学英美。就是现在曾国藩的直系后裔，定居在国外的也有很多。为了让曾纪泽等了解西方各种知识，曾国藩专门请外国老师教习他们英语。曾国藩去世后，曾纪泽服丧期间，对英文尤下功夫。他对照《英话正音》“批注极久”，并进行汉译英翻译。特别是同治十二年二月起至七月的半年多时间，每天抄录《英话正音》、翻译生书，读《日知录》《汉书》。约光绪初年，曾纪泽已经能够非常通畅地阅读英语，成为晚清有名的外交家和光绪帝的洋务顾问。光绪四年派充英国、法国钦差大臣。使馆落成，曾纪泽亲书一联悬于大门：

濡耳染目，靡丽纷华，慎勿忘先子俭以养廉之训；

参前倚衡，忠信笃敬，庶可行圣人存而不论之邦。

曾国藩在办理洋务过程中，对西方科学技术非常重视，幕府中不乏这类人才。他又以“律吕表”令曾纪鸿演算，还说自己于天文历算最为外行，如果儿辈能补此缺憾，余心大慰。为此，纪鸿秉承父志，对于西方数学、电学等均有研究，并有成果问世。这与曾国藩的开放式教育有直接关系。曾国藩的小女儿满妹，也就是曾纪芬，是曾氏家族当中活得最长的，高寿92岁，人称崇德老人。她曾在回忆录中称，同治九年的几个月间，每到万籁俱寂的夜晚，父亲曾国藩就带着子侄们观看星辰。在两江总督署新落成的堂厅里，曾国藩特意放置一台很大的地球仪，亲自为子女们讲解“万国地理”。

曾家子弟中，曾纪泽因出使英国、法国，后来又兼驻俄国大臣，在外国任大使长达八年之久，回国后又在外务部前身总理各国事务衙门行走。而在外任期间，都是携带家眷，故其子女、侄亲等大多走出国门，开眼看世界。如曾纪鸿的长子曾广钧的女儿曾宝荪（1893—1978）和四子曾广铨的儿子曾约农（1893—1986）留学英国，五子曾广钟的儿子曾昭权（1894—1952）则留学美国，后来成为驰名中外的学者和教育家。

曾宝荪毕业于英国伦敦大学，回国后在长沙创办艺芳女校，她写的回忆录称，祖母郭筠为她所做的三件事：一是没有要求她缠足；二是没有在童年将她许配人家；三是准许她出国留学。“这三件事影响了我的一生，使我能为所欲为，不受任何牵绊。”没有要求她缠足，这在当时是非常不简单的，小脚女人行动有诸多不便。我的家乡在吉林省长春市远郊，记得我幼年时，还有来自山东的女性缠足，当时已是上个世纪六七十年代。但是曾家早在清末，而且是在乡下，就不要求家中女子缠足。不在女子童年时许配人家，允许自由恋爱，这个思想确实开放。允许女子出国留学，这更了不得。难怪曾宝荪说这三件事情影响她的一生，让她没有任何的羁绊。从这里也看出，曾国藩很早就有开眼看世界的意识，不仅是在家族上，在国家大政方针中，也有体现。大家都知道，中国历史上最早的官派留学生，就是在1872—1875年间，由容闳倡议，在曾国藩、李鸿章的全力支持下，清政府先后派出的四批共一百二十名赴美国留学学生，这批学生出国时的平均年龄只有十二岁。

近代著名的英国哲学家罗素，1920年9月来湖南讲学，教育会请艺芳女校的曾约农现场翻译。曾约农当时正守母孝，形容憔悴，鬓发蓬松，粗布长衫，人皆骇异，而他的现场翻译大受罗素和当时在场的美国哲学家杜威的称赞，“问之，答恪遵祖训，先祖有言：天下古今之才人，皆以一傲字致败；天下古今之庸人，皆以一惰字致败”。为母亲守孝，形容憔悴，但是在翻译的时候却不受影响，难怪外国学者都惊讶，一个看起来瘦骨嶙峋的乡下先生能有如此高的翻译水平。曾约农说自己“恪遵祖训”，且“先祖有言”，这个先祖就是曾国藩。曾国藩曾经说，古今天下有才华的人因为一个傲字导致失败，古今天下资质平庸的人都因为一个惰字而失败。这句话影响了曾约农一生，他后来成为台大的教授，接着又担任东海大学第一任校长，1986 年去世，享年 93 岁。

# 第四章　定家规　重落实

## 1．大家族要讲规模礼节

据费成康先生《中国的家法族规》一书研究，“家法”一词，始见于汉代。汉儒治经学，训诂、句读皆由口授。师之所传，徒之所受，一字不能出入，是为“师法”。后来五经博士增至十三家，每家又有各自的“家法”。所以他认为，“家法”本出自经学。到了南北朝时期，“家法”一词有了全新的含义，它成了“礼法”的同义词，成为调整家庭内部关系的规范，近似于后来的家规。唐宋时期，世家大族有家法的不乏其人。相对来说，家训是家规的凝练，具有很强的引导性。而家规是家训在具体层面的落实。曾国藩祖父的“书蔬鱼猪，早扫考宝”、曾国藩的“八本三致祥”、曾国藩儿媳妇郭筠的《富厚堂日程》，这些是家训。具体落实则是一条一条的家规。曾国藩认识到，大家族要讲究家规礼节，而且要落实，也就是责任到人。比如主持家政的曾国潢，还有欧阳夫人、长子曾纪泽，都要担负这个责任。这几个人对一个家族能起到带动的作用。大家无论如何想不到曾国藩会亲自抓这个功课，而且要验收、评估效果，如老大做得好，还是老二做得好；家里的女儿做得好，还是儿媳妇做得好。这些都要评出高下来。清廷给曾国藩封了侯爵，给曾国荃也封了伯爵。一门两爵位在清朝很少见，曾家当时是中外瞩目第一家，但曾国藩则不然，他曾经“字谕纪泽、纪鸿儿”道：

吾家门第鼎盛，而居家规模礼节总未认真讲求。历观古来世家久长者，男子须讲求耕读二事，妇女须讲求纺绩酒食二事。

这就是传统中国所谓的男耕女织。曾国藩讲究耕读传家，男女分工明确，各尽其责。耕读、纺织既锻炼了身体，又陶冶了性情。

对于家中妇女，曾国藩在给儿子的家书中强调颇多，他继续说道：

《斯干》之诗，言帝王居室之事，而女子重在酒食是议。《家人》卦以二爻为主，重在中馈。《内则》一篇，言酒食者居半。……尔等亦须留心于莳蔬养鱼。此一家兴旺气象，断不可忽。纺绩虽不能多，亦不可间断。大房唱之，四房皆和之，家风自厚矣。至嘱至嘱。

“《斯干》之诗”，出自《诗经·小雅·斯干》，说的是帝王居室之事，强调了女子应重在酒食，如：“乃生女子，载寝之地，载衣之裼，载弄之瓦。无非无仪，唯酒食是议，无父母诒罹。”《易经·家人卦》第二爻是主爻，称“无攸遂，在中馈，贞吉”，这一爻“重在中馈”，“中馈”就是家中妇女为家中置办的酒食。“《内则》一篇，言酒食者居半”，指的是《礼记·内则》，其中提到“女子十年不出……学女事以共衣服，观于祭祀，纳酒浆笾豆菹醢，礼相助奠”。曾国藩接着说：

故吾屡教儿妇诸女亲主中馈，后辈视之若不要紧。此后还乡居家，妇女纵不能精于烹调，必须常至厨房，必须讲求作酒作醯醢小菜换茶之类。

他曾经多次教导儿媳和女儿，一定要亲自下厨主持家中酒食，有些后辈不重视这些，这是不行的。可见，曾国藩是主张家中妇女下厨房的。在今天来讲，要女性下厨房，好像是挺高的要求，不像在过去这是第一要义。只是现在大家都图简便，自己不做饭，叫外卖就可以解决。曾国藩认为，家中妇女即使不是很擅长做饭，也必须常下厨房，必须学会酿酒、做酱菜之类。还有，要家中儿女“留心于莳蔬养鱼”。这些都是“一家兴旺气象，断不可忽”的。至于纺纱织布“虽不能多，亦不可间断”。说到纺织，有一个小插曲，发生在两江总督署。大儿子曾纪泽娶了新妇，曾家有个规矩，就是家中妇女，每天要纺四两线才能睡觉，欧阳夫人也不例外。大儿媳妇刚刚过门，对于纺织还不是很娴熟，这四两线的纺织花的时间当然够长，经常折腾到半夜。每天听着那纺车纺线的声音，曾国藩就没法读书了。曾纪泽刚娶媳妇，正是蜜月期，也免不了发牢骚，就对曾国藩说：父亲大人能否请母亲大人把一天四两的纺线量减少，哪怕纺三两也行，害得我们新婚夫妇都没有办法在一起。曾国藩说，我也早有此意，赶快把你母亲和你媳妇的架子（纺车）砸了算了。当然，这是玩笑话，但也由此可见曾家确实是讲家道、规矩，家中妇女每天至少纺完四两线才能睡觉。

在最后，曾国藩期许道：“大房唱之，四房皆和之，家风自厚矣。”“大房”就是曾国藩这一房，“四房”就是其他弟弟。大家都一起行动，落实家规，那么家风自然浓厚了。

值得注意的是，在曾国藩小女儿曾纪芬的《聂氏重编家政学》中，关于如何造酒、食物等内容颇为详尽，里面还有各种“方子”。可以说这是曾国藩家训的延续。

## 2. 四弟：主持家政者，责有攸归

一家要兴旺，必须出好的子弟，培养好的子弟，最重要的还是要靠带头人。曾国藩曾对主持家政的四弟说“主持家政者，责有攸归”，谁主持家政，谁起的作用就最大，曾国潢既然主持家政，就得起到示范的作用。

曾国潢比曾国藩小 9 岁，在曾国藩五兄弟中排行第二，大排行第四。字澄侯。曾国藩与之通信时以“澄弟”称。曾国藩考中进士，留在翰林院，这对几个弟弟是极大的鼓舞。曾国潢也想按照长兄的路走下去，为此也到衡阳去读书。此后，曾国藩在京城不断督促四位弟弟的功课，并为其详细指导读书、作诗。道光二十五年七月，曾国藩预料他的几位弟弟这年能够有人考中生员（秀才），但也肯定有不中的。为此他写信给父母，如果都没考中，希望弟弟到京城来：“今年考试，想四位老弟中必有入泮者。然世事正难逆料，万一皆不得售，则诸弟必牢骚抑郁，愤懑不平，此亦人之情也。如果郁忧，则问四弟、六弟、九弟三人中或有愿进京者，不妨来京一游。可以广耳目、豁心胸，可以叙兄弟之乐，亦男所甚望也。如诸弟不愿来，则不必强，恐其到京而急于思归也。如有一位入学者，则亦不必，恐家中既办印卷，又办途费，银钱艰窘也。如皆不进而诸弟又甚愿来，则望大人张罗途费，毋阻其愤发之志而遏其抑郁之气，幸甚。如季弟愿来，则须有一兄同来乃妥。”

当年十月，曾国潢与六弟曾国华一起进京，在长兄的督教下，学业有所长进。曾国藩愉快地向父母报告说：“四弟近日读书，专以求解为急，每日摘疑义二条来问。为男煮药求医及纪泽教书，皆四弟独任其劳。六弟近日文思大进，每月作四书文六首、经文三首，同人无不击节称赏。”

或许是科举的路太艰难，还有考虑到六弟已过继给叔父，曾国藩先为在京的六弟曾国华捐国子监生。因经济条件有限，只为四弟曾国潢捐了30两银子，待余款凑齐（通常110两）捐国子监生。曾国藩告诉父母："男以此打发四弟，四弟亦欣然感谢，且言愿在家中帮堂上大人照料家事，不愿再应小考。男亦颇以为然。"但曾国藩仍然希望诸弟中，能有人读书考取功名，他提出将来可成为"大帮手"。为此写信给父母说："家中诸务浩繁，四弟可一人经理。九弟、季弟必须读书，万不可耽阁他。九弟、季弟亦万不可懒散自弃。……只要天不管地不管，伏案用功而已。男在京时时想望者，只望诸弟中有一发愤自立之人，虽不得科名，亦是男的大帮手。万望家中勿以琐事耽阁九弟、季弟，亦望两弟鉴我苦心，结实用功也。"曾国藩确实非常有眼光，看得也很远。他希望九弟曾国荃、最小的弟弟（字季洪）曾国葆将来能成为他事业的"大帮手"。在曾国藩的早期"设计"中，曾国潢帮助家里大人处理家政，六弟已经由他出钱捐了国子监生，将来可以考功名，即便考不上举人，也有监生的身份，与普通平民百姓不同，属于"乡绅"一类。而在曾门五兄弟中，仅仅只有九弟曾国荃、季弟曾国葆了。事实也是如此，后来曾国藩办理湘军，曾国葆死于军中，而曾国荃成为他的"大帮手"。

道光二十七年六月，曾国藩升授内阁学士兼礼部侍郎衔，正式跻身高官行列。随即，曾国藩给曾国潢写信，将未来曾家气象兴衰，全部托付给四弟：

"家中《五种遗规》，四弟须日日看之，句句学之。我所望于四弟者，惟此而已。家中蒙祖父厚德余荫，我得忝列卿贰，若使兄弟妯娌不和睦，后辈子女无法则，则骄奢淫佚，立见消败。虽贵为宰相，何足取哉？我家祖父、父亲、叔父三位大人规矩极严，榜样极好，我辈踵而行之，极易为力。别家无好榜样者，亦须自立门户，自立规条；况我家祖父现样，岂可不遵行之而忍令堕落之乎？现在我不在家，一切望四弟作主。兄弟不和，四弟之罪也；妯娌不睦，四弟之罪也；后辈骄恣不法，四弟之罪也。我有三事奉劝四弟：一曰勤，二曰早起，三曰看《五种遗规》。四弟能信此三语，便是爱兄敬兄；若不信此三语，便是弁髦老兄。我家将来气象之兴衰，全系乎四弟一人之身。”

“卿贰”，指九卿的副长官，属于朝中高官，即二品的京官。曾国藩说，即便自己将来贵为宰相，如果家里子孙不成器，也不足取，并把责任归咎到四弟身上。兄弟不和，是四弟的罪过；妯娌不和睦，也是四弟的罪过；子孙后辈骄纵不法，还是四弟的罪过。而且，曾家将来气象的兴衰，不是他曾国藩起作用，而是全赖在家主持家政的四弟。曾国藩讲得很清楚，告诫四弟不要觉得兄长在朝做大官，家中就靠他。大家可想而知，四弟曾国潢可谓压力山大。根据现存的曾国藩与家中往来的家书统计，给九弟曾国荃写的是最多的，第二个就是在家里主持家政的曾国潢。

当九弟来信告诉他，诸妯娌不甚和睦时，曾国藩写信给几个弟弟：“望诸弟修身型妻，力变此风。若非诸弟痛责己躬，则内之气象必不改，而乖戾之致咎不远矣。望诸弟熟读《训俗遗规》《教女遗规》，以责己躬，以教妻子。此事全赖澄弟为之表率，关系至大，千万千万！不胜嘱切之至！伏惟留心自反为幸。”自此，曾家有大小事情，多由曾国潢处理，曾国藩予以肯定，说：“此后近而乡党，远而县城省城，皆靠澄弟一人与人相酬酢。总之不贪财、不失信、不自是，有此三者，自然鬼服神钦，到处人皆敬重。此刻初出茆庐，尤宜慎之又慎。若三者有一，则不为人所与矣。”

曾国藩祖父后来瘫痪在床，曾国藩的父亲、叔父在床前服侍，备极辛劳。曾国藩写信与叔父商量，琐碎而又不特别重要的事情，都交由曾国潢处理："侄窃伏思，父亲、叔父二大人年寿日高，精力日迈，正宜保养神气，稍稍休息，家中琐细事务，可命四弟管理。至服事祖父，凡劳心细察之事，则父亲、叔父躬任之；凡劳力粗重之事，则另添一雇工，一人不够则雇二人，雇工不要做他事，专在祖大人身边，其人要小心秀气。"

太平天国兴起，曾国藩在原籍办团练，曾国潢也在衡阳帮助训练湘军，并深得长兄称赞。但见长兄处处受气，未免怒气向人。曾国藩考虑再三，还是让四弟回乡主持家政。他向四位弟弟说："澄弟自到省帮办以来，千辛万苦，巨细必亲。在衡数月，尤为竭力尽心。衡郡诸绅佩服，以为从来所未有。昨日有郑桂森上条陈，言见澄侯先生在湘阴时景象，渠在船上，不觉感激泣下云云。澄弟之才力诚心，实为人所难学。惟近日公道不明，外间悠悠之口，亦有好造谣言讥澄弟之短者。而澄弟见我诸事不顺，为人欺侮，愈加愤激，肝火上炎，不免时时恼怒，盛气向人。人但见澄弟之盛气，而不知实有激之逼之使然者也。人以盛气凌物诮澄，澄以盛气伤肝致病。余恐其因抑郁而成内伤，又恐其因气盛而招怨声。故澄归之后，即听其在家养息，不催其仍来营中。盖亦见家中之事，非澄不能提新宅之纲；乡间之事，非澄不能代大人之劳也。并无纤介有不足于澄弟之处，澄弟当深知之，必须向大人膝下详禀之。"

曾家几代人都受中风之困。曾国藩的父亲晚年也患中风之疾，瘫痪在床。又是曾国潢床前榻下，汤药服侍。咸丰十年初，曾家在曾国潢的主持下，进行一次家产分割。此时六弟曾国华已去世，年长的二位弟弟曾国潢、曾国荃对曾国藩一家多有关照、周济。为此，曾国藩写信致谢，还用湖南方言打趣道："沅弟信中有分关田单，一一读悉。我于家中毫无补益而得此厚产，亦惟学早三爹频称'多多谢'而已。余敬澄弟八杯酒，曰：劳苦最多，好心好报。又敬沅弟八杯酒，曰：才大心细，家之功臣。都要吃个满斟硬刮。”

## 3．夫人须事事立个一定章程

我们看曾国藩对妻子欧阳夫人如何说落实家规之事。

欧阳夫人也是通书达礼之家出身，是曾国藩老师欧阳凝祉的女儿。欧阳夫人性格刚强，但体质偏弱。身材矮小，当年订婚时，曾家对身材矮小这方面觉得不满意，因为女子到曾家是要里里外外做活计的。还是曾国藩的祖父为曾国藩定了欧阳这门婚事。据曾纪芬记述，她母亲“躬持孝敬慈让，勤俭纺绩，为后辈范”。曾国藩办湘军前，欧阳夫人一直与丈夫居住在一起。后来办湘军，居无定所，行军打仗也有性命之虞，加之曾国藩担心家眷与他住在衙署，会染上衙门习气，所以大多时候欧阳夫人率儿妇辈住在乡下。她信佛。一般来说，一个家族中的家庭主妇性格不能太软，当然，太硬也不行，而是刚柔要适度。历史上有很多因为主持家政的女子太硬，使得一家不兴旺。反之，也有因为女子过于柔弱，而一家发不起来的。这里也有阴阳谐和之美的问题。曾国藩的儿媳郭筠也是个性格倔强，行事雷厉风行的人，不然，她也管不了曾家的家务。

曾国藩与夫人感情甚好，二人现存的通信只有为数甚少的几件。从曾国藩给家人总共1500多封家书而写给妻子的却少之又少看，夫妻间书信的交流不多。而现存欧阳夫人写给丈夫的信，字迹端正，楷书颇好。虽然说不上是才女，但绝非凡常之辈。她率儿妇在家勤俭督下。咸丰九年九月，曾国藩写给诸弟信中说：“自七月以来，吾得闻家中事有数件可为欣慰者：温弟妻妾皆有梦熊之兆，足慰祖父母于九原，一也；

家中妇女大小皆纺纱织布，闻已成六七机，诸子侄读书尚不懒惰，内外各有职业，二也；阖境丰收，远近无警，此间兵事平顺，足安堂上老人之心，三也。今又闻沅弟喜音，意吾家高曾以来，积泽甚长，后人食报，更当绵绵不尽。吾兄弟年富力强，尤宜时时内省，处处反躬自责。勤俭忠厚，以承先而启后，互相勉励可也。”

这段时间，欧阳夫人身体不好，曾国藩十分牵挂。九年六月，他专门配制了一些药送回家中。欧阳夫人回信说：“刘得一到家，接到所赐丸药、折扇等件，知（曾国藩）目疾尚不十分碍事，欣喜之至。服丸药甚相安，然妾近日身体颇好，再做一丹亦不甚易，应留自用。”同治二年，攻下太平军都城南京指日可待，曾国藩将原来设在安庆的英王府作为两江总督行辕，欧阳夫人率儿女媳妇及孙辈，从黄金堂老宅到了安庆。但二年后，曾国藩打完太平军后，又奉命北上镇压捻军，曾国藩令眷属回湖南。因欧阳夫人以为黄金堂“不洁”，后来遂有富厚堂之修建。

同治五年，曾国藩回任两江总督，他致信夫人，说他想开缺回乡，没有得到皇帝批准，随即嘱咐道：“家中遇祭酒菜，必须夫人率妇女亲自经手。祭祀之器皿，另作一箱收之，平日不可动用。内而纺绩做小菜，外而蔬菜养鱼、款待人客，夫人均须留心。吾夫妇居心行事，各房及子孙皆依以为榜样，不可不劳苦，不可不谨慎。近在京买参，每两去银二十五金，不知好否？兹寄一两与夫人服之。澄叔待兄与嫂极诚极敬，我夫妇宜以诚敬待之，大小事丝毫不可瞒他，自然愈久愈亲。”

次年五月，曾国藩再度给夫人写信，嘱咐夫人要事事定一个章程：“余精力日衰，总难多见人客。算命者常言十一月交癸运，即不吉利，余亦不愿久居此官，不欲再接家眷东来。夫人率儿妇辈在家，须事事立个一定章程。居官不过偶然之事，居家乃是长久之计，能从勤俭耕读上做出好规模，虽一旦罢官，尚不失为兴旺气象；若贪图衙门之热闹，不立家乡之基业，则罢官之后，便觉气象萧索。凡有盛必有衰，不可不预为之计。望夫人教训儿孙妇女，常常作家中无官之想，时时有谦恭省俭之意，则福泽悠久，余心大慰矣。余身体安好如常，惟眼蒙日甚，说话多则舌头蹇涩，左牙疼甚，而不甚动摇，不至遽脱，堪以告慰。”

曾国藩时时有忧患之感。他提出凡事有盛必有衰，在盛的时候要为衰时预先做好计划，希望夫人教训儿孙妇女，不要觉得自己在朝中做高官，就觉得今后衣食无忧，有指望，出了事情能摆平，不要这样想，就要当作家里没有人做官一样，平日里不犯错误，时时有谦恭省俭之意，这样的话，家族福泽定会悠久，自己在朝中为官也没有后顾之忧。一般来说，一个人在前方冲锋陷阵，如果后方出现问题，那就可能是出大问题了。曾国藩做官时，就很少把夫人带到官署里同住，只有在后来很短一段时间里把家属都带过来了。对此，他有自己的考虑，希望老家的人发展家业就好，不要干涉官场事务，况且当时朝廷规定，官员退休之后是要回到老家的，不能随便在某个地方买个宅子安家。想要告老不还乡，除非官员的子女之前定居于家乡之外的某地，成为家族的一支，方可去那个地方居住。像曾国藩的家族就曾有一支在长沙定居。否则，官员退休就得回老家，不得逗留京城或别地。因此，家乡等于是官员的后方基地，家风当然不能败坏。

如前所述，曾国潢在咸丰九年底主持分家，曾国荃、曾国潢家书均不见记载，而欧阳夫人的信却有记述。据她于咸丰十年正月初四写给丈夫的信说：“九叔归家，将家分开。妾仍住元（原）宅，作本宅田五十五亩。”

同治六年九月，曾国藩得知曾家几个兄弟的大家族已经分家，他由此担心欧阳夫人和家人，与心腹幕僚赵烈文详细商量是否让家眷来两江总督署，二人的谈话较长，也反映出曾国藩的犹豫。曾国藩问：“我对家人怎么也放心不下。足下平时劝我把家眷接过来，究竟是接过来对呢，还是不接她们对呢?”赵烈文回答说：“我承蒙老师骨肉般的错爱，若没有老师的话，就没有我的今天，我已替老师考虑成熟了。祸福诚然不可躲避，但不能不尽人事来挽回。老师为我这样的寒士筹计家室之累，是那样周到详尽。妻子虽属身外之物，但仁爱的人，由亲及疏，万万没有漠然置之的道理。假如留在家中，可以两全其美，就应当留下；假如留在家里，对解决祸患没有帮助，抛弃先人的血脉，不如先把妻子儿女接过来，使他们有回旋的余地。一旦有什么意想不到的事情发生，也可以把兄弟们招来，这总比全家人都遭意外要好吧!”

曾国藩说：“你说的对。可是，我还有卸任归乡的愿望。我这次再任两江总督时，向皇上奏明，今年五月内即告老还乡。后来，因为发生旱灾，灾民嗷嗷待哺，故不忍心告退；赈灾的事刚刚处理完，朝廷又有升任我为协办大学士的命令，接办科举考试的事，再加上捻军的势力正在发展，防守运河的大计又失败，诸多事情接连搅在一起，因此一直未能如愿啊。现在，又要把家眷接过来，是违背我的素志呀，不可以的!”赵烈文回答说：“老师进退的大计，所关非同一般，在下屡次想说而又未说，今天，不得不把我的看法向老师全部说出来。现在，如果有受人之托的人，但他没有尽力到最后，这样能行吗?再比如，现在有一个受雇用的仆人，为他的主人所倚靠，当孤儿寡母未能自立，而外面对他的凌辱纷至沓来的时候，他能丢掉不管吗?现在，又有一个父亲，一群没有长大的孩子围绕在他的面前哭叫，而且生死攸关，把他们抛弃不顾，这样做可以吗?老师以为退隐回乡这是避贤让能，那么，请老师自己说，有哪一位比老师更贤能呢?老师以为自己精力不如从前，而在下赵烈文以为，即使老师万事不理，在那坚卧不起，也能威镇四方，也比那些寻常的人强一万倍。这个时候，讲老师的才能和德操，都近于谀颂之言，因此在下这里不去说这个。就说湘军与淮军，都各有门户，这是老师所知道的。杨载福统领水师时，威震江表，但一旦改统陆师，就号令不行，换另外的地方也不灵。杨的效用尚且如此，更何况您拥有百万之众，贵则能裂土分茅，富则笑傲陶朱猗顿，这些人都是您一人所提携，现在虽然散处各方，其中，豪强节概之士，数不胜数，一旦取而代之，那将怎么得了？同治三年冬天，老师奉命离开两江总督任，在安徽、湖北督剿，圣旨还没有下，而人间已有扼腕不平、愤愤然要起事的人。况且，老师一旦解甲归田，换一个新总督，自脖颈以下，与头脑不相连接，这是大乱之道啊。现在，两湖三江伏兵数千里，所畏惧的，只是您一人啊！老师今日离任，明天就会呼啸而起。老师到那时候，上对不住君父，下对不住黎民，想要后悔，不是已经晚了吗?！老师一向向朝廷上奏说，离开总督之任后，不敢望归田里，想统兵一万人，独当一面。老师试想想，老师作为统兵的将领，谁来统领老师呢？而且，天下虽然很大，但哪里容得下您的足迹呢！老师想卸任归乡的志愿不改，一定对您的盛德有所损害。您千秋之后，一定会有遗憾的。”

曾国藩说：“足下把话说到这种程度，我怎么能不动心呢?！我退出官场回乡，岂是因为自己贪图安逸?！我扪心自问，身体一天比一天衰颓，接待僚属客人和阅读文件，精力都难以为继，积压的事情越来越多。并且，三省的吏治又不能整顿，为此而辜负国家和百姓的期望，这并不是我平生所忍心的事，足下又有什么办法告诉我呢?”赵烈文说：“在下观察老师的精力，确实不比从前，接待僚属和阅读文件两件事，重要的当然不能不做，其余的事，不处理又有什么妨碍？不过稍稍惹来人们的议论罢了。与其留下很大的遗憾于千秋后世，不如被人们议论于一时，况且，吏治诚然应当讲求，但这是缓慢的事。俗话说，白刀子横在眼前，顾不得流动的箭，而且，整顿吏治也完全靠老师在任啊。”

曾国藩说：“足下今天晚上的话，使我心意开豁了许多，我明天就把家眷接过来。但他们长期居住在总督衙署里，必然沾染官场习气，我又厌恶那些抛弃家乡祖宗坟墓而远靠别人的人。”赵烈文回答说：“老师的衙门里，没有官场习气可染，如果老师仍然认为有后患，那么，让家人粗茶淡饭，穿平民的衣服就可以了。轻易离开家乡，固然是轻薄之俗，而事情各有不同，不能一概而论。恋恋不舍于一丘之土，而置妻子儿女的安危于不顾，也不能称为厚道的举动。”曾国藩又问道：“外面怎么议论我和九舍弟的关系？”赵烈文半天没有作答，于是，曾国藩说：“你只管说，我与足下难道还有什么避讳的？”赵烈文于是回答道：“沅师（曾国荃）性格直率而喜好生事，老师举止行动详慎缜密，对事情的见解也有不同。至于心地，相互友爱无间，虽然有时事机逼迫，不能没有指责的话。本着不藏怒、不宿怨的道理去衡量，在是否喜怒形于色方面，兄弟两人的差别真是太大了。”曾国藩说：“同治三年秋天，我进入南京城两江总督署的那天，我的九弟还没有卸下浙江巡抚的职位，对我受到的待遇，不平之色，表露无遗。当时，来总督衙门的人，挤满了房间，我真不知把脸面往哪放，足下知道这件事吗？”赵烈文回答说：“没有听过。”

曾国藩说：“足下在我九弟那里时，是否始终和好默契啊？”赵烈文回答道：“我最初到那里时，对我的礼遇实在太高，让提督、总兵等大员穿着官服到帐下迎接，以后一年多的时间里，也没有不和的话。只是攻克南京的时候，因为争论是否先派骑兵断路，后来又劝沅师重赴被太平军冲开的缺口弹压，以及十九日李秀成被活捉，我请求暂时不要杀，这几件事让沅师很不高兴，但很快也就和好如初了。”曾国藩说：“我的老弟岂能容得下直言，身边都是彭椿年这类人，想要搞得好，能行吗？现在，听说他又用冯邦栋，我非常厌恶这个人。”赵烈文又问：“听说沅师退出官场的渴求很迫切，但在下以为未必能退得下来。”曾国藩说：“是的。我觉得湖北巡抚衙门很不吉祥，过去的十多任巡抚，非死即败。昨日我敦劝他搬到贡院里办公，他已经答应听我的了。”

曾国藩与赵烈文这段谈话，非常私密，从中可见他对自己的进退去处考虑很多，以及他与九弟曾国荃的性格、做事风格的不同。

## 4. 长子媳妇过门规矩

曾国藩先是对主持家政的曾国潢讲家里的气象兴衰全赖四弟；又与欧阳夫人讲家里要事事立一个章程，不要贪图衙门的热闹；接下来就是跟长子讲为新媳妇定规矩了。

长子曾纪泽最初娶的是贺长龄的女儿。贺长龄是湖南人，官至云贵总督，曾委托好友魏源纂辑《皇朝经世文编》。贺长龄比曾国藩年长，在 1848 年就去世了，那时曾国藩官场气势正盛。两家儿女订的是娃娃亲，虽然贺长龄晚年被褫夺官职，一年后就去世了，但曾国藩没有因贺家门庭冷落而毁约。咸丰六年（1856）的时候，曾纪泽十八岁，娶了贺长龄的女儿。在那时十八岁娶妻算是比较晚的，但曾国藩说十八岁结婚还是比较早。曾纪泽定了结婚之日时，新媳妇尚未过门，曾国藩写信给四位弟弟，告之教诲新妇。他说：

“新妇始至吾家，教以勤俭，纺绩以事缝纫，下厨以议酒食。此二者，妇职之最要者也。孝敬以奉长上，温和以待同辈。此二者，妇道之最要者也。但须教之以渐。渠系富贵子女，未习劳苦，由渐而习，则日变月化，而迁善不知；若改之太骤，则难期有恒。凡此祈诸弟一一告之。”

古话说，“教妇初来”，调教媳妇应该是刚娶进门的时候。曾国藩认为，儿媳进门，要教她勤俭持家。纺织制衣和置办酒食是家中主妇最重要的两项职责。孝顺公婆及长辈，友爱对待同辈，是妇道最重要的两项内容。新媳妇初来乍到应该教她什么呢？要下厨房做饭，煲汤、炒菜，平日里还要勤于纺织，不要因为她是富贵人家子女就不做这些事。“但须教之以渐。渠系富贵子女，未习劳苦，由渐而习，则日变月化，而迁善不知；若改之太骤，则难期有恒。”因为新媳妇是富贵人家的子女，原来在家里没有做过这些粗活，所以要慢慢来，不要一下子就把她拘束得太苦，令她难以习惯。但是，开始要订规矩，日变月化，逐渐形成习惯，慢慢地改变她；不能马上要求她完全改变过来，否则她能坚持一两个月，长期坚持就很难了。

这一阶段，是曾国藩在江西最悲苦的时光，文报不通有几个月之久。直到九月初，湘乡家中才派一个刘姓的长夫到江西，与曾国藩联系上，但令曾国藩不解又不满的是，父亲、叔父均有信来，而“纪泽儿亦未写信，则殊不可解。……此次刘一等回家，纪泽应惊喜异常，写详禀以告家中之琐事，以安余之心，即今年新婚一节，亦应将喜事之首尾、新妇之贤否缕晰禀告，何竟无一字上陈耶？嗣后每次长夫来营，纪泽必写详禀一封，细述家中及亲邻之琐事，并陈己身及诸弟之学业，每次以一千字为率，即以此当问视之子职可也”。

在父亲的严厉训谕下，曾纪泽给父亲写信，详细汇报近日情况。同年十月初二，曾国藩在南昌大营给纪泽写信，告诉他：

“新妇初来，宜教之入厨作羹，勤于纺绩，不宜因其为富贵子女不事操作。大、二、三诸女已能做大鞋否？三姑一嫂，每年做鞋一双寄余，各表孝敬之忱，各争针黹之工；所织之布，所寄衣袜等件〔此处似有阙文〕，余亦得察闺门以内之勤惰也。”

曾国藩说，三个女儿能不能做大鞋子？三个小姑子（三个女儿），再加上刚进门的嫂子，在家里头要做针线活，每年至少要做鞋一双给他，表达各自的孝顺之心，也互相比比各自的针线活水平；每年所织的布，选一些做成衣服和袜子给他寄去，这样的话，他也可以检查她们在家是否勤劳或偷懒。你看，堂堂两江总督大人，处理政务之余，这些家庭琐碎小事也规定得如此详细。

当曾国藩接连收到纪泽二信后，“知喜事完毕，新妇能得尔母之欢，是即家庭之福”，叮嘱纪泽“尔既冠授室，当以早起为第一先务。自力行之，亦率新妇力行之”。自此，曾国藩行军打仗之余，把更多精力用于培养纪泽读书立志上。不幸的是，贺氏媳妇次年因难产而亡。

## 5．宰相亲定功课单

同治七年（1868）三月，曾国藩的家眷入住两江总督官署，五月下旬曾国藩就为她们开出每天的功课单。这个功课单在曾国藩的日记里有记载。此时是曾国藩第二次任两江总督，前面我讲过，他一般不愿意带家眷，宁肯忍受两地分居之苦。他说，两江总督是天下第一官位，每天门庭若市，怕子弟不学好被官宦子弟带坏。所以曾国藩一直坚持不让自己的子弟都入住官署。这时曾国藩已年近六十，上任时才决定把家属带来。

功课单包括了四个部分：食事、衣事、细工、粗工。食事讲的是“早饭后，做小菜、点心、酒酱之类”。小菜之类，是曾国藩非常喜欢的，像湖南特色的“倒辣椒”“倒萝卜”等。“倒”是湖南方言里的说法，有点和四川的泡菜类似，属于腌制菜品，“倒辣椒”就是把刚摘的新鲜辣椒整个放入装有盐水的坛子中腌制。曾国藩很喜欢吃的除了倒菜之类外，还有辣椒类的小菜剁椒和辣酱，如当地有名的永丰辣酱。永丰辣酱本就驰名中外，2006 年我去曾国藩故居开会，见当地也用“曾国藩”的旗号来进行宣传。除了小菜外，还有家乡的特色点心也要学会做，这里就不细说了。另外就是酒了。酿酒在当时的湖南乡下来说，是家庭妇女都要学会的。这个活不是特别难，一学就会。

衣事就是“巳午刻，纺花或绩麻”。要求家中妇女纺线织麻，会做简单的衣服。过去家里的衣服基本上是“私人定制”，自家母亲一针一线做出来的。像历史上有名的宰相张英的妻子，一直为几个儿女做衣服。

细工就是“中饭后，做针黹刺绣之类”。刺绣这个细活可不是谁都能做的，湖南湘绣也是中国四大名绣之一，是个技术活，足以检验妇女女红的水平。

粗工：“酉刻过二更后，做男鞋、女鞋或缝衣。”做鞋、做衣服这些是粗工，所以安排在晚上做。

曾国藩规定的女性四门功课，要求早上做什么，中午做什么，午后做什么，晚上做什么，安排得非常合理科学。像细工要一针一线地绣，午饭后光线充足，适宜干细活；晚上的光线不好，适合做粗工，如男鞋和女鞋，还有缝制衣服等。我记得我小时候，我的母亲也是这样，晚上她就在煤油灯下纳鞋，也不用担心扎到手。我上大学的第一年，所穿的鞋还是母亲亲自做的。这种亲情让人永生不忘，现在每每回忆起来，还是非常温暖。

接下来是检查：

妇女于“衣、食、粗、细”四字缺一不可，吾已教训数年，总未做出一定规矩。自后每日立定功课，吾亲自验功：食事则每日验一次；

衣事则三日验一次，纺者验线子，绩者验鹅蛋；细工则五日验一次；粗工则每月验一次，每月须做成男鞋一双，女鞋不验。

这些功课不仅要做，而且还要做好，曾国藩有时还亲自检验。我们想想看，做父亲的检验女儿的针线活还好，要是一个做公公的检验儿媳妇做的针线活就很有意思了。“食事”每天验一次，“衣事”三天验一次，“细工”五天验一次，“粗工”每个月验一次，这里还特别说“女鞋不验”，毕竟检验女鞋还是有点不妥。

“功课单，谕儿妇、侄妇、满女知之，甥妇到日亦照此遵行。”曾国藩制定了这些功课单，要求住在两江总督署的所有女眷都要照此执行，女儿、儿媳、侄媳、外甥媳妇皆包括在内。“家勤则兴，人勤则健。能勤能俭，永不贫贱”，曾国藩是高官，养廉银收入很高，但是他还主张家人要勤劳节俭，养成了这样的好品德，好的家风自然形成，子孙后代也不会变得贫贱。

据曾纪芬所述，其父所定“功课单”实行得非常好。她说我们姐妹、嫂子“纺纱绩麻，缝纴烹调，日有定课，几无暇刻，先公（曾国藩）亲自验功。昔时妇女鞋袜，无论贫富，率皆自制。予等兼须为吾父及诸兄制履，以为功课。纺纱之工，予至四十余岁，随先外子居臬署时犹常为之。后则改用机器缝衣，三十年来，此机常置座旁，今八十一岁矣，犹以女红为乐，皆少时所受训练之益也”。

# 第五章　曾氏家教三大特点

很多学者研究曾国藩的教育思想，包括家庭教育的伦理思想，做了很多的功课。我把它概括为“严教、勤教、身教”。

## 1. 严教：治家贵严

“严教”是曾国藩一直倡导的。他认为“子弟之贤否，六分本于天生，四分由于家教”，也就是说：

治家贵严，严父常多孝子，不严则子弟之习气日就佚惰，而流弊不可胜言矣。

治家要求严，中国历来强调“男主外，女主内”，也就是严父慈母，在教育子女时，也主张丈夫扮白脸、妻子唱红脸，这在中国古代是典型的配置。父亲严厉的家教和规矩使人形成对家族权威的尊重，子女有一种畏惧感，而又有一种孝顺的心理自然产生。但是，母亲则对子女事事关心，让孩子体会到母爱的温暖，他们之间的沟通可能是最亲近的，相反，父亲跟子女的沟通不像母亲那样自然，所以“严父常多孝子”，也就是棍棒之下出孝子。《三字经》称“子不教，父之过”，管教不严，则子弟的不良习气就会逐渐滋长起来，把父亲说的话当成耳旁风，根本不当回事。时间一长，子女就变得放荡懒惰，整日无所事事，那就会造成很多的问题。曾国藩所说的“不严则子弟之习气日就佚惰”这种现象，在大户人家，尤其是富贵人家，确实特别多，这些人家的子弟可以说吃穿不愁，想做的事情几乎没有做不到的，自然就为所欲为了。这样的话，带来的流弊不可胜数，一个家族就被这些人给败掉了。

接着，曾国藩又用《易经》里面的家人卦来举例说明，前文用这一卦的第二爻说明妇女主持家中酒食饭菜的重要性，这次则用第六爻来说明家教要严的好处。他说：

故《易》曰“威如吉”，欲严而有威，必本于庄敬，不苟言，不苟笑。故曰“威如之吉，反身之谓也”。

《家人卦》第六爻称“有孚威如，终吉”，《象传》曰：“威如之吉，反身之谓也。”“有孚”，说明家人要有爱，但是过度的爱难免变成溺爱，所以要“威如”，即做家长的要有威严，威严要立足于平日的庄重和敬畏，不随便说笑，恩威并施，不能父亲不像父亲，这样子女才会学会如何处事做人，家庭也就和和美美。这属于中道的思想，既不放纵，也不太严。可见，父亲在家里一定要有威严，父亲没有威严，父子之间毫无规矩，嘻嘻哈哈。到关键时候管不了子女，就说明你没有威严，你说的话，子女不相信，他们没有把你当成家长一样尊重。要注意的是，“威如之吉”，有威严才能走向吉祥，“威如”并不是家暴，威仪从哪里来？“反身之谓也”，就是做父母的懂得反身修德，自己做好榜样，从另一个层面来讲，也就是说，“威如”不单单是对别人严，还要对自己严，要经常反省自己的不足，这样威仪才能出来，你才能要求子女按照自己所说的去做，而不是“父不父、子不子”一般。

旧时中国的传统讲究三纲五常，父为子纲，夫为妻纲，君为臣纲，在今天看来虽然有很多的问题，但这是支撑古代社会最主要的三根支柱。家里头妻子听丈夫的，儿子听父亲的，在外面臣子听君王的，这样一套秩序支撑了中国几千年。在曾家，曾国藩说的话，家里人当然会听从，也很认真地执行。不过，曾国藩在家里有做家长的威严，正襟危坐，平日不苟言笑，但他在外面不是我们通常所想象的那样，他特别能讲笑话，经常和同僚或下属讲笑话，有时别人被逗得都失态了，但是曾国藩自己还一脸严肃。这种情形，在家里则非常少见。我在后面会讲到一个案例，曾国藩难得在家里开一次玩笑，这是满妹崇德老人写回忆录的时候提到过的。

但是，曾国藩也同时提出：治家贵严，不可拘束过甚。

也就是说，在严的同时，也不可对子女过分拘束，一点小事情就吹毛求疵，子女被管教得喘不过气来，感到无所适从，做什么事情都感觉在违背父母的意愿，这样的教育反而会适得其反。我们今天也常讲，孩子有一个青春叛逆期。叛逆是怎么形成的？有时和父母的挑剔、拘束过甚脱不了关系。可见，父母在严格管教孩子的同时，一定要给他一个自由的空间。否则，孩子被过分管束，他的天性就被完全遏制。所以，治家贵严，但不要走极端，要学会宽严并施，给孩子一个成长的空间，在这个空间里，孩子会觉得宽松、不拘束。

## 2. 曾国藩恶赌具最甚

上面我们讲了曾国藩提倡治家贵严，那他严厉的时候是什么样子呢？曾国藩发威的事情，崇德老人的记载很清楚。我们知道，曾家是耕读传家，极其厌恶家人不走正路。在古代，不走正路不外乎两条，一个是嫖，一个是赌。在晚清时期，不走正路还得加上吸鸦片这一条。一个人要是嫖赌逍遥，整日抱着烟枪吞云吐雾，那就要出大问题了。吃喝嫖赌这些事情，过去的大户人家绝对不允许。至于吸鸦片，那就更不用说了，吸鸦片让人上瘾，你家里有多少房子、多少地，都没有用，很快就会败光。

曾国藩特别憎恶赌博，据崇德老人（满妹曾纪芬）回忆道：

昔文正公恶赌具最甚。尝至栗诚（曾纪鸿字）兄室，见案上有骨牌，遽取以出，语欧阳太夫人，太夫人以牙牌占课对，文正不之信也。后澄侯公至宁，文正遂举以赠之。

满妹回忆说，父亲在她的哥哥曾纪鸿卧室里发现骨牌，以为他赌博，立刻大怒，不由分说收起来，然后对母亲发火。母亲则以“牙牌占课”来回应，说不是赌具；但是父亲还是不信，他认为牌九就是牌具，而且是用象牙刻的，非常精致，曾家很少有这种东西。后来澄侯公（曾国潢）到南京去看望父亲，父亲就把当时收缴的骨牌交给他了。这件事情对家人震动非常大，以后家里不管做什么，一概不允许有骨牌之类的赌具。曾国藩认为这种东西，会让孩子越玩越觉得有乐趣，就像现在好多孩子沉迷于游戏似的。“然余则天性不好，惟围棋则侍文正之日稍复谙之，诸兄皆所笃嗜，余亦喜焉。晚年无事，辄于灯下着一二局。”曾国藩也认为不能扼杀孩子爱玩的天性，就教他们下围棋。曾国藩一生当中不断在改变自己，有好多东西都戒了，曾经发誓要把围棋给戒了，但是没有戒掉，每天至少要下几盘。满妹就讲，自己天性不好，不愿意学下围棋，但是看着父亲天天在那儿下，且各位兄长都喜欢玩，自己也跟着喜欢上了下围棋。到了晚年没有什么事情，就在灯下摆棋，自个儿下一两局打发时间。

## 3. 不拆新屋不做兄弟

还有一次曾国藩也发威了，这次是跟他的弟弟曾国荃。据崇德老人自订的年谱说道：

> 忠襄公于是年（咸丰九年）构新居，颇壮丽，前有辕门，后仿公署之制，为门数重，乡人颇有浮议。文正闻而驰书，令毁之。余犹忆戏场之屋脊，为江西所烧之蓝花回文格也。

这一次曾国藩发火了，甚至说出“不拆新屋不做兄弟”的话来。曾国藩跟曾国荃有两次闹得面红耳赤，要翻脸不认兄弟，这是其中一次。缘起曾国荃1859年在家里修建“大夫第”。崇德老人回忆自己的叔叔当时“每克一名城，奏一凯战，必请假回家一次，颇以求田问舍自晦”，这就是众所周知的曾国荃打了胜仗之后，搜刮金银就运回老家，用来买房置地，“大夫第”就是其中之一。

根据记载，“大夫第”由“曾府家庙”“奖善堂”和“敦德堂”三部分组成，有九进十八厅，共一百四十八间房屋，是当时湘乡境内最豪华的官僚别墅。外有护城河，河上还有豪华的玉带桥，宅外建有三里长的走廊，晴不曝日，雨不湿鞋，整宅占地十四万平方米，长达一千二百米，宛若京师名苑。据说曾国荃把大夫第建造成富丽堂皇的宫殿建筑，屋脊上安装琉璃宝顶并盖琉璃瓦，槽门前建造环城河和浮桥，结果招来彭玉麟私访大夫第，彭玉麟只说了两句话：“浮桥拆掉，屋减三尺。”因此，大夫第前面的浮桥停建，房屋的山墙降低三尺。目前“敦德堂”主体部分保存较好，“奖善堂”已面目全非，“曾府家庙”亦被毁。

一开始，曾国藩是不同意修建这座大宅子的，他曾经写信说：

此仅作住屋，则不宜太宏丽。盖……我家若太修造壮丽，则沅弟必为众人所指摘，且乱世而居华屋广厦，尤非所宜。

曾国藩和幕僚赵烈文专门谈过“大夫第”一事，当时这件事闹得沸沸扬扬，几乎天下人都知曾家兄弟因为这个闹了意见，多长时间的兄弟脸面都不要了。要知道，修造这个府第费时费力，也用了很多的钱，从开工到竣工，前后用了八年之久，耗资巨大，令人咋舌。当时为了木料，还从云南、贵州等地砍伐了不少巨大的楠木和松木，楠木是非常金贵的，尤其是金丝楠木，跟黄金价格差不多。那时交通不发达，这么大的木材怎么运呢？水路运输还好，但是从贵州等地到湖南要走一段旱路，于是曾国荃就动用了湘军来运输。弄得士兵们在大热的天气里，肩膀都出了血泡。后来曾国荃了解到一个民间方子，说是把人参捣成末涂到伤处就可以痊愈。当时，曾纪泽的岳母在曾家，就跟曾国藩说：湘乡所有的人参都被九大人买光了。曾国藩听了就觉得不舒服，心想：亲家您对我的弟弟有意见，也不能这样夸张啊，当地所有的人参怎么可能都被弟弟买光了呢？他开始不太相信，以为是议论弟弟的是非之言，后来一打听确有其事，从城里到乡下都没有人参可买。

除了建造府第所需木料耗费巨大外，当时在乡里，这座府第的修建也惹来不少非议。那曾国藩是怎么知道这件事情的呢？他偷看了胡林翼给陈作梅的书信。陈作梅是曾国藩的幕僚，当时他回江西小住一段日子，不在署衙。接到胡林翼的书信，曾国藩以为是重要的军报，怕耽误事情，就私自拆开，结果一看，大惊失色。原来是胡林翼不便直接跟曾国藩说，只好委托陈作梅要曾国藩劝诫曾国荃。

曾国藩说，根据胡林翼的书信，九弟在家乡已经是臭名远扬，“乡里之评”相当差。还有就是曾国荃仗势欺人，巧取豪夺。当时迁葬父母的时候要选地，有一个姓洪的人家有块好地名叫猫面脑，曾国荃不由分说就想要过来。两家人闹得当时要打官司了，曾国藩觉得就算打赢官司，迁葬也不吉利，就此作罢。当时，洪家人也写信给曾国藩，虽然没有明说曾国荃的强势，但他能隐约得知。且本县有绅士也看过这封信，并劝曾国藩平息这件事。这里，可以看出曾国藩的另一重担忧：乱世之中，露富显财，实为不智之举。曾国荃为人高调。一点也不忌讳影响。大家知道他到京城买宣纸，一次买多少呢？花了八百两白银买宣纸。八百两白银是多少钱？一个总督一年的正规收入只有一百五十五两，这是五个总督的年薪。据说当时共计去了六个铺子，把所有宣纸都买光了。京城人都说，曾国荃的钱太多了，但曾国荃毫不在意。

曾国荃建造的新屋“大夫第”规模壮阔宏丽，建屋的部分木材也是伐别人家坟山上的大木得来的，没有跟人家讲，也不说给多少钱。曾国藩又说家中有些子弟不安分，开始游手好闲，而且常弄一些戏班子到曾家院子吹拉弹唱，对此他感到非常地担忧。由于发生的这些事，曾国藩开始反思自己，认为自己德行浅薄，能力有限，却做了大官，已经为上天所不满，故“家中老少习于‘骄、奢、佚’三字”，仔细想来，确实是很可怕的事情。这时曾国藩已经看到大家族不好管理了，自己做了两江总督，又是武英殿大学士，管理这个家庭比平民百姓管理家庭要难得多。

大家族不好管理，因为当时曾国荃正跟太平天国的军队鏖战，最开始曾国藩没有跟九弟讲，而是跟四弟曾国潢写信，开始很委婉地强调祖父的“八宝六恼”，然后转而讲“大夫第”这件事情，要四弟跟老九去协调。最后跟曾国荃讲必须拆毁“大夫第”。为什么要拆毁呢？因为这座宅子的修建用了近二十万两银子。二十万两银子对当时财政捉襟见肘的朝廷来说，是一个不小的数字。再说，你的钱从哪里来？且不说老百姓评价不好，朝廷怪罪起来，要收拾你也很容易。曾国藩说，这件事情不能容忍，告诉他弟弟三个月之内必须拆除，不拆的话兄弟都没法做了。这句话说得很重，他的弟弟像刀子割肉一样把大夫第给拆了，留下来的只是很少的一部分。曾国藩常教导曾国荃，应该畏人言，应该检讨自己。他之所以说这些，就是怕弟弟重蹈覆辙。在他去世十几年后，曾国荃于光绪十六年（1890）去世，经过兄长的教诲，曾国荃一改初衷，过去那些不良的习气没有了。

## 4. 勤教：教育子弟不可须臾离“常课”

曾国藩的“勤教”主要表现在对子女的教育上。子女的教育是经常性的，不是偶然性的。偶尔的教育肯定没有效果，子女也不会把它当回事。曾国藩后来把子女带在身边，就是要勤教，把教育子弟作为常课。

关于勤教，曾国藩不管公务多忙，晚上一定留出时间灯下课子读书，利用自己几十年来人生的大起大伏所积累的见识和智慧，跟家人在一起讨论诗书及学问。特别令人钦佩的是，曾国藩在生命的尽头，仍然不遗余力引导子弟们走正路，亲自为儿子曾纪泽、曾纪鸿讲授《孟子正义》一书。在曾纪泽的日记中记载得非常清楚，说大人今天讲《孟子》的哪一篇哪一篇。曾国藩的勤教在这里体现得最为明显。

到曾国藩的晚年，为了勉励两个儿子及诸侄辈，他写下了日课四条，那就是“慎独则心安、主敬则身强、求仁则人悦、习劳则神钦”，简单概括就是八个字：“慎独、主敬、求仁、习劳。”

为什么要写这四条呢？因为此时的曾国藩已是百病缠身，自知将不久于人世，他将自己多年的人生思考和追求凝聚为四句话、八个字，作为最后的家训传给二子，希望他们牢记于心，传之于后。这是曾国藩一生用以戒惕的修己之道，是他被誉为“千古完人”的魅力所在，更是他一生学问、事业成功的基础。他在给两个儿子的书信结尾说道：

古之君子修己治家，必能心安身强，而后有振兴之象；必使人悦神钦，而后有骈集之祥。今书此四条，老年用自儆惕，以补昔岁之愆，并令二子各自勖勉。每夜以此四条相课，每月终以此四条相稽。仍寄诸侄共守，以期有成焉。

曾国藩认为，古代君子重视修身齐家，自己修养好，家庭也治理得好，必定自身心安、身强，然后家道振兴；与人相处能使他人愉悦、神灵钦慕，然后有众人前来聚集的景象。“日课四条”作为两个儿子及诸侄辈教育的一部分，据说当时还不是曾国藩自己定的，子女也参与了制订家规，将来怎么可能不遵守呢？这一举动实际上是让儿女，特别是长子有更多的责任感。

从上可以看出曾国藩对子女的教育离不开“勤教”。勤字不仅对子女的教育有用，也对一个家族、朝代兴盛有帮助。他曾与赵烈文讨论说，清朝国祚之所以持久，其中有一条就是勤政。这一点跟明朝截然相反。明朝的皇帝，除了明太祖朱元璋、明成祖朱棣以及明宣宗朱瞻基算得上勤政外，剩下的皇帝则大多不堪一言。像明神宗朱翊钧在位之初十年，有勤勉明君之风范，还开创了“万历中兴”的局面；但是执政后期长达三十八年，荒于政事，日夜纵饮作乐，自此不再上朝，国家运转几乎停摆。明神宗本人如此，他的父亲隆庆皇帝和祖父嘉靖皇帝都是如此。嘉靖皇帝在位期间，二十多年避居西苑，练道修玄，朝政被严嵩父子把持。清朝的皇帝则不同，鉴于明朝覆亡的教训，一代一代的皇帝确实都勤于政事，就是清末的光绪帝也是如此。这就是皇家家法教育出来的，所以曾国藩说，教育子女也应该这样，要勤教。

## 5．身教：言传身教，六者皆要

自古以来，在教育方面，都强调言传身教，既有言传又有身教，但身教重于言传。中国人的教育观念中对于身教非常重视，从孔子开始就是如此，《论语·子路》中孔子说：“其身正，不令而行；其身不正，虽令不从。”其意思是说，自身品行端正，即使不发布命令，老百姓也会去实行；若自身不端正，即使发布命令，老百姓也不会服从。成语“上行下效”就说明了这一点。父母是孩子的第一任老师，也是相处时间最长的，潜移默化的影响太重要了，他们的所作所为，影响非常大。父母经常怎样，子女就会学样，父母平常的行为不管好坏，对于子女来说，会起到一种示范作用，他们无形中就学到了。对于言传身教，曾国藩做出了很好的示范，我概括为“言传身教，六者皆要”，具体表现在六个方面。

### 在生活上示范

生活方面，无外乎衣食住行这些。曾国藩在生活上力求俭朴。一个家族不管是多么富贵，俭朴的家风不能变。俗话说：“衣不如新，人不如故。”曾国藩反其道而行之，他认为“衣不如旧，人不如新”。人要结交新的朋友，但是衣服还是穿旧的好。他到京城做官的时候，家里给他置备了一个马褂，直到他官至两江总督，临死之前的三十多年，这个马褂平日里仍然穿着。在生活方面关于俭朴的示范上，曾国藩绝对是榜样，他一辈子俭朴，从来不奢侈。据说曾国藩早年因为立了战功，皇帝赐给他黄马褂，但是这件黄马褂曾国藩舍不得穿，临死的时候拿出来还像新的一样。

有一次曾国藩和赵烈文两个人聊天，谈到了衣食住行。赵烈文是曾国藩的心腹幕僚之一，很多的话曾国藩不能跟别人讲，但是跟他讲。做大领导做大事业的人，身边一定要有这样的人，会出谋划策，会岐黄之术，同时又是心理安慰师，上司有什么痛楚不能跟至亲的人讲，但是可以跟身边人讲，赵烈文就是这样一个人，他对曾国藩后期的思想影响非常大。曾国藩跟他说，两江总督署可以说是全国最大的衙门，但是你看我的办公室，连一个落款的字画都没有，是不是太寒酸了？赵烈文说，这不是寒酸，大清有你这样的总督应该高兴才是。赵又问曾国藩，您平时喝酒吗？曾说，我过去喝一点，愿意喝绍兴酒，开始有的朋友送给我，后来我就拒绝了；刚开始喝绍兴酒也是零着喝，舍不得多喝，后来因为谢绝了别人，现在连绍兴酒也不喝了。赵又问，您吃鱼翅和燕窝吗？曾说，我从来不吃这些东西。

还有一次两人正聊天，聊得正欢的时候，随从拿了一个单子进曾国藩的办公室来，曾国藩在上面画了两个圈交给这个人。他对赵烈文卖了个关子，问说，你知道刚才这人带走的是什么东西吗？赵烈文回答后，曾国藩都说不是。于是把刚走的人喊进来，赵烈文一看那张纸，上面写的是什么呢？是曾国藩的食谱，上面只有两样东西，也就是一荤一素。赵烈文问道，这是不是太简单了？曾国藩答道，这就是宰相的食谱，我一辈子都是这个样子。

同治六年，曾国藩的日记写道：

李翥汉言照李希帅之样打银壶一把，为炖人参、燕窝之用，费银八两有奇，深为愧悔。今小民皆食草根，官员亦多穷困，而吾居高位，骄奢若此，且盗廉俭之虚名，惭愧何地！

下属李翥汉依照李续宜的做法给曾国藩打制了一把银壶，用来炖人参、燕窝。曾国藩问花了多少钱？他说花了八两银子。曾国藩就感慨地说，现在的百姓连菜根都吃不上，吃草根，官员也大多数穷困，而自己身居高位，骄奢若此，别人还道他有廉洁的虚名，实在是惭愧。于是他要求退回去，不用此物。可见，他的骨子里面有一种俭朴的信仰，这种信仰不是说一套做一套，而是实实在在执行的。

关于家中的俭朴，崇德老人回忆录中写得特别清楚。在江南督署时，李鸿章请曾夫人和小姐吃饭，姐妹二人，仅一绸裤，相争至于哭泣。曾国藩闻之安慰曰："明年若继续任总督，必为尔添制绸裤一条。"时崇德老人年幼，一闻此言，便破涕而笑。曾国藩认为：居家节俭最可长久。崇德老人回忆道：

初文正在日，家中人给月费二缗，尔时物价虽贱，亦苦不足，稍涉奢华之物不能买，亦不敢买也。欧阳太夫人偶唤卖京货之妪入署，且为文正公所诃，他无论矣。

曾家不是装出来的俭朴，家中人每个人的花销一个月不到二两银子，那时物价虽然便宜，但是这点银子也实在是太少了，稍微值钱的东西从来都不敢买。欧阳夫人偶尔听到外面有卖货妇人吆喝之声，把她喊到自己的家里，但是从来都不敢买贵重的东西。曾国藩还规定家中人不能坐四人抬的轿子，二人轿也不行，即使是长途跋涉也顶多坐二人轿，只有曾国潢可以坐，坚决不让子女坐轿子，要他们养成这种俭朴的风气。

《尚书·大禹谟》称“克勤于邦，克俭于家”，为国家的事业竭尽全力，在家则生活节俭。曾国藩给曾国荃写信说，听说林文忠公（即林则徐）三个儿子分家的时候，各人只得六千串钱；林公为总督巡抚二十年，而其家底清寒如此，高风亮节，实不可及。六千串是多少呢？在林则徐那个时代，一千五百串相当于一两白银，六千串相当于四两。林则徐何等人物，做封疆大吏这么长时间，但是临死的时候给他的孩子就留下这么多。所以曾国藩说自己都做不到，应该效法这样的家风。林则徐曾说：“子孙若如我，留钱做什么？贤而多财，则损其志。子孙不如我，留钱做什么？愚而多财，益增其过。”林则徐说得很明白，子孙要是贤德而聪慧，把钱留给他反而堕其斗志；要是愚蠢而懒惰，留的钱越多，麻烦过错也越多。

曾家到什么时候才稍微改变一点呢？曾纪泽主持家政的时候。这时曾国藩已经去世了，多少留了一点钱。“及是惠敏主持家政，稍以文正积存俸余购置田宅，月奉太夫人湘纹十二金，两嫂各十金……各房男女用人薪资在外，均由账房并月费分发。”这是崇德老人的回忆，她说，这时是大哥主持家政。太夫人就是他们的母亲欧阳夫人，一个月有十二两银子，两个嫂子每个月有十两银子。自己与两个哥哥每月有六两银子。当然这是湘银，十二两折合后是八两。

还有，曾国藩的长女曾纪静出嫁时，曾国潢按照兄长曾国藩约定的成规，即男婚一百两、女嫁二百两准备，这时他感觉太少。曾国藩说不能增。咸丰十一年（1861）八月，曾国藩对曾纪泽说：

余向定妆奁之资二百金，兹先寄百金回家，制备衣物，余百金俟下次再寄。其自家至袁家途费，暨六十侄女出嫁奁仪，均俟下次再寄也。

居家之道，惟崇俭可以长久，处乱世尤以戒奢侈为要义，衣服不宜多制，尤不宜大镶大缘，过于绚烂。

曾国藩认为，居家之道，从俭的话可以长久，当处在乱世时，尤以戒奢侈为要义。高调炫富，盗贼会盯上你，朝廷也会盯上你，这纯粹是给自己找乱子。特别是在乱世，乱世积财为最大不祥，会招致很多灾难。还有衣服也不要过多制作，尤其不适宜镶嵌过于华丽绚烂的花边。这一点和现在的明星不同，现在的明星大多崇尚奢侈，常常炫耀名牌衣服有多少件，高级的鞋有多少双等。高调炫耀会给自己带来不必要的麻烦，所以，曾国藩要求子女俭朴一点，保持一点纯真。

**在工作上示范**

在工作上，曾国藩常讲“五到”，即身到、心到、眼到、手到、口到。“身到”就是说要亲身历事，不能纸上谈兵。在当前方统帅的时候，每天早晨号角一吹，他就亲自巡查营寨，从不假手他人。上午召见下属官员，亲自考核他们，曾国藩的日记中记载，每天上午要接见五六拨人，通过谈话交流，了解这些官员的为人处事的水准，再给这些官员确定相应的职位。下午主要是批阅文件，然后亲自给朝廷写奏折、奏报或者给同僚、上级写信。每天都是这样安排的，每天都要亲自抓四件事，即吏事、饷事、军事、人事，每件事都有办事的规矩。所以，尽管他每天事情非常多，但还是有条不紊。“心到”就是凡事要用心，力求透彻。“眼到”就是说要认真看人、看公文。曾国藩看人很准，上面说到他亲自考核下属官员，一眼就能把下属的优缺点和发展前途看个八九不离十。至于看公文，他能从公文中看到字里行间的深意，处理事情自然也不一样。“手到”，就是随手记录，以免遗忘。曾国藩基本上是天天写日记，有时反省自己，有时记录心得，有时品评人物。他的修身养性功夫和识人用人的水准，以及诗文成就，无不得益于平时勤于动手的好习惯。“口到”，对于下属，除了用公文提醒，还要亲口告诫。我们都知道，军队不同于别的，如果只用文字告诉士兵该做什么，而不用嘴巴动员，效果绝对打折扣。

曾国藩把古人讲的日常工作上要“清、省、勤”三字，概括为“案无存牍，室无私钱”八个字。“案无存牍”就是当天不管有多少事情一定当天要办完，不能攒到一起突击一下干完。“室无私钱”，自己的办公室和家里，没有一分钱是不可告人或者来历不明的。关于“清、省、勤”，曾国藩也作了一下改动。他常讲“人满天概”，就是说老天成就你一番大事业，但是人世间也会给你下绊子，削平你，别人会嫉妒你，让你不圆满。他说：我们曾家现在是烈火烹油，鼎盛之极，近代以来没有几家。正所谓“日中则昃，月盈则亏”，自己应该要谦退，这样才能使兴盛的局面保持得更长久。于是，他把“清、省、勤”三个字改了过来：“清”字改成“廉”字，“省”字改成“谦”字，“勤”字改成“劳”字。这三个字改过来之后更浅显易懂，一般人都知道怎么去做。他对曾国荃说，有朋辈经常讥讽你，根源就是你挥金如土，在金钱取予方面不斟酌。今后应该怎么做呢？不乱花一分钱，不要随便给家里寄钱或馈赠亲友，这就是廉。关于“谦”，他说，内心想的，别人看不见，但谦虚的表现，别人能看得见。谦虚主要表现在四个方面：脸色、言语、信函、（对待）仆从属员。与人相见时特别是遇到不如意不顺心乃至忤逆之事时，所展现出来的眼色和脸色，对别人说话或与别人书信来往的措辞，都要谦。至于“勤”，他曾说：

千古之圣贤豪杰，即奸雄欲有立于世者，不外一“勤”字。

《尚书·周官》称“功崇惟志，业广惟勤”，一个人要取得大的功业，重要的是自己的志向；一个人要把自己的事业做大做强，主要在于一个“勤”字。工作当中，主要是讲“勤”字，曾国藩是一辈子勤，在“勤”字上做示范。他做了两江总督之后，很快就订了一个工作方案，计划每天要处理的事情，上午做多少，下午做多少，晚上做什么，规定得很清楚。我在前文也讲过他的勤教，这里就不赘述了。

### 在读书、修养、清廉上示范

曾国藩在读书上的示范，可以说是个楷模。2012 年出版的《曾国藩读书录》，就记述了曾国藩读经史子集的读书笔记，可以说是终其一生书生本色犹在，一辈子都在读书。我也常说，人一辈子给孩子留下的最重要的东西不是金山银山，而是让孩子养成一个非常好的习惯，好的习惯中最重要的就是读书。曾国藩以身作则，常常带领家人读书，晚上利用闲暇陪着孩子们读书。像《孟子正义》这部书孩子们早已经读过，但曾国藩还要一遍一遍地教两个儿子，他认为书读百遍才能读出味道，每读一遍都可能有不同的解读和认识。无论是戎马生涯还是在总督衙门，他每天晚上都会安排一定的时间读书，读诗书文章至少两到三卷，然后用一定的时间课子读书。直到临死前两天，曾国藩还在读《理学宗传》。

曾国藩非常重视修养的功夫，这也是其成就当中最主要的。幕僚薛福成总结曾国藩一生的成功之处，称其成功秘诀在于“以克己为体，以进贤为用”，前者就属于修身，后者则是说用人。“克己为体”，就是为人最基本的是克制自己，修身养性。“进贤为用”，就是举荐人才，大家在一起把事情做起来。做小事一个人或者一个小团队可以，但是要打太平军这样的大事情，没有众多的贤能英豪聚集在一起绝对办不到。自己修养好了，但还是有不足之处，那就要荐举人才，也就是“进贤”，这些人能为你所不能的事，帮助提升你的智慧。

“清廉”方面，曾国藩一生清廉。这里仅以他退“祁门三宝”为例。曾国藩出任两江总督后，以钦差大臣管浙江事，其事权之重，在清朝汉大臣中堪称凤毛麟角。因此，官员送礼讨好的甚多。他驻扎祁门时，先后有州县官送礼，而且送的是稀世的书画藏品，但曾国藩虽把玩再三，还是退回。他的日记写道：“是日，休宁瞿令福田送右军帖一本，王梦楼跋，断为淳化祖本，且定为唐刻，考核未必确凿，而神采奕奕，如神龙矫变，不可方物，实为希世至宝。余行年五十有一，得见此奇，可为眼福。瞿令又送赵侍制仲穆所画飞白竹，上有施愚山、沈绎堂诸先生题跋，亦可宝也。余以世间尤物不敢妄取，审玩片刻，仍亦璧还。去年，黎令福畴送刘石庵、翁覃溪二公在闱中所书手卷，余亦璧却。此三件可称祁门三宝。”

### 在孝友上示范

“孝友”包括两层意思：“孝”是对长辈，“友”是对兄弟姐妹等同辈。关于“孝”，曾国藩就说“事亲以得欢心为本”。曾国藩的“八本三致祥”中，第一“祥”就是孝。而在他总结的“家族兴衰周期律”中，最长久的家族就是“孝友之家”。由此，曾国藩把孝友作为最重要的家族传承。可贵的是，曾国藩视叔父、叔母与自己的父母一样。而叔父曾骥云、叔母一家，直到其去世前，一直与兄嫂住在一起，从未分家。最初，曾国藩祖父、祖母还健在，曾国藩每次给家里寄上好的人参、鹿茸等物，以及银钱，总是寄六份。道光二十七年，他升任内阁学士，成为二品高官，收入状况也得到改善，即把皇帝赏赐的袍褂寄给祖父，还嘱咐弟弟们："寄回祖父、父亲袍褂二付。祖父系夹的，宜好好收拾。每月一看，数月一晒，百岁之后，即以此为敛服，以其为天恩所赐，其材料外间买不出也。父亲做棉的，则不妨长着，不必为深远之计。盖父亲年未六十，将来或更有君恩赐服，亦未可知。"随即又给叔父做了一身，说："母亲及叔父之衣并阿胶等项，均托（曹）西垣带回。去年内赐衣料，袍褂皆可裁三件。后因我进闱考教习，家中叫裁缝做，渠裁之不得法，又窃去整料，遂仅裁祖父、父亲两套。本思另办好料为母亲制衣寄回，因母亲尚在制中，故未遽寄。叔父去年四十晋一，本思制衣寄祝，亦因在制，未遽寄也。兹准拟托西垣带回，大约九月可以到家，腊月服阕，即可着矣。"曾国藩祖父星冈公晚年患病，常年在病榻上不得起立，曾国藩的父亲、叔父备极辛劳，承担了照顾之事，曾国藩写信给叔父母，希望把家务交给曾国潢，大人只管大事："祖大人之病不得少减，日夜劳父亲、叔父辛苦服事，而侄远离膝下，竟不得效丝毫之力，中夜思维，刻不能安。江岷樵有信来，言渠已买得虎骨，七月当亲送我家，以之熬膏，可医痿痹云云。不知果送来否？闻叔父去年起公屋，劳心劳力，备极经营。外面极堂皇，工作极坚固，费钱不过百千，而见者拟为三百千规模。焦劳太过，后至吐血，旋又以祖父复病，勤劬弥甚。而父亲亦于奉事祖父之余操理家政，刻不少休。侄窃伏思父亲、叔父二大人年寿日高，精力日迈，正宜保养神气，稍稍休息，家中琐细事务，可命四弟管理。至服事祖父，凡劳心细察之事，则父亲、叔父躬任之；凡劳力粗重之事，则另添一雇工，一人不够则雇二人，雇工不要做他事，专在祖大人身边，其人要小心秀气。""叔父去年四十晋一，侄谨备袍套一付。叔母今年四十大寿，侄谨备棉外套一件。皆交曹西垣带回，服阕后即可着。母亲外褂并汉绿布夹袄亦一同付回。闻母亲近思用一丫环，此亦易办，在省城买不过三四十千；若有湖北逃荒者来乡（今年湖北大水奇灾），则更为便益。望叔父命四弟留心速买，以供母亲、叔母之使令。其价，侄即寄回。侄今年光景之窘较甚于往年，然东支西扯尚可敷演。若明年能得外差或升侍郎，便可弥缝家中。”

曾国藩认为，对长辈报恩，还体现在对“寿具”的用心上。曾国藩祖父、祖母年龄大，他托比他长四岁的叔父代为四位年长大人买寿木。而对于在上面上漆，也十分在意。他给祖父母的信中说：“承叔父代办寿具，兄弟感恩，何以图报！湘潭带漆，必须多带。此物难辨真假，不可邀人去同买，反有奸弊。在省考试时，与朋友问看漆之法，多问则必能知一二。若临买时，向纸行邀人同去，则必吃亏。如不知看漆之法，则今年不必买太多，待明年讲究熟悉，再买不迟。今年添〔漆〕新寿具之时，祖父母寿具必须加漆。以后每年加添〔漆〕一次。四具同加，约计每年漆钱多少？写信来京，孙付至省城甚易。此事万不可从俭。子孙所为报恩之处，惟此最为切实，其余皆虚文也。孙意总以厚漆为主，由一层以加至数十层，愈厚愈坚。不必多用瓷灰、夏布等物，恐其与漆不相胶粘，历久而脱壳也。然此事孙未尝经历讲究，不知如何而后尽善。家中如何办法，望四弟详细写信告知，更望叔父教训诸弟经理。”

以上就是曾国藩在六个方面所做的示范，以“身教”影响子弟。

# 第六章　曾国藩的家训范本

## 1. 平生最羡慕清代三大家

曾国藩不单纯是秉承祖父家训和自己拟定家训，其家训是全方位的，他也向别人学习。咸丰九年五月，他与江西望族刘良驹前辈交谈后，在日记写下："观其家科名一单，自太高祖以来已中举三十三人，中进士廿一人，翰林三人，皆在五服之内。其稍疏远者，不过二、三人耳，可谓簪缨盛族矣。星房（刘良驹）又言桐城张氏，自前明以来，中举六十六人，中进士十一人，较刘氏恰多一倍，特历年较久耳。"

他最羡慕的是清朝三大家，是哪三大家呢？桐城张氏、宣城梅氏、高邮王氏。他说：

> 士大夫之志趣、学术果有异于人者，则修之于身，式之于家，必将有流风余韵传之子孙，化行乡里，所谓君子之泽也。就其最善者约有三端，曰诗书之泽、礼让之泽、稼穑之泽。诗书之泽……代有名家，不可殚述。我朝如桐城张氏……宣城梅氏……高邮王氏……国藩于此三家者，常低徊叹仰，以为不可及。

曾国藩认为，在过去的士大夫中，平生志趣和学术特别有异于别人的，无一不是从修养自身、形成于家族开始，而且必定会把这种好的学养、家风传给子孙，然后影响家乡人，这就是所谓的“君子之泽也”。而这些“君子之泽”最好的有三个方面，一是诗书之泽，一是礼让之泽，一是稼穑之泽。以“诗书之泽”传世的家族，历朝历代皆有出名的，不可一一道来。清朝最有名的当属桐城的张氏、宣城的梅氏、高邮的王氏，对于这三大家族，曾国藩自愧不如，仰叹不息，认为自己跟他们差距太大了。对于这三大家，他常常对儿子及弟弟们提起，希望他们向这种家族看齐，努力去学习。

### 高邮王氏：学问传家

关于这三大家，我们先看看高邮王氏。这个家族大概的情况是：江苏高邮王安国、王念孙、王引之、王寿同祖孙四代，同为进士，同为大学问家，历时几百年，传为佳话。以王念孙、王引之父子最有名。王安国从小精读《四书》《五经》，雍正二年（1724）以殿试一甲二名榜眼及第，授翰林院编修，历任广东学政，左都御史兼领广东巡抚、礼部尚书、吏部尚书等职。王念孙是著名音韵训诂学家，十三岁时拜著名文字学家戴震为师，曾做过永定河道台。王念孙著有《广雅疏证》，从形、音、义互相推求；又撰有《读书杂志》，校正文字，阐明古义，每有创见。其子王引之，为训诂学家，嘉庆时期进士，官至工部尚书，继承其父音韵训诂之学，世称高邮王氏父子，著有《经传释词》《经义述闻》，与其父的前二书并称“高邮王氏四种”。

王家在江苏高邮。“高邮王氏四种”，是过去研究训诂学必读书。他们的成就被时人称为“高邮学”，“独绝千古”。梁启超评价王氏父子是“清学第一流大师”“一代所宗”；近代国学大师章太炎认为训诂学到了王氏父子已经基本分析就绪了，后人可做的不过是些修补工作；郭沫若也认为王氏父子是“考证学中之白眉，博洽精审，至今尚无人能出其右者”。“高邮二王”的学术思想又与戴震、段玉裁的成就被称为“段戴二王之学”。清代乾隆、嘉庆、道光三朝阁老、九省疆臣、一代文宗的阮元称：“高邮王氏一家之学，海内无匹。”可见，王家的训诂之学，在当时最为卓绝。

王氏父子不仅学问了不得，做官也非常有作为。两人身为朝廷官员，刚正清廉，尤其是敢向和珅叫板。大家都知道，和珅是乾隆皇帝的宠臣，清朝最大的贪官。嘉庆四年（1799），太上皇乾隆皇帝刚死，嘉庆皇帝就想收拾和珅，但是没有人敢弹劾。这个时候王念孙如果弹劾，搞不好要杀头，而且是冒着满门抄斩的危险。当王念孙决意写奏文时，不知嘉庆帝的态度，有点左右为难，因为和珅是乾隆皇帝身边的第一红人，现在先帝尸骨未寒，就查办其宠臣，这需要绝大的勇气，嘉庆帝怕不怕沾上不孝之名？时任翰林院编修的王引之提醒父亲道，在罗列和珅罪状之后，为让嘉庆皇帝断然采取决定，不妨再加上“臣闻帝尧之世，亦有共驩，及至虞舜在位，咸就诛殛”这几句话。这几句话意思是在尧帝那样的盛世时也有奸臣共工和驩兜，舜帝即位时，就把这两人杀了。王念孙听后连声叫好。为什么好呢？因为王引之把和珅比作尧舜时代作乱的共工和驩兜，这样一来，就顺理成章地把乾隆帝比作尧、嘉庆帝比作舜。如此一来，惩办和珅，既不影响乾隆的“威望”，也显示了嘉庆的“英明”，正可谓“三全其美”。王念孙的奏本正中嘉庆下怀，后来和珅被赐死，家产被充公。

王家既是四代进士，又做高官，又是传学问，一代一代传下去，这个家族确实是平常大家族不可企及的。身为官场中人，仍然不弃学、不废学，高邮王氏就是这样的，以学问传家，且代代善终。

## 桐城张家：谨慎处世

曾国藩所推崇的清代三大家，首推的是桐城张家，我们放在第二个来讲。我在开篇的时候讲过，“父子宰相家训”是中国古代四大家训之一，主笔的就是桐城张英、张廷玉父子，父子两代宰相且不说，据统计，桐城张氏，在清代有进士二十四名，举人四十七位，贡监生员四百八十三人，在朝廷做官的有二百五十四位。这样的情形令人颇为忌惮，以至于当时官至左都御史的刘统勋向乾隆帝上疏，他建议说：大学士张廷玉历经三朝重用，名望很盛，但晚年实在应当谦谨些，外面对他的责备已经很多。有舆论说现在缙绅望族里，张、姚两姓占据一半，他们互相通婚，为官举荐时互相包庇。请皇上三年内不要提拔重用张廷玉家族的人。这就是有名的“一部缙绅录，半个桐城张”，也就是说张家跟姚家世代联姻，姚家也是大户，清朝安徽桐城的官员册上，有一半人是张、姚二姓。但是，这些缙绅望族，你又不能把他们怎么样，因为人家是走正途，科举考试考中的，一步一步升上来，人家也没犯错误，一样为大清朝效力，何罪之有？所以，刘统勋建议乾隆帝让他们的升官节奏慢一点。

张家这个家族势力大到令皇帝都恐惧，并非浪得虚名。张家在桐城鼎鼎有名，家族起初也是很清苦的，直到张英为官时才开始发迹。六尺巷的故事，我们在开篇时就讲过。张英已经发达了，依旧不跟平民百姓争，宁愿退让三尺，和他家争的人一看宰相家如此大度，自己也退让三尺，两家就让出一个六尺巷，一时传为佳话。

一般人对张英了解不多，其知名度反而不如其子张廷玉。其实，张英为官勤细谨慎，深得康熙信任。张英其人，据《清史稿》记载：

（张）英性和易，不务表襮，有所荐举，终不使其人知。所居无赫赫名。在讲筵，民生利病，四方水旱，知无不言。圣祖尝语执政：“张英始终敬慎，有古大臣风。”……为《聪训斋语》《恒产琐言》，以务本力田、随分知足诰诫子弟。

从张英的妻子姚氏就知道，张家的家教非常好，姚氏的名望连康熙帝和雍正帝都知道。姚氏生活十分俭朴，张英入职翰林院、在南书房时，家中经常靠典当度日。姚氏一再告诫子女，万不可有非分之念。有人以千金赠张英，张英坚辞不收。姚氏对丈夫的举动很是赞同，她说：“贫家或馈十金五金，童仆皆喜相告。今无故得千金，人问所从来，能勿惭乎？”姚氏平日身着一件青衫，“数年不易”。有一次，张家的亲友派婢女到张家，见一妇人正在缝补一件旧衣服，就问：“夫人安在？”姚氏从容站起来说：我就是张夫人。吓得来人都不敢相信。张英六十岁时，姚氏仍亲手给他缝制棉衣以御寒。由上面的描述可见，张英和妻子姚氏这对夫妻给子女做的榜样非常好。姚氏在告诫儿女（包括张廷玉在内）一定不要有非分之想的同时，宁愿清贫一点，对丈夫不收受贿赂很是赞同。我们今天或许想不到，张英身居宰相之位，夫人却一件青衫数年不易，且张英六十岁时穿的衣服，还是妻子姚氏一针一线缝制。他们家缺这个东西吗？再俭朴，请人缝制衣服这点钱还是可以拿出来的。实际上，这是要养成家族的习惯，即使身为贵妇，还是要养成朴素的习惯，还在那做着针线活。

在姚氏言传身教的影响下，张家的子女都很有出息，儿子张廷瓒、张廷玉、张廷璐、张廷瑑都考中了进士，而张廷玉尤为突出，就连女儿张令仪也好学，著有《蠹窗诗集》。由于教子成功，康熙、雍正、乾隆三朝皇帝都对张氏夫妇充满了钦敬之情。康熙帝曾称赞姚氏，当时张廷玉入翰林、值南书房，康熙皇帝对左右大臣们说：“张廷玉兄弟，母教之有素，不独父训也。”我们现在也常讲，看一个家庭，尤其是子女的素养，不用看别人，就看母亲，母亲的家教作用特别大。

张英与妻子姚氏感情甚笃。妻子的去世，对张英是极大乃至无法承受的打击。张英为妻子写下充满深情的《诰赠一品夫人亡室姚氏行实》。也可以说，张家乃至张廷玉后来的发达，与母亲姚氏密不可分。姚氏出身于吴兴望族，家世鼎盛，十三岁就嫁给张英，在张家操劳五十六年之久。二十岁那年，张英身患重病，历时三年之久，夫人把从娘家带来的嫁妆全部变卖，亲自调制饮食，张英得以好起来。张英随即进入士人必须走的科举路，伊吾之声，终夜不断，家事全部由姚氏料理。姚氏为张英生有六子、四女，上又有公婆，张家是个大家庭，因而始终没有摆脱生计的煎熬。最难能可贵的是，其后丈夫张英及长子张廷瓒、次子张廷玉，相继为官，张英从翰林院到大学士，又多次主持乡会试，妻子总是以清廉相砥砺。而夫人口中从未向外人说过一句贫穷的话，偶尔有亲友接济，夫人面红不肯接受。有一次，张英作为主考官入闱，家人十多天没有吃的，夫人搜出家中麦子数斗，全家人几乎吃了一个月的麦汤。当时张英家住在虎坊桥，家中能够典当的全部典出。孩童小时候，民间为求孩童平安，有用银锁拴在项上的习俗。张英命二郎张廷玉把项上银锁解下交给母亲质钱。过了一会儿，二郎跑过来告诉父亲：“已将银锁给母亲了。”康熙十六年，康熙帝设立南书房，张英成为在南书房入值的第一批汉大臣，康熙帝为优礼词臣，也便于请问，在西安门内赐给宅第，这是清代词臣赐居禁城之始。自此张家人结束了租房的日子，但清苦如旧，仍然靠典当过日子。长子张廷瓒入翰林院，每逢乡会试，夫人对儿子说：自从我嫁到你们张家，见你的父亲在乡会试时，都是冰清玉洁，即便在内廷考教习，也与励杜讷信誓旦旦，虽得罪朋友，也不敢屈挠，从来没有一句闲话，况且乡会试？你要谨守，不可以一字与人口实。张廷瓒、张廷玉多次出任地方乡试主考、会试同考，皆守家训，张英说“实无一事訾议，实夫人教之也”。

尽管这个大家庭始终在拮据中度日，但却不忘周济有需要的邻居。张英开始居住在果子巷，一住就接近二十年，后搬到内左门，邻居都称呼夫人为老佛，因其素性谦抑小心，慈爱及人。张英退休，邻居们一同前来道别，依依不舍，说“老佛去矣”。姚氏一生俭约自奉，平常吃斋时间长，有时一个月半个月仅以蔬菜瓜果果腹。去世的当年，每天吃韭菜数根，饭半勺而已。尽管后来被封为一品夫人，但几乎没有佩戴过珠玉，也不穿绫罗绸缎，所有服用的，都是自己一针一线缝制的，直到老年仍然如此。布衣疏食，五十年如一日。康熙最后一次南巡，张廷玉随扈圣驾，请假先回家拜谒母亲，留在家里十天，眷恋不忍别，夫人趋令就道。张英在清江浦迎驾，康熙帝询问夫人年龄身体状况，皇太子把他写的《心经》一幅以赠，对张廷玉说：知你的母亲家居奉佛，可以此寄回去供养。

姚氏出身名门，对于《毛诗》《通鉴》，全部能够淹贯，旁及医药、方术、相卜之书，尤好禅学。本来会写一手好诗，但作为张家的夫人，十个孩子的母亲，从不作诗。后来张廷瓒随康熙帝扈从到塞外，以诗寄回，姚氏以诗回寄，勉励其忠贞敬慎。

康熙四十一年十月，长子张廷瓒去世，这对张英全家都是极大打击。姚氏自此得病，经过半年调理有所好转，后来两个女儿相继去世，旧病复发。四十七年夏，姚氏已经病重，得知张廷玉随康熙前往塞外，写信说：你能尽瘁勿懈，正所以养志。我病已痊愈，毋以为念。她于六月十日去世，享年 69 岁。

张家父子两人一生谨慎，所以能成为官场不倒翁。张英去世时，张廷玉已经官至副部级，任礼部侍郎，他在雍正时得到大用。雍正帝曾说，只有一个人和他十余年朝夕不离，这个人就是张廷玉。雍正帝在位十三年，张廷玉一直随侍在旁。雍正帝临终前，张廷玉与庄亲王允禄、大学士鄂尔泰等同为顾命大臣，遗诏他日以张廷玉配享太庙。要知道，太庙是供奉清朝列祖列宗的地方，汉大臣能配享太庙，该是多大的荣耀！其父张英为官三十余年，张廷玉自己也是三朝元老。他们为什么能坚持这么久呢？从张廷玉给父亲张英写的《先考予告光禄大夫文华殿大学士兼礼部尚书谥文端敦复府君行述》可见端倪。张廷玉说父亲“退食时从无一语及公事”，他发现尽管自己侍奉父亲几十年，但是不知道写什么，为什么呢？因为父亲在家里或者退休之后，没有一句话提及国家的事，诸如在朝中做了哪些事情、提拔了哪些官员、给皇帝进了什么言论，从来没有提过。张英真的是做到了守口如瓶。难怪康熙帝说张英有古大臣之风。而雍正帝十三年时间须臾不可离的张廷玉，是其真正的心腹，真正的股肱大臣。早在康熙年间，张廷玉就为人谨小慎微，他把“万言万当，不如一默”当作座右铭，终身诵之。张廷玉参预朝廷机要近五十年，入职军机处，面临的是冰渊之凛，有如一日。能进入军机处，当然是雍正皇帝最信任的人，每天都如临深渊，不是谨慎的人不可能做到。从张英到张廷玉，他们都是守口如瓶、谨小慎微。

张廷玉的谨小慎微，也体现在子女身上。张廷玉的后代也非常了不得，他有八个儿子，除了早夭的，剩下的都很有出息，特别是第二个儿子张若霭。当时张若霭经过乡试、会试，直到殿试。殿试由皇帝亲自主持，读卷官选好十本弥封的考卷呈给雍正帝。当雍正帝读到第五份考卷的时候，读到其中的一句话："善则相劝，过则相规，无诈无虞，必诚必信，则同官一体也，内外亦一体也。"不禁拍案叫绝，认为"颇得古大臣之风"。这份考卷的主人原来排位是靠后的，于是特别定为一甲第三名。我们都知道，殿试经过钦定御批一甲第一、二、三名即为状元、榜眼、探花，称"进士及第"，又称"三鼎甲"。这份考卷的主人就是探花。结果拆开弥封的试卷才知是张若霭，雍正帝一看非常高兴，说赶快告诉张大人，他儿子中了探花，但是，张廷玉听到这个消息不由得有点担忧，到雍正帝那里一再叩头，坚辞不受，他说：天下人才众多，三年一次大考，个个都盼鼎甲。臣本人现居高位，臣子又登一甲，占天下寒士之先，于心实有不安。请列二甲，已为荣幸。皇上至公，但臣家已备受恩荣，求皇上怜臣一片真心，愿让出一甲之荣，给予天下寒士。若君恩祖德，佑护臣子，给我儿留些福分，以为将来上进之资，更为美事。就这样说服了雍正帝，把一甲第三名让出来，这在当时传为美谈。张家的人就是这样一代代传下来，有出息的人也是非常多。

### 宣城梅家：科学巨擘

曾国藩所推崇的第三个家族就是宣城的梅家。梅家何许人也？估计大家也很少听过。明朝时期，梅家就很有名了，明代文学家王世贞就曾称赞道："从夸荆地人人玉，不及梅家树树花。"

我们先看一个数据：梅家在清朝出了十八位进士，四十二位举人，有功名的两千多个，家族子弟著作在《四库全书》里收了十七种四十五部。大家看，梅家厉不厉害？梅家家学渊源，精于天文算学的研究。梅文鼎就是非常有名的数学家、天文学家，为清代"历算第一名家"和"开山之祖"，被世界科技史界誉为与英国牛顿和日本关孝和齐名的十七世纪“世界三大科学巨擘”之一，康熙帝曾经三次召见。弟弟梅文鼐，子梅以燕，孙梅瑴成、梅轩成，玄孙梅冲，五代一百年中，著作达一百种。这是真正的学问大家，而且是自然科学方面的成就。梅文鼎从事历算，一个是历法，一个是算学，研究六十多年，布衣终身，著作八十多种。康熙四十一年（1702），康熙帝南巡德州，抚臣李光地进所刻梅文鼎《历学疑问》三卷，康熙帝十分赏识，带回宫中细阅。根据记载，康熙皇帝本人在数学和天文历法方面的水平达到了很高的水准，读了梅文鼎的著作后，大感兴趣。康熙四十四年（1705），康熙帝于南巡途中，在德州运河舟中三次召见梅文鼎，梅文鼎把《三角法举要》呈给了康熙帝，康熙帝读了之后，深为叹服，临行时亲赐“绩学参微”四字给以褒奖。后来又征召其孙梅瑴成入内廷蒙养斋学习历算。据说康熙帝自己也写了一部《御制三角形推算法论》，让梅文鼎评议，梅赞“言西学贯源中法”。康熙五十三年，康熙帝主持编成《律历渊源》，还将其中的《律吕正义》转请梅文鼎审读。

上述三大家族都是曾国藩极为钦佩的，对于他们的学问，当然是首推高邮王氏了。他曾经对两个儿子说：

余于本朝大儒，自顾亭林（顾炎武）之外，最好高邮王氏之学。

也就是说，清朝的大儒，除了顾炎武之外，他最敬佩的就是高邮王氏之学了。这里我们稍微提一下顾炎武。顾炎武是江苏昆山人，被誉为清学“开山始祖”，他曾提出一个重要的观点——“天下兴亡，匹夫有责”，著有《日知录》《天下郡国利病书》等，对后世影响很大。他的外甥就是有名的“昆山三徐”，“三徐”中，徐元文最小，为顺治朝的状元，大哥徐乾学和二哥徐秉义是康熙朝的探花。三人在康熙朝皆鼎鼎有名，身居高位，徐乾学和徐元文还参加了《明史》的修撰。

## 2.《五种遗规》，句句学之

除了以三大家为家人的示范外，曾国藩还提到了《五种遗规》。

《五种遗规》是谁写的呢？清代陈宏谋所辑。这也是清代社会教育和蒙童学习教材，清末中学堂修身科教材。编者采录前人关于养性、修身、治家、为官、处世、教育等方面的著述事迹，分门别类辑为遗规五种，即《养正遗规》《教女遗规》《训俗遗规》《从政遗规》和《在官法戒录》，总称《五种遗规》。

关于读《五种遗规》，曾国藩多次特别对他的四弟提及，并将其作为管理曾氏家族的范本。他告诉四弟："澄弟理家事之间，须时时看《五种遗规》。"又说："奉劝澄侯三事：勤、早起、看《五种遗规》。""澄弟虽不读书，亦须常看《五种遗规》及《呻吟语》。来书想发财捐官云云，犹是浮躁气习。洗尽浮华，朴实谙练，上承祖父，下型子弟，吾于澄实有厚望焉。""家中《五种遗规》，四弟须日日看之，句句学之。我所望于四弟者，惟此而已。"

四弟主持家政，《五种遗规》当然句句要学。信中又说：

> 一曰勤，二曰早起，三曰看《五种遗规》。四弟能信此三语，便是爱兄敬兄；若不信此三语，便是弁髦老兄。我家将来气象之兴衰，全系乎四弟一人之身。

三件事情要四弟做到，第一是勤，第二就是早起，第三就是看《五种遗规》。如果弟弟践行这三件事，那就是看得起他这个做哥哥的；

如果不践行，那就没把当哥哥的放在眼里了。大概是因为曾家子弟将来气象的兴衰全在四弟一人身上，所以曾国藩一再告诫弟弟不可轻视《五种遗规》。

曾国藩还把《五种遗规》推荐给家族人，认为“修身齐家之道，无过陈文恭公《五种遗规》一书，诸弟与儿侄辈皆宜常常阅看。”可见，曾国藩的家训家规，不单纯是依靠曾家所拟，也不是闭门造车，而是取百家精华。曾国藩采纳了不少大家的家训家规精要，本来就是为了编写家训，但在其有生之年并没有编成一部像样的家训。

## 3．五书为家教范本

除《五种遗规》之外，曾国藩还提出五部书作为家教的范本。这五部书在清代非常有名。第一部就是张英写的《聪训斋语》，清代家教的第一范本；第二部是张廷玉写的《澄怀园语》。后来两部合称为“父子宰相家训”，也就是我们前面提到过的。其他三部分别是康熙帝教子经《庭训格言》和北齐黄门侍郎、家训之祖颜之推的《颜氏家训》，以及张伯行之子张师载所辑《课子随笔》。

曾国藩曾给儿子写信说：

颜黄门（之推）《颜氏家训》作于乱离之世，张文端（英）《聪训斋语》作于承平之世，所以教家者极精。尔兄弟各觅一册，常常阅习，则日进矣。

曾国藩非常推崇张英的《聪训斋语》，他对长子曾纪泽说：

张文端公所著《聪训斋语》，皆教子之言。其中言养身、择友、观玩山水花竹，纯是一片太和生机，尔宜常常省览。鸿儿体亦单弱，亦宜常看此书。

《聪训斋语》皆教子之言，充满着太和生机，对身体柔弱的曾纪鸿大有裨益。另外他还在信中提到了康熙帝的《庭训格言》：

吾教尔兄弟，不在多书，但以圣祖之《庭训格言》（家中尚有数本）、张公之《聪训斋语》（莫宅有之，申夫又刻于安庆）二种为教，句句皆吾肺腑所欲言。

《庭训格言》是康熙帝教子经，不是其生前所编，而是雍正帝在雍正八年编辑的。《庭训格言》语言特别精炼，我们无论如何也想不到帝王家的家规如此之严。正如清朝学者赵翼所写的《檐曝杂记》所言，清朝皇家教子非常成功。清晨五点多钟天还没有大亮，皇子们就已经到上书房坐好，准备功课了，一直学到中午，下午还要学射箭。赵翼非常感慨，他说，我们读书人每天如此时间密集地学习，都感到受不了，但是清朝皇室做得非常好。

关于张师载所写的《课子随笔》，也是很有名的。古代的士大夫都把课子当作一件重要的事情，即使当了高官也是如此。曾国藩在日记中写道：

张懿敬公师载所辑《课子随笔》，皆节抄古人家训名言。大约兴家之道，不外内外勤俭、兄弟和睦、子弟谦谨等事。败家则反是。

他认为，张师载的《课子随笔》都是录自古人的家训名言，由此想到家道之兴就是在于内外勤俭、兄弟和睦、子弟谦谨等方面。一个家族败落了，就是这些方面做得不好。什么事情让他生出如此感触呢？

夜接周中堂之子文翕谢余致赙仪之信，则别字甚多，字迹恶劣不堪，大抵门客为之，主人全未寓目。闻周少君平日眼孔甚高，口好雌黄，而丧事潦草如此，殊为可叹！

当时有名的总督周天爵去世了，曾国藩给了若干两银子的赙仪，按照过去的礼节，主家要给参加丧礼的人写回信致谢，结果这家的回信曾国藩一读，发现错字连篇，语句不通，曾国藩就大发感慨，说不用想这就是门客所写，周天爵的儿子并未过目。据说他的儿子自视甚高，好发高论，丧事办得如此潦草，实在是可叹。曾国藩由这件事情想到达官子弟的教育：

盖达官之子弟，听惯高议论，见惯大排场，往往轻慢师长，讥弹人短，所谓骄也。由骄字而奢，而淫、而佚，以至于无恶不作，皆从骄字生出之弊。而子弟之骄，又多由于父兄为达官者，得运乘时，幸致显宦，遂自忘其本领之低，学识之陋，自骄自满，以致子弟效其骄而不觉。……因周少君之荒谬不堪，既以面谕纪泽，又详记之于此。

达官子弟听惯了高议论，见惯了大排场，往往对老师轻慢，经常张家长李家短地嘲讽，这就是骄横。由骄横便产生奢靡、放纵、轻浮，最后无恶不作，这些都是由骄横衍生出来的。而且子弟的骄横又多出于当父兄的身居高位，平日里一呼百应，自己实际的本事不大、学识浅陋，这些情况自己完全没有觉察到。这是很危险的事情，曾国藩由周家儿子的行为进而检讨自己，并告诫大儿子曾纪泽要引以为鉴。

张师载的家族也是家风很正，父亲是鼎鼎有名的张伯行，历官二十余年，以清廉刚直称，与于成龙齐名。康熙四十五年（1706），张伯行被任命为江苏按察使，按照当时的官场旧例，新任的官员要给巡抚、总督等上司送礼，以示尊敬，大概需要白银四千两。但张伯行秉性耿直，从不巴结上司，因而得罪了总督和巡抚，常受到他们的排挤。康熙五十年（1711），江南乡试的副考官赵晋暗中交接考生，接受贿赂，那些真正有才华的人没有被录取。发榜以后，读书人议论喧哗，抬着财神进入学宫。士子们一气之下就把江南贡院的“贡（貢）”字写出了头，变成“卖（賣）”字，“院”字去掉左边，变成“完”字，全名就变成了“江南卖完”，意思是说江南的举人名额都被卖完了，真正的读书人考不了举人。当时的张伯行为江苏巡抚，顶头上司是两江总督噶礼。因查到贿赂情况的供词中牵连噶礼，张伯行请求解除噶礼的职务。噶礼心中不安，也找出张伯行的所谓七条罪状上奏。康熙帝命二人都解职。这就是著名的督抚互参案。最初康熙皇帝是通过谁来了解情况的呢？江宁织造曹寅，曹雪芹的祖父。曹寅想两边讨好，却不敢把真实的情况讲出去。后来朝廷派了钦差大臣张鹏翮下来主持查案，结果一审的时候，张鹏翮站在噶礼一边，说张伯行有问题，不但要革职还判了徒刑。一看清正廉明的张伯行要被撤职，江南百姓民意沸腾，局面一时难以收拾。康熙帝责备张鹏翮等钦差大臣为噶礼掩饰，又第二次派遣尚书穆和伦、张廷枢作为钦差大臣重新审查，结果仍旧与前次张鹏翮等人的意见相同，将噶礼革职续用，张伯行则革职。没办法，康熙帝只好召见所有的大臣，亲自翻案，将噶礼革职，张伯行留任。江南的士大夫才拍手称快。那时，在京城中做官的江浙人，还有一些读书人，有上万人，他们签署了联名奏折，每人手中拿着一炷香跪在畅春园门口，愿意每人减寿一岁给康熙帝祈寿。由此可见，康熙帝的翻案是多么让人高兴，大家都认为他是一个英明的天子。张伯行一生清廉，而且非常有作为，儿子也做过封疆大吏，作为丝毫不逊于父辈。所以，曾国藩就感觉到这些自己真是不可及，子孙后代应以此为榜样。

# 第七章 立 志

## 1. 志不立，天下无可成之事

立志是人生的永恒主题，而青少年时代的志向、追求及价值取向会影响其一生的成就。我们通常说：取法乎上，仅得其中。意思是目标不妨定得高远些，否则就会动力不足，鼓不起劲。另一方面，青少年时代的远大志向到社会中去实践时，会有很大矛盾，也会发生扭曲，甚至需要调整。而人生能够实现自己的理想，按志向一生走下去的毕竟是少数。曾国藩从自身成就大事的角度，对立志有独特的阐发，即立志应是一生的事，不应少年热血，中年凋零，晚景凄惨。也就是要有矢志不渝的精神。

立志既包括曾国藩早年自己立志，也包括他培养诸弟、子侄立志。这里着重讲后者。

在曾国藩看来，立志如同树木有根：“譬诸树木，志之不立，本则拨矣。是知千言万语，莫先于立志也。”而立志又是一个目标实现的过程，并非一蹴而就。曾国藩的立志大体经过三四年之久，而在而立之年前后，尤为关键。他多次在日记中表示：“立志今年自新，重起炉冶，痛与血战一番。”

道光二十四年（1844），曾国藩的六弟曾国华已年满二十二岁。此前的头两年，曾国藩以为“家门局促之地”而让他到省城读书。不料，两年来他看书“亦不甚多”，诗文则“绝无长进”，曾国藩这才意识到，这并非是环境的问题。早在上一年，曾国藩就给六弟选择了一个老师，曾国华嫌离老师家太远，不愿去就读。这年，曾国华又说自己选择一个老师（罗泽南），但后来又没了下文。再后来，曾国华又归咎于没有良友相伴。鉴于这种情况，曾国藩在这一年的九月十九日，给诸弟写信，一针见血地指出：人如果能立志，那么圣贤豪杰什么人不可以做，什么事不可以为呢？又何必要借助别人的力量呢？古书上说：“我欲仁，斯仁至矣。”就是说，我想得到仁，这仁也就到了。我想做孔子、孟子那样的人，于是就日夜孜孜不倦地攻读，一心一意地去钻研他们的学问，谁能够阻止我成为孔、孟那样的人物呢？如果自己不立志，即使天天与尧、舜、禹、汤这些圣人住在一起，那也只能他们是他们，我还是我啊！

曾国藩语重心长地说：“日月逝矣，再过数年则满三十，不能不趁三十以前立志猛进也。余受父教，而余不能教弟成名，此余所深愧者。他人与余交，多有受余益者，而独诸弟不能受余之益，此又余所深恨者也。今寄霞仙（刘蓉）信一封，诸弟可钞存信稿而细玩之。此余数年来学思之力，略具大端。”他经历人生的许多历练，得出天下人凡是成就大事业的，绝对没有懵懵懂懂而成功的道理，一定是有志向的人，最终取得成功。

当九弟曾国荃欲与曾国藩好友刘蓉结伴读书时，曾国藩大表赞同：“九弟前信有意与刘霞仙同伴读书，此意甚佳。霞仙近来读朱子书大有所见，不知其言语容止、规模气象何如？若果言动有礼，威仪可则，则直以为师可也，岂特友之哉！然与之同居，亦须真能取益乃佳，无徒浮慕虚名。”

## 2. 金丹换骨在立志

立志于读书，这是在曾国藩家训乃至古代所有家训当中，都是最重要的内容。读书和立志两者的关系是相辅相成的。曾国藩在家书中讲：

> 人之气质，由于天生，本难改变，惟读书则可变化气质。古之精相法（者），并言读书可以变换骨相。

古人说“死生有命，富贵在天”，很多东西是先天定下来的，人的气质本来难以改变，但是有一个途径可以改变，那就是读书。读书可以改变人的气质，改变一个人的命运。古人讲读书是走向飞黄腾达唯一的途径，我们今天也要求读书，不读书，人就一事无成。如果想要改变人的气质，“欲求变之之法，总须先立坚卓之志”，光说读书还不行，还要立定坚卓之志。该怎样立志呢？曾国藩以自己为例，对儿子说：

> 即以余生平言之，三十岁前最好吃烟，片刻不离，至道光壬寅十一月二十一日立志戒烟，至今不再吃。四十六岁以前作事无恒，近五年深以为戒，现在大小事均尚有恒。

他说自己三十岁以前最好抽烟，烟瘾很大，片刻不能离，但是后来自己下决心戒烟，戒掉了，后来不再抽了。开始的时候烟瘾确实很难戒掉，曾国藩的日记记载得非常详细，他说开始戒烟，“如失乳旁徨”，但是一个月之后，他还是戒了烟。孔子讲“少之时，血气未定，戒之在色”，说人在青春年少时，不要沉湎于女色。曾国藩早年也有“色”的毛病，在京城做官的时候，见到别人纳妾，而且很漂亮，心里也痒痒的，有时也有不检点的“骚扰”行为。但是这些不良习惯后来都戒掉了，只有一条没有戒成功，就是戒棋。他发誓说要戒掉下围棋，但是后来在行军打仗途中，越是艰难的时候他越是下棋。每天固定的一件事情就是要下棋。曾国藩讲自己四十六岁以前“作事无恒”，一般认为这是谦虚的话。孟子说“人皆可以为尧舜”，梁启超不太相信，但是他相信曾国藩说的话，他认为曾国藩就是这种通过后天的努力达到圣贤的人物。“近五年深以为戒，现在大小事均尚有恒”，曾国藩说自己以无恒为戒，所有做的事情都有恒，坚持做到底。他把自己的时间分成三个单元，上午、下午、晚上，各做多少事情，有日程表安排，一生都雷打不动。有一个日本学者专门研究了曾国藩的日课表，得出一个结论说，曾国藩是儒家内敛式的成功。曾国藩一旦定下来，一生都会坚守。我认为要做到这一点确实很难，难就难在一生坚守。立志不难，我们每个人都可以立下很多宏图壮志，但是很少有人能坚持下去。曾国藩则不然，一旦定下来，就天天要求自己做下去，比如写日记，他中进士之后，开始写日记，坚持不辍，到死之前还在写。这些日记不是记流水账，记一些很简单的事情，而是要检讨自己每天做的事情，并写出心得。他的日记大家知道，出版的有厚厚三大本，密密麻麻一百多万字。虽然日记中间有一段时间的间断，但是我一直认为不是曾国藩间断，而是曾国藩有意销毁，那是为他父亲守丧时期。曾国藩的母亲去世时，因为咸丰帝要求他组织团练，打太平军，故守丧不久他便开始组建湘军，开赴战场。而父亲去世时，太平军已走入下坡路，起了内讧，朝廷大概认为没有曾国藩也可以剿灭太平天国，所以清政府让曾国藩在家守丧。曾国藩这个时候很郁闷，可能写了很多对朝廷不满的话。这一点不是我个人的研究，有很多的学者也持这样的看法。这段时间他很闲，在家里没有任何的事情可做，所以脾气也不大好，又说自己罪孽深重，家里连续死了几个人，弟弟曾国华死在战场上，连尸首都找不到。跟弟媳妇也闹意见，听到家里请道士来念经，做道场，便把这些人都轰出去。这些行为的出现，实际上是曾国藩觉得攻打太平天国胜利在望，清政府却不让他主持了，而是让他在家为父守丧，他心中很是彷徨不安。故有不少学者，包括我自己，认为他这一段时间写的日记大多是牢骚，怕流传出去对自己和家人甚为不利，所以后来销毁了。不过猜测归猜测，这一段时间他确实没有日记留下来。

曾国藩还对儿子说："即此二端，可见无事不可变也，尔于'厚重'二字，须立志变改。"通过戒烟和有恒这两件事情，曾国藩现身说法，认为无事不可改变，儿辈们要向"厚重"两字看齐，立志改变自己。我所讲的这些都是曾国藩为改变品行，养成一个良好习惯的例子。因此，曾国藩最后说："古称'金丹换骨'，余谓立志即丹也。"立志就是所谓的"金丹"，金丹能换骨。金丹是道家的话，道家炼丹，因为要守护丹炉，不能三心二意，心要虔诚，通过各种条件才能把金丹炼成。立志就是金丹，可以改变一个人的命运。

### 3．立志：民胞物与之量，内圣外王之业

曾国藩认为，人不能走向琐碎一途、卑小一途，因为这样的人只想着发什么财，当什么官。在道光年间他写了有名的《五箴》，用来自律，以此鞭策自己，其中"立志箴"放在最前面，他说：

煌煌先哲，彼不犹人？藐焉小子，亦父母之身。聪明福禄，予我者

厚哉！弃天而佚，是及凶灾。积悔累千，其终也已。往者不可追，请从今始。荷道以躬，舆之以言。一息尚存，永矢弗谖！

这段话的意思是：先哲也是一个普通人，而藐小的自己，也同样是父母所生。在聪明和福禄方面，上天给予自己的堪称丰厚，如果自己背弃上天的赐予而贪图享乐，灾祸必定难免。如果后悔积累千万，那么到头来必定一事无成。过去的错误已无法挽回，一切从今天重新开始。自己要担当起道义，用语言和文字传下去。只要还有一口气在，我将永远不忘此誓！这段立志箴言说明曾国藩的立志决心很大，那么他给自己立的是什么样的志呢？

曾国藩在给弟弟们的家书写道：

君子之立志也，有民胞物与之量，有内圣外王之业，而后不忝于父母之生，不愧为天地之完人。

确实是雄心壮志，曾国藩想到的不是一人的安危和得失，而是天下更多人的安危和得失。“民胞物与”，出自张载的《西铭》：“民吾同胞，物吾与也。”意思是民为同胞，物为同类，泛指爱人和一切物类。而“内圣外王”则是儒家学者追求的最高境界，“内圣”是修身养德，“外王”则是齐家、治国、平天下。曾国藩可以说做到了这一点。他常讲“志高则品高，志下则品下”，人的志向一定要高远，要立雄心大志，他想到的是更多的人。我一直强调，中国的士大夫们是有家国情怀的，靠的就是儒家这些观念充实自己的灵魂，支配着自己的信仰。当然，我们也不能说士大夫中没有败类，哪朝哪代没有呢？但是，整体上依靠儒家思想支配的士大夫们，他们的事功成就是非常了不起的。

曾国藩早年在京城做官，希望弟弟们都能有出息，而几个弟弟中，他最想培养的就是九弟曾国荃，因为这个小弟天分最高。那时他在翰林院，收入非常少，曾国藩还是利用微薄的薪水供弟弟读书，天天逼着弟弟读，有时一篇文章要读多少遍呢？读五十遍。但是由于曾国荃可能跟嫂子有了一点小小的不愉快，闹着要回湖南老家。曾国藩恋恋不舍，送了一程又一程，并写诗赠别，其中有两句说道："辰君平正午君奇，屈指老沅真白眉。"这两句诗，第一句中的"辰君"和"午君"，则分别是指国潢和国华，因为他俩分别出生于庚辰年和壬午年。第二句则用了一个典故，三国时蜀汉马良，字季常，兄弟五人，皆以"常"为字，并有才名。马良眉有白毛，才学尤为出众，乡里有谚曰："马氏五常，白眉最良。"曾国藩把曾国荃比喻为马良，可见对弟弟寄托着很大的期望，希望他离开京城后，不要放弃学问，家族将来可能要在他身上发扬光大。

## 4．圣哲画像记

前面讲了曾国藩要子弟们立志于读书，读书就得找榜样。一个人的人生实际上就是找榜样的过程，特别是少年人，自己心中一定要有偶像。世界著名的企业家、通用电气前董事长韦尔奇曾讲过这样一个故事。在小学的一次课堂上，老师问了一个问题，大意是你们小小年纪，将来怎样做到让世人记住自己。然后又说，你们现在回答不了这样的问题，因为你们太小，但是老师希望你们把这个问题带到你们踏入社会第一天的时候。韦尔奇回忆道，他们班十几个人，当中出了九个世界顶级的 CEO（首席执行官），都是源于当时老师这样一个问题。可见，人最可怕、最可悲的是少年时没有志向和目标，以及没有自己的偶像。所以，少年人读书求学，寻找自己的偶像非常重要。

曾国藩常讲，一个人要做好人、做好官，就要找好师、好友、好榜样。为了鞭策自己和更好地教育子弟，经过自己的千挑万选，曾国藩在古代圣贤中选了三十二个代表人物，并让曾纪泽画像，这就是《圣哲画像记》，是曾国藩为家人树立的人生榜样。他在日记中写道：

故书籍之浩浩，著述者之众，若江海然，非一人之腹所能尽饮也，要在慎择焉而已。余既自度其不逮，乃择古今圣哲三十余人，命儿子纪泽图其遗像，都为一卷，藏之家塾。后嗣有志读书取足于此，不必广心博骛，而斯文之传，莫大乎是矣。昔在汉世，若武梁祠、鲁灵光殿，皆图画伟人事迹，而《列女传》亦有画像，感发兴起，由来已旧。习其器矣，进而索其神，通其微，合其莫，心诚求之，仁远乎哉？

他从浩瀚的古书中，慎重选择古今圣哲三十余人，把这些人的事迹写出来，并对每一个人作出评点，同时让儿子曾纪泽按照自己的评点给每个人画像。他希望儿子在画像时可以体会先贤的成就，以达到见贤思齐的效果。《圣哲画像记》完成后，收藏在家中，曾家的后辈只要向这些人取法即足矣，不用再学别的了。并且向这三十几个人物学习，只要“习其器、索其神”就可以了。

关于曾国藩所选的圣贤人物，说是三十二个人，实际上是三十三个人，这些人大多都是文学、艺术、自然科学，以及官场中人，并且他编成了口诀：

文周孔孟，班马左庄，葛陆范马，周程朱张，韩柳欧曾，李杜苏黄，许郑杜马，顾秦姚王，三十二人，俎豆馨香。临之在上，质之在旁。

第一句说的是周文王、周公、孔子、孟子，前两位是王侯将相，后两位是儒家代表人物。第二句则是各有代表作传世的人物，《汉书》撰写者班固、《史记》作者司马迁、《左传》作者左丘明，以及道家代表人物之一的庄子。曾国藩一生当中最喜欢的四部书，其中有一部就是《庄子》。第三句说的是有作为的宰相，三国蜀汉丞相诸葛亮，挽救唐王朝危局的丞相陆贽，北宋名臣范仲淹，以及《资治通鉴》的编纂者司马光。第四句“周程朱张”说的都是宋代理学代表人物，其中“程”说的是“二程”，即程颐、程颢，另外的则是，周敦颐、朱熹、张载。第五句和第六句则是在文学上有大成就者，前一句说的是唐代的韩愈、柳宗元和宋代的欧阳修、曾巩，后一句说的是唐代的李白、杜甫和宋代的苏轼、黄庭坚。第七句这四位则不一样了，这四人在文字学、经学、史学方面是非常有成就的，东汉的许慎是《说文解字》的著者，郑玄是东汉末年儒家学者、经学大师，唐代史学家杜佑写就中国历史上第一部政书《通典》，马端临是南宋末年著名史学家，写有《文献通考》。第八句则是清朝的人物，顾炎武是明末清初人，也是经学大家，著有《日知录》等；秦蕙田是清朝学者，著有研究中国古代礼学的集大成之作《五礼通考》；姚鼐师承方苞，是清朝桐城派古文运动代表人物之一，为桐城派散文集大成者；清朝经学家王念孙，我们在前面讲高邮王氏时已经讲过。曾国藩所列的这三十余人，实际上是三十三个人物，都是在各个领域内有大成就的代表人物。

曾国藩写给弟弟家书：“吾近写手卷一大卷。首篆字五个，次大楷四十八个，后小行书二千余，中间空一节，命纪泽觅此三十二人之遗像绘之于篆字之后、大楷之前。查武梁祠画像内有文、周、孔、孟诸像，外间间有藏本。翁覃溪《两汉金石记》曾刻之，王兰泉《金石萃编》亦刻之。此外如名臣像亦间有之。纪泽觅得像底，则双钩摹于卷内，不必着色也。或嫌此卷太大，则另办一卷画像。此卷即先付长沙装潢，楠木匣藏之，将来求沅弟精钩刻石。其像有不可尽得者，略刻数像可也。吾生平读书百无一成，而于古人为学之津途，实已窥见其大，故以此略示端绪。手此再告澄、沅、季三弟，并谕纪泽儿知之。国藩又行。”

同治九年，曾国藩还给曾国华之子，三侄子纪寿写信，鼓励这位四岁就丧父（死于三河镇战场）的后辈努力立志：“顷接来禀，字迹圆整，文气清畅，昔时四岁而孤，至是已有成立，深以为慰！侄念及三河旧事，奋然有报仇雪憾之意，志趣远大，尤可嘉尚。古来圣贤豪杰，皆有非常之志。人之有志，犹水之有源，木之有根，作室之有基，力田之有种。今粤逆、捻逆均已殄灭，中原次第荡平，侄年方幼学，宜立志多读古书，立志作第一好人。”然后详细告诉他读书、做人的道理。

## 5．生平有三耻，雪耻为大志

《礼记》称：“善歌者，使人继其声；善教者，使人继其志。”把父辈没完成的愿望完成，这就叫继其志。曾国藩被称为儒家三不朽（立德、立功、立言）的人物，已经极为有成就了，但他还说“生平有三耻”，也就是说自己在三个方面一事无成。

哪三耻呢？曾国藩写给曾纪泽的家书中说过，并且还希望儿子替父雪耻。他说：

学问各途，皆略涉其涯涘，独天文算学，毫无所知，虽恒星、五纬亦不识认，一耻也。

曾国藩平生涉猎的东西很多，也有所成就，对于各家各派学问，大多有涉猎，也大略知晓其根底。确实如此，他涉猎较广，我们也无法把他归于哪一派。有学者认为他为桐城学派，并且把这个学派发扬光大，桐城学派讲究义理、辞章、考据之学，曾国藩则在这三个方面之外加上一条“经济”，即经世致用之学。曾国藩谦虚地说自己于各种学问都知道一些，也没有特别大的成就。但是他说自己对于有的东西一无所知，天文算学是其中的一个，这是一个大的耻辱。天文和算术在古代是两门与人生活息息相关的学问，曾国藩对于恒星、五纬之类不是特别清楚。关于“恒星”，中国古人以三垣、二十八宿为主建立了自己的星官体系；而“五纬”，则是五星，是古人将太白、岁星、辰星、荧惑、填星这五颗行星合起来的称呼，五星与日、月合称七曜。五星又称金、木、水、火、土星。曾国藩以自己不懂这些而深以为耻。

第二个耻辱是什么呢？

每作一事，治一业，辄有始无终，二耻也。

每做一件事情或者治一种学问，有始无终，这也是耻辱。《诗经》讲“靡不有初，鲜克有终”，人做事情往往都有好的开始，但是很少有人自始至终做下去。曾国藩曾说，“立志要有恒”，不仅要有恒心，还要有恒毅。

第三耻呢？

少时作字，不能临摹一家之体，遂致屡变而无所成，迟钝而不适于用，近岁在军，因作字太钝，废阁殊多，三耻也。尔若为克家之子，当思雪此三耻。

曾国藩早年练书法没什么成就，就是因为自己临摹的大家太多，今天临王羲之，明天又换柳公权，最后没有自己的风格，所以书法也没有练成。后来，曾国藩改掉了这个毛病，他对自己的成功用了两个字来概括，一个是“拙”字。湘军为什么成功？就是“拙”字，用笨办法，别人做一次就做成功，自己则做十次；人家十次，自己就做一百次。马鹤凌先生就曾以曾国藩一句名言作为遗嘱：“唯天下之至诚能胜天下之至伪，唯天下之至拙能胜天下之至巧。”其子马英九先生以之为座右铭。“巧”就是属于走捷径，任何事情皆有其规律，你想一步登天那是不可能的，曾国藩就坚持自己的拙，以笨功夫取胜。他反省自己在三方面的耻，自己在这些方面没有成就，希望儿子不要步自己的后尘，而是要为老父雪“耻”。至于如何雪耻，曾国藩似乎也都有安排：家中现有天文书籍，有“十七史”中的各天文志，以及《五礼通考》中所辑录的观象授时一种。做一件事情，不论大小难易，都应当有始有终。“十七史”是《新五代史》之前的十七部史书，“十七史”中都有天文志，《五礼通考》当中也有天文历法的专门论述。曾纪泽后来在天文方面非常有成就，与父亲的督促不无关系。

## 6. 立志贵有恒、贵坚卓

“志患不立，尤患不坚”，这是左宗棠说过的话，也就是说立志要有恒，还要坚定不移。曾国藩举了一个例子，也就是“梧鼠技穷”，典出《荀子·劝学》，这种鼠“能飞不能上屋，能缘不能穷木，能游不能渡谷，能穴不能掩身，能走不能先人”，本领虽多，却都是非常小的本领，一旦有风吹草动，最先死的就是梧鼠。这句话形容艺多，结果每一桩都不是那么有恒心地做下去，又变换着做不同的，当然不精，自己都养活不了。也就是说，一个人做的事情太多，结果可能一件事情也做不好。一个人只要专注于一件事，在一个方面扎扎实实做下去，必有大的成就。他还对自己的读书有一个规定，二十岁以后读什么书，三十岁以后读什么书，然后规定每日的看读写作不间断。他的家书中与家人谈到最多的也是读书。我们其实也清楚，一个人不管是立志，还是品行的改变，最重要的途径还是通过读书。如果读了书，而且是有针对性地读书，那对于改变一个人为人处世的态度和方法，作用肯定是非常大的。

曾国藩中进士时的老师是穆彰阿、吴文镕，这两人对其日后影响很大。在殿试后，曾国藩留在了翰林院，这就意味着他将来前途广大。因为清代有一个不成文的规定，实际上明代就是这样，宰相大多出自翰林，很少有例外。所以，曾国藩在仕途上只要不出现大的差错，一步一步爬升，很有可能做到宰相。这时，曾国藩感觉到新的人生开始了，他开始发奋读书，并且给自己改了名字。他的乳名宽一，名子城，字伯涵。弱冠之年，则自己改号“涤生”，他在日记中写道：

涤者，取涤其旧染之污也；生者，取明袁了凡之言：“从前种种，譬如昨日死；从后种种，譬如今日生。”

而得到翰林之后，曾国藩则将名子城改为“国藩”。每次改名或者改号，都是希望自己有一个新的面貌出现。

改号之后，曾国藩感觉而立之年非常重要。我读到曾国藩关于而立之年的文字时确实感到他有一种紧迫感。孔子说“三十而立”，这个时候就要形成独立的人格和敢于一个人生存的能力，否则一辈子很难有什么大的成就。曾国藩在三十岁左右的时候，危机感十分重，他说：

改号至今九年，而不学如故，岂不可叹！余今年已三十，资禀顽钝，精神亏损，此后岂复能有所成？但求勤俭有恒，无纵逸欲，以丧先人元气。困知勉行，期有寸得，以无失词臣体面。日日自苦，不至佚而生淫。如种树然，斧斤纵寻之后，牛羊无从而牧之；如爇灯然，膏油欲尽之时，无使微风乘之。庶几稍稍培养精神，不至自速死。诚能日日用功有常，则可以保身体，可以自立，可以仰事俯蓄，可以惜福，不使祖宗积累自我一人享受而尽，可以无愧词臣，尚能以文章报国。

三十岁的时候从翰林院出来开始做官，想把自己一生的基础夯实，但是“不学如故”，有点担心了。自己资质本来顽钝，而且身体禀赋也不是特别好，今后怎么能有作为呢？于是他给自己规定“勤俭有恒，无纵逸欲”，不至于丧掉先人的元气。每天勉励自己，要有一点进步，不要丢了翰林体面。在翰林院他日日自苦，就像种树般培养自己的精神，保持上进的心态。如果能够日日用功，坚持不懈，那么在自立的同时，还可给堂上双亲和膝下儿女周全照应，可以珍惜福报，不使祖宗的积累因自己一人享受便尽，可以无愧于做一个翰林，将来还可以文章报国。

由上可见，曾国藩早年改造自己的过程确实非常艰难。他在早期的日记中经常骂自己禽兽不如，屡犯屡改，屡改屡犯，直到三十岁的时候才基本上一改本性。看到别人家里纳妾，心神意荡，日记中说“车中有游思”，然后说自己“狎亵大不敬”；菜市口杀人，他也跟着去看热闹；别人请酒席他屡屡赴宴，有时一言不合就拍桌子走人，甚至跟最好的朋友陈源兖，后来的儿女亲家，也闹得不欢而散。曾国藩早年在京城算得上一个“愤青”，湖南人的性格在他身上体现无遗。但是，后来他特别注意改造自己，才逐渐改变。

我们知道，人的品格主要是在少年时期形成，特别是十六岁以前，法律也规定十六周岁以上不满十八周岁，以自己的劳动收入为主要生活来源的，或者年满十八周岁，可以作为完全民事责任人，这是有道理的。如果一个人在十六岁以前没有形成一个好的习惯，养成好的品格，那么以后就可能很难改变，就算是改变，可能花的时间和代价更大。如果在十六岁以前，有正确的引导，那么将来的成长会更顺利，不会走太多的坎坷之路。曾国藩认为曾纪泽的品格有缺陷，有一点像贵家公子，好议论别人的短长，举止也飘忽不定，走路不稳重。曾国藩就说，儿子啊，祖父教人最重要的一条，就是一个“重”字，从走路就可以看出一个人是否可靠、稳重，所以你要变得刚强，不能刻薄，要胸怀淡远，变刻薄为醇厚。为父给你起字劼刚，就是看到你的人生弱点，希望你改变。接着他又说，曾纪泽应该看陆游的诗，他的诗就是培养人的品格，有一种闲适、大度。这就是曾国藩讲的改易品格，古人也有很多这方面的记载。曾国藩在教子读书和立志这些方面，确实很独特。

# 第八章 劝学

## 1．读书、学习的重要

学习和读书，在一个人一生中，尤其是青少年时期，也包括儿童时期，是非常重要的。通过读书获取知识，得到生存的技巧和智慧，这是必经的途径。曾国藩是以书伴终生的读书人，即便后来在戎马时光里，也能舟次不废学。他晚年自撰一副对联：读遍牙签三万轴，收取声名四十年。这堪称是其一生读书的写照。早年在京师，他追随唐鉴、倭仁、吴廷栋等诸师友问学，对文章之道颇有心得。收入读书录中的只是曾国藩所读之书的很少一部分，而日记中可见，他至少读过几百种书。他对经史子集，都下过很大功夫。

他晚年在日记中总结道："学成以三经、三史、三子、三集烂熟为要，而三者亦须提其要而钩其元；艺成以多作多写为要，亦须自辟门径，不依傍古人格式。"

奏议乃人臣事君之要事，曾国藩在京城对此下过大功夫。他说："奏疏总以明显为要，时文家有典、显、浅三字诀。奏疏能备此三字，则尽善矣。典字最难，必熟于前史之事迹并熟于本朝之掌故，乃可言典。至显、浅二字，则多本于天授。虽有博学多闻之士，而下笔不能显豁者多矣。浅字与雅字相背，白香山（白居易）诗务令老妪皆解，而细求之，皆雅饬而不失之率。吾尝谓奏疏能如白诗之浅，则远近易于传播，而君上亦易感动。”

在前文中，我引述过曾国藩的一句话：“古之精相法（者），并言读书可以变换骨相。”也就是说，读书可以改变一个人的骨相，这和今人所说的读书能够改变一个人的命运，大体是一个道理。苏轼有诗云“腹有诗书气自华”，读书可以改变一个人的气质。曾国藩自己也说：“书味深者，面自粹润。”

对于读书的重要性，曾国藩特别提及《聪训斋语》中张英所言。张英在立家训时，就强调了四个要点：

> 予之立训，更无多言，止有四语：读书者不贱，守田者不饥，积德者不倾，择交者不败。尝将四语，律身训子。

这四个要点的第一条就是“读书者不贱”。张英阐述道：

> 人心至灵至动，不可过劳，亦不可过逸，惟读书可以养之。……闲适无事之人，镇日不观书，则起居出入，身心无所栖泊，耳目无所安顿，势必心意颠倒，妄想生嗔。处逆境不乐，处顺境亦不乐。每见人栖栖皇皇，觉举动无不碍者，此必不读书之人也。

张英认为，读书是养心的最好工具。因为人心很奇妙，也变化多端。既不可过于劳作，也不可太过安逸，因为“过劳”可能会带来很多的疾病，“过逸”则容易闲散，人心一闲散，杂念就会侵蚀人的心灵。所以，读书可以养心。游手好闲之人，整天不读书，那么会导致这个人在起居出入的生活中，身心无所寄托，耳目无处安顿，这样一来势必会起心动念，不是妄想就是颠倒。这样的人，不管是身处逆境还是顺境都不会快乐。张英觉得，每次一见到有人身心不安，举止也不是特别方正，那么这人一定不是读书人。大家看，古人对于这一点看得很清楚。张英也举例说："古人有言：'扫地焚香，清福已具。其有福者，佐以读书；其无福者，便生他想。'"可见，"扫地焚香"已经算是有福了，但还是要读书，否则便会生妄念。

那么，学习呢?《论语》中孔子的弟子子夏说过"仕而优则学，学而优则仕"。想要在仕途有所作为则要学习，学习优秀的人则可以做官。也就是说，作为一个领导者、管理者，要想有政绩或者突出的业绩，还得依靠不断地学习。

曾国藩所说的"学习"，不是本本主义，而是在实践中学，可以概括为两种，即向古人学习和向今人学习。他说：向古人学习，多看书籍；向今人学习，多找榜样。向古人学习，像孔子和孟子已经逝去两千多年，不可能再见到他们，唯一的途径就是学习他们所著的经典或者描述他们的书籍。这两种学习，其实就是树立学习的偶像，人的一生如果没有值得学习的偶像，则漫无目标，无所追求。

曾国藩养成了一个非常好的读书习惯，被称为"舟次不废学"。他很少有安定的生活，学习环境自然不会太好。尤其在攻打太平天国的十几年中，他平日很少有空闲，读书学习不是在轿子里就是在船上。在这样的一个状态之下，曾国藩会抓住所有机会来读书学习，直到晚年仍然如此。对他来说，读书已经形成了一种习惯。"曾门四弟子"之一的黎庶昌，曾做曾国藩幕僚多年，他所编著的《曾文正公年谱》中就记载了一条：

（同治二年十一月十六日）公日课：于晡后，披阅诗古文词，读诵经子一卷，时读《孟子》书，分四条编记——一曰性道至言，二曰廉节大防，三曰抗心高望，四曰切己反求。

这条记载的时间正是与太平天国激战时刻，“十六日，贼于城外修筑营垒，又击破之。贼大股犯建平、溧水二城，官军守御却之”，这一天曾国藩还是利用饭后的时间阅读古诗文，还诵读经书和子书各一卷，读《孟子》书中所言，还把它分为四类。

桐城派后期名家方宗诚，对于曾国藩在百忙之中仍然规定每天的读书任务，十分不解。曾国藩回答说：世间之事，为我们所不知、不深知者太多了。不读书，理不能明，心不能养，何以能知人，何以能应事？古往今来，大人物而走向颠蹶的，都是不学之过啊！不学，就不能吸取古人的经验和教训，前人在某件事情上栽了跟头，如果你读过书就可以避免犯同样的错误。

咸丰六年（1856）是曾国藩最艰难的时候，他在江西打了几次败仗，差点被陈玉成活捉；心腹爱将、湘军教父罗泽南也去世，担心罗泽南的死会大大打击湘军的士气，曾国藩甚至不敢公开发丧。可见，当时的日子非常艰难。据黎庶昌在年谱中记述：

公在军终日凝然，奏牍书札，躬亲经理，不假手于人。益治书史，不废吟诵。尝谓军事变幻无常，每当危疑震撼之际，愈当澄心定虑，不可发之太骤。盖其数年所得力者在此，所以能从容补救，转危为安也。

他说，当时曾国藩依然内心沉静，不被外面的生死、胜败所左右，批阅公文、拟写奏章从来不经过别人的手。可以说，他是愈挫愈奋、屡败屡战。他有一句名言，说“极困极难之时，打得通的便是好汉”，打通极困极难之境，方是真正的英雄。尤其军事变幻无常、危疑震撼之际，更应该沉着应对。黎庶昌说，后来出现转机，曾国藩度过了咸丰六年这一最危险的时段，他“数年所得力者”就是读书，这给他带来丰厚的回报。这就是读书给曾国藩带来的正面的能量。

## 2．学为“四科”，重在经世

早年在京城时，曾国藩就对桐城学派的“三科”颇有研究，并在此基础上增加“经济科”。咸丰元年七月，他在日记里分别就“四科”提出用功的书籍，也即代表作品。“四科”中有义理之学，有词章之学，有经济之学，有考据之学。义理之学即《宋史》所谓“道学”也，在孔门为德行之科。词章之学在孔门为言语之科，经济之学在孔门为政事之科。考据之学即今世所谓“汉学”也，在孔门为文学之科。此四者阙一不可。

有了“四科”，曾国藩针对自己天资一般的客观事实，规定自己读经典的书。他说：“予于四者略涉津涯，天质鲁钝，万不能造其奥窔矣，惟取其尤要者而日日从事，庶以渐磨之久而渐有所开。义理之学，吾之从事者二书焉，曰‘四子书’，曰《近思录》。词章之学，吾之从事者二书焉，曰‘曾氏读古文钞’，曰‘曾氏读诗钞’二书，皆尚未纂集成帙，然胸中已有成竹矣。经济之学，吾之从事者二书焉，曰《会典》，曰《皇朝经世文编》。考据之学，吾之从事者四书焉，曰《易经》，曰《诗经》，曰《史记》，曰《汉书》。此十种者，要须烂熟于心中。凡读他书，皆附于此十书，如室有基而丹雘附之，如木有根而枝叶附之，如鸡伏卵不稍歇而使冷，如蛾成垤不见异而思迁，其斯为有本之学乎！”

所谓“四子书”，即周敦颐、二程、朱熹、张载五人的作品。《近思录》是朱熹与吕祖谦合编的理学家名言集。这构成“道学”即理学的基础。词章之学，曾国藩尤其下功夫，也可以说，曾国藩之所以历经一百多年仍然受到推崇、关注，很大程度上是他的“词章”极其便于流传、阅读。他为此编辑了《十八家诗钞》和《经史百家杂钞》。由于《经史百家杂钞》卷帙过大，收文八百篇，咸丰十年他又在此基础上做了一个简编本，收文只有四十八篇。考据之学，曾国藩表示要在经史四部书上下功夫。而最有用的莫过于“经济科”，他要在《会典》和《皇朝经世文编》上用力。《会典》是专门记载国家各项制度源委及其运行的书。明朝曾编纂过几次，最有影响的是万历初年张居正柄国编辑的《会典》。清朝尤为重视，康熙、雍正、乾隆、嘉庆四朝分别编辑《会典》，成为记载有清一代制度及其演变的最要之书。《皇朝经世文编》晚明时陈子龙等就编辑过，后来为与清朝相区别，改为《明经世文编》。曾国藩所说的《皇朝经世文编》是贺长龄于道光五年（1825）任江苏布政使时倡议，并聘请魏源编辑的有清一代的经世文章。魏源代贺长龄拟定编纂“五例”，依照审取、广存、条理、编校、未刻五项编选原则，用了近二年时间完成。于道光七年初次刊行，是经世派思想家的重要代表作品之一。早年左宗棠读这部书“丹黄殆遍”。

曾国藩当年编选诗文、百家杂钞，是为了自己学习之用。《十八家诗钞》收录的是曹植、阮籍、陶潜、谢朓、鲍照、谢灵运、李白、杜甫、韩愈、白居易、苏轼、黄庭坚、王维、孟浩然、李商隐、杜牧、陆游、元好问共十八人6599首诗。但曾国藩觉得十八家诗也过多，为此进行简化。

曾国藩是一个非常有条理的人。他发誓“为政十四门，为学十五书，抄文一百首，抄诗十八家”。于同治元年进行简要处理：“余既抄选十八家之诗，虽存他乐不请之怀，未免足已自封之陋。乃近日意思尤为简约，五古拟专读陶潜、谢朓两家，七古拟专读韩愈、苏轼两家，五律专读杜甫，七律专读黄庭坚，七绝专读陆游。以一二家为主，而他家则参观互证，庶几用志不纷。”

曾国藩行军打仗，常以诗书相伴。对他选的诗文，不时吟诵，并加批注。他在日记中写道：“余在京抄成《十八家诗》，阅今十有六年，虽常携行箧，不时温习，然未能校对错误，略加批识。其中有各家自注及必须有注而其义乃明者，亦宜补抄小注。兹将细阅一遍，以作定本。”

曾国藩特别注重古文中的意境。同治四年正月，他在日记中写道：“阅《经世文编》十余首，将选入‘鸣原堂’，无称意者。二更后温韩文数首，朗诵，若有所得。余昔年尝慕古文境之美者，约有八言：阳刚之美曰雄、直、怪、丽，阴柔之美曰茹、远、洁、适。蓄之数年，而余未能发为文章，略得八美之一以副斯志。是夜，将此八言各作十六字赞之，至次日辰刻作毕。附录如左：

雄：划然轩昂，尽弃故常；跌宕顿挫，扪之有芒。

直：黄河千曲，其体仍直；山势若龙，转换无迹。

怪：奇趣横生，人骇鬼眩；《易》《玄》《山经》，张韩互见。

丽：青春大泽，万卉初葩；《诗》《骚》之韵，班扬之华。

茹：众义辐凑，吞多吐少；幽独咀含，不求共晓。

远：九天俯视，下界聚蚊；寤寐周孔，落落寡群。

洁：冗意陈言，类字尽芟；慎尔褒贬，神人共监。

适：心境两闲，无营无待；柳记欧跋，得大自在。”

## 3．愿代代有读书种子

曾国藩对家人说，不希望家里代代出高官，因为这种事情可遇不可求，唯愿家中代代有读书的种子。他早年在京城，写信给四弟曾国潢说：“家中读书事，弟亦宜常常留心。如甲五、科三等皆须读书，令晓文理，在乡能起稿，在外能写信，庶不失大家子弟风范。若不能此二者，则是为父母者之过，即余为伯者亦与有责焉，弟不可太疏忽也。”

曾国藩是曾家长子，又早为翰林，可以说是曾家的榜样。因此，曾国藩的父亲，利用曾国藩的声望谆嘱他往家写信要以督导子侄辈读书为要。道光二十九年（1849）十一月，他的父亲曾麟书来信说：昨又接你十月初四所发之信。你因诸弟乡试未中，言及我家祖泽甚厚，发达不止一人，又援引我县邓、罗二家之继起无人以为虑。我家祖先代无失德，你诸弟又皆年富，倘发奋读书，将来必食祖德之报。邓、罗二家，本无读书子弟，故继起无人。以后你写信，只教诸弟读书而已，不必别有议论也。国潢现帮助我兄弟料理家政，本无闲暇日子读书。国华、国荃、国葆，此后尽管好好读书，我益加督责，你不必挂念。

曾国藩不希望自己的后代当官，他一直讲当官是偶然之事，受外界因素的限制干扰太多，不是自己能够做主的。你可以给自己的人生设定目标，说今后做官要做到什么位置，但这不是你掌控得了的。曾国藩直言，一入官场，即戴罪之身，总是碰境。进入官场就如同有把枷锁套在自己身上。所以，他对夫人说：

夫人率儿妇辈在家，须事事立个一定章程。居官不过偶然之事，居家乃是长久之计，能从勤俭耕读上做出好规模，虽一旦罢官，尚不失为兴旺气象；若贪图衙门之热闹，不立家乡之基业，则罢官之后，便觉气象萧索。

这段话我在前述章节中已经详细说过，这里就不赘述了。曾国藩在给两个儿子写的家书中也讲，不希望他们从军做官，这是在咸丰十一年（1861）的时候。他说：

尔等长大之后，切不可涉历兵间。此事难于见功，易于造孽，尤易于诒万世口实。……尔曹惟当一意读书，不可从军，亦不必作官。

曾家是一个大家族，兄弟五人一直没有分家。大家族中，长子、长孙非常重要，曾家子弟年长的有两个，一个是曾国藩的长子曾纪泽，还有一个是曾国荃的儿子曾纪瑞。同治七年（1868）正月二十九日，曾国藩接到九弟来信，听说侄子纪瑞生子，心里很是高兴，他给弟弟的家书中说：

吾兄弟共得五孙，丁口渐盛。只望儿侄辈读书，少有所成，将来孙辈看作榜样，便是世家好气象。若儿侄辈不能发奋用功，文理不通，则榜样太坏，将来孙辈断难成立。此中关键全在纪鸿、纪瑞二人。吾家后辈之兴衰，视此二人为转移也。

这封书信的主旨就是希望儿侄辈读书，别的都不要去争，这样才能给孙辈们做好榜样。打下太平天国都城金陵后，曾国藩前后受到多次参劾，这时他更感到官场险恶，不宜涉足，恰在此时，他得知曾纪瑞中了秀才，曾国藩立刻给曾国荃写信，说：

纪瑞侄得取县案首，喜慰无已。吾不望代代得富贵，但愿代代有秀才。秀才者，读书之种子也，世家之招牌也，礼义之旗帜也。谆嘱瑞侄从此奋勉加功，为人与为学并进，切戒骄奢二字，则家中风气日厚，而诸子侄争相濯磨矣。

这里表示，曾国藩不希望曾家代代得富贵，只愿代代有秀才。秀才是读书的种子，大家世族的招牌。由此可见，曾国藩不仅对两个儿子倾注很多的心血，对侄子也是尽力教导。他深知，一个家族的兴衰不能靠自家一两个人，而要靠家族大多数人。在过去，家族中人可谓是一损俱损，一荣俱荣。因为古代社会实行残酷的株连法，一人犯法，尤其是犯大法，往往要被灭“九族”，即“株连九族”，五服之内都要受牵连。

侄子中了秀才，曾国藩又给他写了一封长信：

“字寄纪瑞侄左右：前接吾侄来信，字迹端秀，知近日大有长进。纪鸿奉母来此，询及一切，知侄身体业已长成，孝友谨慎，至以为慰。吾家累世以来，孝弟勤俭。辅臣公以上吾不及见，竟希公、星冈公皆未明即起，竟日无片刻暇逸。竟希公少时在陈氏宗祠读书，正月上学，辅臣公给钱一百，为零用之需。五月归时，仅用去一文，尚余九十九文还其父。其俭如此。星冈公当孙入翰林之后，犹亲自种菜收粪。吾父竹亭公之勤俭，则尔等所及见也。今家中境地虽渐宽裕，侄与诸昆弟切不可忘却先世之艰难，有福不可享尽，有势不可使尽。勤字工夫，第一贵早起，第二贵有恒；俭字工夫，第一莫着华丽衣服，第二莫多用仆婢雇工。凡将相无种，圣贤豪杰亦无种，只要人肯立志，都可以做得到的。侄等处最顺之境，当最富之年，明年又从最贤之师，但须立定志向，何事不可成？何人不可作？愿吾侄早勉之也。荫生尚算正途功名，可以考御史。待侄十八九岁，即与纪泽同进京应考。然侄此际专心读书，宜以八股试帖为要，不可专恃荫生为基，总以乡试会试能到榜前，益为门户之光。纪官闻甚聪慧，侄亦以立志二字，兄弟互相劝勉，则日进无疆矣。顺问近好。”

前面讲的是曾家祖辈，即使孙子（曾国藩）中了翰林，星冈公还亲自种菜收粪。父亲竹亭公的勤俭也是有目共睹。所以，他希望侄子不要忘了祖辈的艰难，有福不可享尽，有势不可用尽，一定要谨守“俭字工夫”和“勤字工夫”。将相本无种，圣贤豪杰也无种，如果人立志，都可以做得到。侄子现在正当年，中了秀才之后，还要继续访求名师就教，将来要考举人、进士，如果乡试、会试能中，这才是曾家门户的光荣。

前面说过，古今那些在高位的人，最后之所以会马失前蹄，皆不学之过，自己放松了学习。所以，曾国藩开创的湘军，就以儒学来治军，这一点连太平军的将领都非常羡慕。军营里琅琅读书声，如在家塾，别人还以为这是一所学校。曾国藩亲自编写了《水师得胜歌》《陆军得胜歌》《解散歌》，让士兵们学习、朗读。有时还让大家读《孝经》，强调为人要忠要孝，将儒家这些观念灌输给他们。

《中庸》讲“好学近乎知”，智慧从哪里来？还是从学习而来的，从实践中学习，从书本上学习。曾国藩很重视学习，在他的日记和家人书信中都有体现，有时连普通人的一言一行，只要他认为是好的，都记录下来。这一点我们真的很难想象，举例来说吧：幕僚李申夫的母亲大字不识，但是说了两句俗谚，曾国藩听到后就记下来了。李申夫的母亲是个乡下人，乡下人在长期的生活实践中，饱尝世间的辛酸苦辣，看透了人生的真谛，她说“有钱有酒款远亲，火烧盗抢喊四邻”，远方的客人好不容易来一趟，理应好生招待；但是，有危难时，真正依靠的还是四乡邻里。曾国藩就这样从普通人身上吸取处世为人的智慧。这就是

“好学近乎知”。《中庸》接着说：“力行近乎仁，知耻近乎勇。”这就是王阳明所说的“知行合一”，不但要知得十分，还要行得十分。只有知没有行，没有用。“力行”还要接近仁德标准，“知耻”还要“近乎勇”，这样才能进步，人生才能上升到另外一个境界。

## 4. 二三十岁立定规模

曾国藩也探讨人在什么年龄读什么样的书，他讲二三十岁的时候要立定规模，规模就是基础。如果二三十岁没有立定规模，人的习惯、性格已基本成型，那么后天就很难改变了。所以，曾国藩在咸丰九年（1859）四月初八日的日记中写道：

“早，清理文件。饭后温《高祖纪》毕。见客三次。倦甚，小睡。中饭后，温《秦本纪》，至二更毕。见客，陶仲瑜来，久谈。写字、对联、挂屏，共约四百字。灯后清理来文数十件。习字二纸。”

以上属于他当天所做的事。后面是总结：

“日内颇好写字，而年老手钝，毫无长进，故知此事须于三十岁前写定规模。自三十岁以后只能下一熟字工夫，熟极则巧妙出焉。笔意间架，梓匠之规也。由熟而得妙，则不能与人之巧也。吾于三四十岁时，规矩未定，故不能有所成。人有恒言，曰‘妙来无过熟’，又曰‘熟能生巧’，又曰‘成熟’，故知妙也、巧也、成也，皆从极熟之后得之者也。不特写字为然，凡天下庶事百技，皆先立定规模，后求精熟。即人之所以为圣人，亦系先立规模，后求精熟。即颜渊未达一间，亦只是欠熟耳。故曰：夫仁亦在乎熟之而已矣。”

曾国藩认为，不但书法要在三十岁前立定规模，其他事都如此，特别是好的习惯。这是对孔子三十而立的具体发挥、解读，有非常强的实用性。

孔子说三十而立，还勉励年轻人："后生可畏，焉知来者之不如今也?"接着又说："四十、五十而无闻焉，斯亦不足畏也已。"都是讲青少年时期的基础异常重要。

二三十岁立得住，才有后续的发展，否则在四十、五十还没什么成就，恐怕一辈子也就如此交代了，没有什么可说的。人的成长确实分年龄阶段，尽管有"大器晚成"的说法，但是在什么阶段应该形成什么样的规模，包括读书打下的基础，还是有年龄限制的。那么，为读书立定规模后，应该怎么办呢？曾国藩讲：

若志在穷经，则须专守一经；志在作制义，则须专看一家文稿；志在作古文，则须专看一家文集。……万不可以兼营并骛，兼营则必一无所能矣。……凡专一业之人，必有心得，亦必有疑义。

也就是说，中国的经书要读得透，应该专守一经，而不是什么都想精通。其他方面也是这样。凡是专攻一个方向的人，必有心得，也必会受益。

曾纪寿 4 岁时，他的父亲曾国华就死于三河镇之战。曾国藩于侄子曾纪寿 16 岁时，给他写回信，勉励他多读古书、立志做好人：

"读古书，先熟悉《四书》《五经》，然后次及于《周礼》《仪礼》《(春秋)公(羊传)》《(春秋)穀(梁传)》《尔雅》《孝经》《国语》《(战)国策》《史记》《汉书》《庄子》《荀子》《说文》《文选》《通鉴》及李、杜、苏、黄之诗，韩、欧、曾、王之文，周、程、张、朱之义理，葛、陆、范、韩之经济，次第诵习。虽不能一旦全看，而立志不可不博观而广蓄。

“作好人，先从五伦讲起。君臣有义，父子有亲，夫妇有别，长幼有序，朋友有信。自幼小以至老耄，自乡党以至朝廷，处处求无愧于五伦，时时以实心行之。又须求有济于斯世。伊尹以一夫不获为己之辜，范文正做秀才，便以天下为己任，可以为法。切不可度量狭隘，专作一自了汉，与他人较量锱铢。又须习勤耐苦，处贫困而不忧，历患难而不惧。孟子所谓‘苦其心志，劳其筋骨，饿其体肤，困乏其身’，正所以当大任。张子所谓‘贫贱忧戚，正所以玉汝于成’。自古无终身安乐而克成伟人者，历尽多少艰苦不如意之事，乃可磨炼出大材来。又须从‘敬’‘慎’二字上用功。敬者，内则专静纯一，外则整齐严肃，《论语》之九思如‘视思明，听思聪’之类。《玉藻》之九容如‘足容重，手容恭’之类。慎者，凡事不苟，尤以谨言为先。此四端者，一讲敦伦，一求济世，是终身之远大规模也；一习艰苦，一学敬慎，是随时之切实工夫也。侄此时虽不能将四者全行体验，而立志不可不广大而精凝。果有志于读古书、作好人，则将来可为愍烈公（其父曾国华死后追谥）克家之子，即可为朝廷有用之材矣。目下尤切者，事嫡母、生母曲尽孝道，能使两母皆洽欢心，一门毫无闲言，此即尽伦之道；于九思九容上着力，使门内有一种肃雍气象，此即敬慎之效。余事且可从容做去。至嘱，至嘱！”

曾国华于咸丰八年死于三河镇之战，当年曾纪寿只有 4 岁，还是一个孩子。16 岁是成年了。作为曾家的大家长、作为长辈，曾国藩以伯父身份苦口婆心，不厌其烦，为侄子讲大道理。而这些大道理，又是曾国藩人生经验和智慧的总结、提炼。曾国藩也清楚，一个刚刚进入成年的人，不可能完全领会，也不可能完全这样做，但信中所讲的“四端”，对曾纪寿而言，又何尝不是人生指针！

## 5. 宰相开书单、讲求方法

读书要讲求方法，曾国藩认为“买书不可不多，而看书不可不知所择”。他培养孩子读书，一是开书单，二是教读书法。在曾国藩父子往来的书信中，关于读书的篇幅是最多的。他给儿子曾纪泽多次写信说及读书一事。咸丰九年（1859）四月二十一日给曾纪泽的书信写道：

乡间苦于无书，然尔生今日，吾家之书，业已百倍于道光中年矣。买书不可不多，而看书不可不知所择。以韩退之为千古大儒，而自述其所服膺之书不过数种，曰《易》，曰《书》，曰《诗》，曰《春秋左传》，曰《庄子》，曰《离骚》，曰《史记》，曰相如、子云。柳子厚自述其所得，正者曰《易》，曰《书》，曰《诗》，曰《礼》，曰《春秋》；旁者曰《穀梁（传）》，曰《孟（子）》《荀（子）》，曰《庄（子）》《老（子）》，曰《国语》，曰《离骚》，曰《史记》。二公所读之书，皆不甚多。

他说，自己过去在乡下苦于无书可读，到纪泽时，家里的藏书已百倍于道光年间。买书要舍得下本钱，可以多买，但看书必须有选择。像韩愈为千古大儒，所叹服和欣赏的书也不过数种，如《易经》《尚书》《诗经》《左传》《庄子》等。柳宗元也称，自己于读书方面受益匪浅的，也是如《易经》《尚书》《诗经》等，还有《穀梁传》《孟子》《荀子》之类。两人所说的书，其实并不是很多。

曾国藩主张精读几部书，认为这样才能有所成就，有所建树。他开出的书也不多，但精而要。家中有了这样的“明师”，可谓一种幸运。他接着说道：

余于《四书》《五经》以外，最好《史记》、《汉书》、《庄子》、韩文四种，好之十余年，惜不能熟读精考；又好《通鉴》《文选》及姚惜抱所选《古文辞类纂》，余所选《十八家诗抄》四种，共不过十余种。早岁笃志为学，恒思将此十余书贯串精通，略作札记，仿顾亭林、王怀祖之法。今年齿衰老，时事日艰，所志不克成就，中夜思之，每用愧悔。

这是讲自己喜欢读的书，《四书》《五经》之外，还有《史记》《汉书》《庄子》《韩愈文集》这四种，可惜的是自己没有读透。此外还有《资治通鉴》《昭明文选》，以及姚鼐编写的《古文辞类纂》。这些书曾国藩读后都学习顾炎武和王念孙的方法作了读书笔记。接下来，就是给儿子开书单了：

泽儿若能成吾之志，将《四书》《五经》及余所好之八种一一熟读而深思之，略作札记，以志所得，以著所疑，则余欢欣快慰，夜得甘寝，此外别无所求矣。

他接着对儿子纪泽说道：

学问之途，自汉至唐，风气略同；自宋至明，风气略同；国朝又自成一种风气。其尤著者，不过顾（亭林）、阎（百诗）、戴（东原）、江（慎修）、钱（辛楣）、秦（味经）、段（懋堂）、王（怀祖）数人，而风会所扇，群彦云兴。尔有志读书，不必别标汉学之名目，而不可不一窥数君子之门径。凡有所见所闻，随时禀知，余随时谕答，较之当面问答，更易长进也。

做学问的途径，从汉朝到唐朝，风气基本上相同；从宋朝到明朝，风气基本上相同；清朝又自成一种风气，其中尤其著名的，不外乎顾炎武、阎若璩、戴震、江永、钱大昕、秦蕙田、段玉裁、王念孙等几人而已。但是在他们的影响下，一批又一批的学者脱颖而出，如群星灿烂。你有志于读书，不必另外标榜汉学的名目，但是却不能不一窥这几位巨儒的门径。你以后如果有所见所闻，可以随时向我禀告，我随时解答你的疑问，这种办法比当面问答，更容易获得长进。

曾国藩所开的书单还是自己所读的那些书，大抵是要儿子继承父志。书单开出来了，怎么读呢？中国的书籍太多了，曾国藩说“穷经必专一经，不可泛骛”，这时要“择善约守”，讲究方法，他引用朱熹讲的读书法。朱熹讲道：

人言读书当从容玩味，此乃自怠之一说。若是读此书未晓道理，虽不可急迫，亦不放下，犹可也。若徜徉终日，谓之从容，却无做工夫处。譬之煎药，须是以大火煮滚，然后以慢火养之，却不妨。

“大火”就是涉猎面要宽，“慢火”就是要细读专精。他早年在京城，自从读《朱子全书》，体会颇深，给家中弟弟写信说：“子思、朱子言为学譬如熬肉，先须用猛火煮，然后用漫火温。予生平工夫全未用猛火煮过，虽略有见识，乃是从悟境得来。偶用功，亦不过优游玩索已耳。如未沸之汤，遽用漫火温之，将愈煮愈不熟矣。”

这一段话对钱穆先生的读书也有非常重要的影响。慢火讲的就是读书要有“耐”字诀。曾国藩说：

读经有一“耐”字诀。一句不通，不看下句；今日不通，明日再读；今年不精，明年再读。此所谓耐也。

而且读经书跟读史书不一样：

读史之法，莫妙于设身处地。每看一处，如我便与当时之人酬酢笑语于其间。不必人人皆能记也，但记一人，则恍如接其人；不必事事皆能记也，但记一事，则恍如亲其事。经以穷理，史以考事，舍此二者，更别无学矣。

读史书主要是了解历史事件并从中得到教益，可以假设自己扮演一个历史角色，把自己装到那个时代当中去，设身处地感受一下，这样子读就知道了；但是读经书不一样，不能不求甚解，一定要求解，今年不通，明年再读。这就是“耐”。

除了“耐”之外，还有“专”，曾国藩概括道：

吾以为欲读经史，但当研究义理，则心一而不纷。是故经则专守一经，史则专熟一代，读经史则专主义理。此皆守约之道，确乎不可易者也。

他讲读经史都要专，专守一经或专熟一代，才可能精通，此外别无他法。俗话说“艺多不养身”，就是不专的缘故。还有“掘井多而无泉可饮”，打了很多的井，但是最后还是没有泉水可饮，这也是不专。打井就一定要在选好的地方挖，一直挖下去，总会冒出泉水来。做事情也是一样，就在一件事情上，认定好就做，一定能做出大成就来。当然，要专门读一经或一史，而且坚持下去，确实不易。这是读经史要求专，那么经史之外呢?

若夫经史而外，诸子百家，汗牛充栋。或欲阅之，但当读一人之专集，不当东翻西阅。如读昌黎集，则目之所见，耳之所闻，无非昌黎。以为天地间，除昌黎集而外，更别无书也。此一集未读完，断断不换他集，亦专字诀也。

诸子百家，要全部读完的话，确实很难做到。《四库全书》几万卷，你怎么读得完，一辈子也读不完。所以，要有一个选择，应该“读一人之专集，不当东翻西阅”，一个人的文集没读完，绝不换另外一个人的文集，这也是专。曾国藩一再推崇韩愈的文集，他读到什么程度呢？“目之所见，耳之所闻，无非昌黎。以为天地间，除昌黎集而外，更别无书也。”这就是说，他熟读韩愈的文集后，觉得世上除了韩愈的文章，别的都不算什么了。可见，专看一家文集，绝不可兼营多务，兼营则必一无所能，凡专一一业之人，必有心得，也必有一艺。这样的话，读书才有所得，学习才有所悟，然后才有自己的见解。

## 6．看、读、写、作每日不可间断

对于读书和学习，曾国藩还提出把看、读、写、作分开，这在今天也是有非常重要的提示意义的，譬如哪一类书籍是要熟读的，而哪一些是要诵读的，等等。道光二十三年（1843）六月，道光帝命曾国藩充四川乡试主考官，曾国藩在途中给自己定《求阙斋课程》，其中涉及看、读、写、作。

求阙斋课程（癸卯孟夏立）

读：熟读书十叶。

看：应看书十叶。

习字一百。数息百八。记过隙影即日记。记茶余偶谈一则。右每日课。

逢三日写回信。逢八日作诗、古文一艺。右月课。

熟读书：《易经》、《诗经》、《史记》、《明史》、《屈子》、《庄子》、杜诗、韩文。

应看书不具载。

先说“看”，即阅读，曾国藩对儿子说：

读书之法，看、读、写、作四者，每日不可缺一。看者，如尔去年看《史记》、《汉书》、韩文、《近思录》。今年看《周易折中》之类是也。

“看”就如同我们今天所说的阅读。阅读讲求一定的数量，阅读的书籍越多，知识涉猎面也就越广，否则会孤陋寡闻。曾国藩形容阅读一类书如同将领带兵，攻城略地，多多益善，这类书多属史书。如他给家人汇报九弟曾国荃当年在京读书的情况说：“史（书）宜日日看，不可间断。九弟阅《（纲鉴）易知录》，现已看至隋朝。温经须先穷一经。一经通后，再治他经，切不可兼营并骛，一无所得。”曾国藩早年在京城身体好的时候，每天能看八十页书。他报告家人说：“近因体气日强，每天发奋用功。早起温经，早饭后读二十三史，下半日阅诗、古文。每日共可看书八十页，皆过笔圈点。若有耽阁，则止看一半。”

在阅读即“看”的书籍中，有些是需要熟读的，即看得细、认真。他在写给四弟曾国潢的信中说：“尔三月之信所定功课太多，多则必不能专，万万不可。后信言已向陈季牧借《史记》，此不可不熟看之书。尔既看《史记》，则断不可看他书。功课无一定呆法，但须专耳。余从前教诸弟，常限以功课。近来觉限人以课程，往往强人以所难，苟其不愿，虽日日遵照限程，亦复无益，故近来教弟但有一专字耳。专字之外，又有数语教弟，兹特将冷金笺写出。弟可贴之座右，时时省览，并抄一付寄家中三弟。……无论何书，总须从首至尾通看一遍。不然，乱翻几叶，摘抄几篇，而此书之大局精处茫然不知也。”

这里曾国藩所说的《史记》，就不是泛泛阅览之书，而是要读熟的书。

其次是“读”。读是诵读、背诵，也包括熟读，后者与“看”区别不大。曾国藩说：

读者，如《四书》《诗（经）》《（尚）书》《易经》《左传》诸经，《昭明文选》，李、杜、韩、苏之诗，韩（愈）、欧（阳修）、曾（巩）、王（安石）之文，非高声朗诵则不能得其雄伟之概，非密咏恬吟则不能探其深远之韵。

这些书如果不高声朗读，就无法体会到它们的雄伟气概，如果不细心、认真地低声咏吟，就不能探究到它们深远的意蕴。确实，有的文章必须得读，不读出来就没有味道。这样看来，“看”和“读”是有区别的。

譬之富家居积：看书，则在外贸易，获利三倍者也；读书，则在家慎守，不轻花费者也。譬之兵家战争：看书，则攻城略地，开拓土宇者也；读书，则深沟坚垒，得地能守者也。看书如子夏之“日知所亡”相近，读书与“无忘所能”相近，二者不可偏废。

曾国藩先以经商来比喻“看”和“读”。譬如富家聚财，看书就像是商人在外面做生意，努力获取许多倍的利润；读书就像是商人在家里谨慎守财，决不随意乱花一分钱。又以兵家战争为例，看书就像是将帅攻城略地，开拓疆土；读书就像是将帅壁垒森严、固若金汤，得到土地便能保守住。由此可见，看就像攻，攻城略地、开疆拓土，越多越好。而读书就好像守了，得到土地之后，要能守得住，别人攻不进来。曾国藩又举《论语·子张》中子夏所说：“日知其所亡，月无忘其所能，可谓好学也已矣。”看书与子夏所说的“日知其所亡”相近，每天知道一些过去所不知道的新知识；读书与“无忘其所能”相近，每月不忘记那些已经掌握的东西。

我们今天不仅把看、读归于一项，还把写和作同样看待，实际上是不准确的。对于哪些书不求强记，哪些书务求熟读，曾国藩也有明确指示，他在给纪泽的信中说：听说你将我所指定的几部经书几乎读完，我心中稍感欣慰。在五经之外，《周礼》《仪礼》《尔雅》《孝经》《公羊传》《穀梁传》六种书，自古就被列入经书，都属于所谓的十三经。这六经应当请塾师口授一遍。你记性平常，不必强求熟记。在十三经之外，最应当熟读的莫过于《史记》《汉书》《庄子》以及韩愈的文章等四种。我平生喜欢这四部书，嗜之成癖，可惜不能一一诂释笺疏，穷力研究。在这四种书之外，还有《昭明文选》《通典》《说文解字》《孙子兵法》《读史方舆纪要》以及近代姚姬传（鼐）所辑的《古文辞类纂》、我所选编的《十八家诗钞》等七部书，也是我比较嗜好的。上述这十一种书，我将它们配在四书五经之后，而《周礼》《仪礼》等六部经书，我倒反而不知它们究竟好在什么地方，这大概是因为我未曾致力于这几部书，同时人的性情趣味也各有所好的缘故。纪泽儿既然已经读过四书五经，就应当将这十一部书探究一番。纵然不能融会贯通，也应当求得涉猎其大略，这样，视野就会越来越开阔，见识也就越来越高了。

曾国藩说做学问的人对“看、读、写、作”要区分，而且四者缺一不可。看和读，我们都有了一定的认识，看书一定要多涉猎，面越多越好；读书应该愈熟愈专，心常用则活，不常用则滞。

再次是写。“写”主要是指写字，写得好的就是书法作品。过去写字主要用毛笔，这样又有文房四宝，纸张、用墨、笔、砚台等又有许多讲究。写是很重要的一个环节，在过去，读书人的字要写得端正，如端楷一样漂亮，参加各种考试时主考官的第一印象就是你的字，字写得不好，考官不愿意看，最后分数肯定也高不了。他具体给六弟曾国华、九弟曾国荃写信，指导如何把写字功夫练好，并总结二人各自的优点，提出要个性化，重在持之有恒：

“九弟来书，楷法佳妙，余爱之不忍释手。起笔收笔皆藏锋，无一笔撒手乱丢，所谓有往皆复也。想与陈季牧讲究，彼此各有心得，可喜可喜。然吾所教尔者，尚有二事焉。一曰换笔。古人每笔中间必有一换，如绳索然，第一股在上，一换则第二股在上，再换则第三股在上也。笔尖之着纸者仅少许耳。此少许者，吾当作四方铁笔用。起处东方在左，西方向右，一换则东方向右矣。笔尖无所谓方也，我心中常觉其方。一换而东，再换而北，三换而西，则笔尖四面有锋，不仅一面相向矣。二曰结字有法。结字之法无穷，但求胸有成竹耳。

“六弟之信，文笔拗而劲，九弟文笔婉而达，将来皆必有成。但目下不知各看何书？万不可徒看考墨卷，汩没性灵。每日习字不必多，作百字可耳。读背诵之书不必多，十叶可耳。看涉猎之书不必多，亦十叶可耳。但一部未完，不可换他部，此万万不易之道。阿兄数千里外教尔，仅此一语耳。”

曾国藩非常用心地教弟、子等写字。他特别强调临碑。咸丰八年，他对儿子曾纪泽退步颇为不满：“纪泽之字近日大退，较之（咸丰）七年二三月间远不能逮。大约握笔宜高，能握至管顶者为上，握至管顶之下寸许者次之，握至毫以上寸许者亦尚可习得好字出；若握近毫根，则虽写好字，亦不久必退，且断不能写好字。吾验之于己身，验之于朋友，皆历历可征。纪泽以后宜握管略高，纵低亦须隔毫根寸余。又须用油纸摹帖，较之临帖胜十倍矣。”

“沅弟（曾国荃）之字不可抛荒，如温甫（曾国华）哀辞、墓志及王考妣、考妣神道碑之类，余作就后，均须沅弟认真书写。《宾兴堂记》首段未惬，待日内改就，亦须沅弟写之。沅弟虽忧危忙乱之中，不可废习字工夫，亲戚中虽有漱六、云仙善书，余因家中碑版，不拟倩外人书也。”

咸丰十年，曾国藩在祁门，又给纪泽写信，肯定他写字的进步，同时要他发挥先天禀赋：

“尔写字笔力太弱，以后即常摹柳帖亦好。家中有柳书《元〔玄〕秘塔》《琅邪碑》《西平碑》各种，尔可取《琅邪碑》日临百字、摹百字。临以求其神气，摹以仿其间架。每次家信内，各附数纸送阅。《左传》注疏阅毕，即阅看《通鉴》。将京中带回之《通鉴》，仿我手校本，将目录写于面上。其去秋在营带去之手校本，便中仍当寄送祁门。余常思翻阅也。……尔看书天分甚高，作字天分甚高，作诗文天分略低，若在十五六岁时教导得法，亦当不止于此。今年已二十三岁，全靠尔自己扎挣发愤，父兄师长不能为力。作诗文是尔之所短，即宜从短处痛下工夫。看书写字尔之所长，即宜拓而充之。走路宜重，说话宜迟，常常记忆否？”

曾国藩希望家中诸子侄互相学习、切磋。他嘱咐纪泽说：“纪渠侄近写篆字甚有笔力，可喜可慰。兹圈出付回。尔须教之认熟篆文，并解明偏旁本意。渠侄、湘侄要大字横匾，余即日当写就付归。寿侄亦当付一匾也。家中有李少温篆帖《三坟记》《栖先茔记》，亦可寻出，呈澄叔一阅。澄弟作篆字，间架太散，以无帖意故也。邓石如先生所写篆字《西铭》《弟子职》之类，永州杨太守新刻一套，尔可求郭意诚姻叔拓一二分，俾家中写篆者有所摹仿。家中有褚书《西安圣教》《同州圣教》，尔可寻出寄营，《王圣教》亦寄来一阅。如无裱者，则不必寄也。《汉魏六朝百三家集》，京中一分，江西一分，想俱在家，可寄一部来营。”

“作”则是作文章、作诗词、写奏议等所有创作之类。这是最难的，必须建立在看、读的基础上。孔子称自己“述而不作”。曾纪泽给父亲的信中说道：“男近年于‘看’‘读’‘写’三者，虽未努力，尚未全行抛荒，惟‘作’之一字，未及用功。”

作，就更是关键了。古人讲，千古文章，争的是起笔第一句。古代作文章，有时第一句就决定了文章的格局和气势。梁启超给李鸿章写传时，第一句话写得非常好：“天下惟庸人无咎无誉……吾敬李鸿章之才，吾惜李鸿章之识，吾悲李鸿章之遇。”一下子就把自己对李鸿章的评价说出来了，而且个人的感情充盈在字里行间。曾纪泽认为自己的文章不太好，“自念笔势椎钝，不能于诗文中卓然有所成就”，自己打算“以述为作，姑就所知，编成数种，既以自习，亦求有裨于人”，要训练自己的概括能力，向古人学习作文章的方法。还说自己“攻小学十余年，仅有一知半解，钞录缀辑，历久不成。成之已无足观，不成则此十余年之日月皆随行云逝水而去，诚可惜也”。“小学”就是文字学，经过多年的训练，曾纪泽后来在文字学上很有造诣。他接着又说：“男心思似细而实粗，抄书之时想作诗文，属文之时复以编辑未成，横亘于中。若并营兼骛，势必两无可名。故欲务其所微长，略其所甚短，循序而进，专一而求之。所抄小学，本就大半，然成帙之时，犹不可决。缘一人之见，而前后亦多不同，往往立一体例，发一论议，当时沾沾自得，今日覆视之，而甚不惬心者，随处改订，亦复需时，此所以迟之又久也。”

曾国藩就作文章提出自己的见解：

文章之道，以气象光明俊伟为最难而可贵。如久雨初晴，登高山而望旷野；如楼俯大江，独坐明窗净几之下，而可以远眺；如英雄侠士，裼裘而来，绝无龌龊猥鄙之态。此三者皆光明俊伟之象，文中有此气象者，大抵得于天授，不尽关乎学术。自孟子、韩子而外，惟贾生及陆敬舆、苏子瞻得此气象最多，阳明之文亦有光明俊伟之象，虽辞旨不甚渊雅，而其轩爽洞达，如与晓事人语，表里粲然，中边俱彻，固自不可几及也。

文章“以气象光明俊伟为最难而可贵”，什么是“气象光明俊伟”呢？曾国藩有形象比喻，“久雨初晴”，一直阴雨连绵，突然放晴了，这时“登高山而望旷野”，自然感觉神清气爽。又如“楼俯大江”，凭窗远眺，大江的气势一目了然。还说如“英雄侠士”，在外面完成了一件重要的工作回来了，虽然衣衫不整，但绝无“龌龊猥鄙”的样子。他说这个气象绝非落寂萎缩之象，侠士是这种气象。这三种都是“气象光明俊伟”的，而“文中有此气象”，大多是天授，跟学术没多大关系。除了孟子、韩愈之外，大概只有贾谊、陆贽、苏轼的气象最为光明。王阳明的文章也有这种气象，虽然其文辞风格“不甚渊雅”，语言不是特别得优美，“而其轩爽洞达，如与晓事人语，表里粲然，中边俱彻，固自不可几及也”，但是他讲道理最透彻。

曾国藩对诸弟、子侄都用过很大功夫指导他们读书、作诗。在写给纪泽信中又指示说：“前接来禀，知尔钞《说文》，阅《通鉴》，均尚有恒，能耐久坐，至以为慰。去年在营，余教以看、读、写、作，四者阙一不可。尔今阅《通鉴》，算看字工夫；钞《说文》，算读字工夫。尚能临帖否？或临《书谱》，或用油纸摹欧、柳楷书，以药尔柔弱之体，此写字工夫，必不可少者也。尔去年曾将《文选》中零字碎锦分类纂钞，以为属文之材料，今尚照常摘钞否？已卒业否？或分类钞《文选》之词藻，或分类钞《说文》之训诂，尔生平作文太少，即以此代作字工夫，亦不可少者也。尔十余岁至二十岁虚度光阴，及今将看、读、写、作四字逐日无间，尚可有成。尔语言太快，举止太轻，近能力行迟重二字以改救否？”

早年在京城，曾国藩就对诸弟说：

予从前限功课教诸弟，近来写信寄弟，从不另开课程，但教诸弟有恒而已。盖士人读书，第一要有志，第二要有识，第三要有恒。有志则断不甘为下流；有识则知学问无尽，不敢以一得自足，如河伯之观海，如井蛙之窥天，皆无识者也；有恒则断无不成之事。此三者缺一不可。诸弟此时，惟有识不可以骤几，至于有志，有恒，则诸弟勉之而已。

曾国潢也向长兄请教“作”的功夫。曾国藩写信答复说：

“学诗从《中州集》入亦好。然吾意读总集，不如读专集。此事人人意见各殊，嗜好不同。吾之嗜好，于五古则喜读《文选》，于七古则喜读昌黎集，于五律则喜读杜集，七律亦最喜杜诗，而苦不能步趋，故兼读元遗山集。吾作诗最短于七律，他体皆有心得；惜京都无人可与畅语者。尔要学诗，先须看一家集，不要东翻西阅。先须学一体，不可各体同学。盖明一体，则皆明也。凌笛舟最善为律诗，若在省，尔可就之求教。

“习字临《千字文》亦可，但须有恒。每日临帖一百字，万万无间断，则数年必成书家矣。陈季牧最喜谈字，且深思善悟。吾见其寄岱云信，实能知写字之法，可爱可畏。尔可从之切磋。此等好学之友，愈多愈好。

“来信要我寄诗回南。余今年身体不甚壮健，不能用心，故作诗绝少，仅作感春诗七古五章。慷慨悲歌，自谓不让陈卧子，而语太激烈，不敢示人。余则仅作应酬诗数首，了无可观。顷作寄贤弟诗二首，弟观之以为何如？京笔现在无便可寄，总在秋间寄回。若无笔写，暂向陈季牧借一支，后日还他可也。”

曾国藩提出，金元之际元好问所编的金人总集虽然好，但收录众家，而各家风格不一，难以学“作”，为此他建议还是从一家诗文集入手。

读书第一要有志，第二要有识，第三要有恒。读书不是为了消遣，而是要有目的。还要做到既能读进去，又要跳脱书的范畴，有自己的见解。读书最重要的是持之以恒。有志就不会甘为下流，有识则知道学问无际，有些人有点心得就沾沾自喜，认为掌握了真理，就像河伯观海、井蛙观天一样。一个人要有恒，任何事情都可以做得了。这三者缺一不可。

曾国荃后来成为长兄曾国藩的得力帮手。打下金陵后，面对种种压力，曾国荃不得已回籍。这时曾国藩考虑将来清廷还会用他的弟弟，而奏议乃大臣不可缺的功夫。为此，曾国藩为九弟专门编选“课本”，命之为《鸣原堂论文》。《鸣原堂论文》精选汉唐以来名臣奏疏几十篇而成。曾国藩悉心批阅每一段如何写得好。曾国藩去世后，曾国荃出任巡抚，这本书也予以刊刻。曾国荃专门为此书作序，指出当时平定太平军后，兄弟深以“不才致罪戾”，他本人归里后，公“选古今名臣奏疏若干首，细批详评，命之曰《鸣原堂论文》，国荃受而读之。盖人臣立言之体，与公平生得力之所在，略备于此”，这里就提到了曾国藩如何告诉弟弟曾国荃写奏折。可见，曾国藩除了对子女倾注心血之外，对弟弟也是关怀备至，特别是对九弟倾注的心血最多。

总结曾国藩教育诸弟、子侄，有四句话，是写给四弟、九弟信中概括的：“一曰看生书宜求速，不多阅则太陋；一曰温旧书宜求熟，不背诵则易忘；一曰习字宜有恒，不善写则如身之无衣，山之无木；一曰作文宜苦思，不善作则如人之哑不能言，马之跛不能行。四者缺一不可。盖阅历一生，而深知之深悔之者，今亦望家中诸侄力行之。养生与力学，二者兼营并进，则志强而身亦不弱，或是家中振兴之象。两弟如以为然，望常以此教诫子侄为要。”

## 7. 分年读书法

在中国人的传统教育理念中，什么年龄适合读书、读哪类书，包括时间的分配、读书的顺序，乃至读书效果的验证都非常重要。孔子是大教育家，《论语》中论述教育的内容非常多，也为后世所取法。另一位大儒荀子开篇就是《劝学》。而宋朝大儒朱熹用了平生大多数时间讲读书。他的门徒根据听朱熹讲述而整理的《朱子语类》，其中很大篇幅讲学习。而其中的《读书法》更对后人有非常大的影响。曾国藩对此也十分在意。四弟、六弟即将参加生员考试，曾国藩嘱咐道：“四弟、六弟考试，不知如何？得不足喜，失不足忧，总以发愤读书为主。史宜日日看，不可间断。九弟阅《易知录》，现已看至隋朝。温经须先穷一经。一经通后，再治他经，切不可兼营并骛，一无所得。”但这次考试，诸弟皆不中，而第一名是吴定五。曾国藩由此向父母报告并安慰弟弟说：“男十三年在陈氏宗祠读书，定五才发蒙作起讲，在杨畏斋处受业。去年闻吴春冈说定五甚为发奋，今果得志，可谓成就甚速……四弟、六弟考运不好，不必挂怀。俗语云：‘不怕进得迟，只要中得快。’”他还以阮元等人为例，说阮元前辈“于乾隆五十三年县、府试皆未取头场，即于其年入学、中举，五十四年点翰林，五十五年留馆，五十六年大考第一，比放浙江学政，五十九年升浙江巡抚。些小得失，不足患，特患业之不精耳。两弟场中文若得意，可将原卷领出寄京；若不得意，不寄可也”。

宋朝之后读书，包括家塾读书，受朱熹影响甚大。有程端礼所著《程氏家塾读书分年日程》一书，一直到清朝，仍为“后学津梁”。该书按学生年龄，分类教授。八岁未入学之前，读《性理字训》。每天读字训纲三五段，以替代世俗《蒙求》《千字文》。自八岁入学之后，读《小学》书正文。日止读一书，自幼至长皆然。随日力性资，自一二百字，渐增至六七百字。最后达到千字乃已。每大段内，必分作细段，每细段必看读百遍，倍读百遍，又通倍读二三十遍。以后凡读经书仿此。

《小学》书毕，次读《大学》经传正文

次读《论语》正文

次读《孟子》正文

次读《中庸》正文

次读《孝经刊误》

次读《易》正文

六经正文后，次读《尚书》正文

次读《诗》正文

次读《仪礼》《礼记》正文

次读《周礼》正文

次读《春秋经》并三传正文

以上自八岁起约用六七年之功，即十五岁前，《小学》书、四书，诸经正文，可以尽毕。既每细段看读百遍，倍读百遍，又通倍大段，早倍温册首书，夜以序通倍温已读书，守此，决无不熟之理。

自十五志学之年，即当尚志。为学以道为志，为人以圣为志。

读《大学章句》《或问》

次读《论语集注》

次读《孟子集注》

次读《中庸章句》《或问》

次抄读《论语或问》之合于《集注》者

次抄读《孟子或问》之合于《集注》者

次读本经

治《周易》

治《尚书》

治《诗经》

治《礼记》

治《春秋》

以上自十五岁读《四书经注》、《或问》、本经传注、性理诸书，确守读书法六条，约用三四年功夫，昼夜专治。

四书本经既明之后，自此日看史，仍五日内专分二日，倍温玩索《四书经注》《或问》、本经传注，倍温诸经正文。

看《通鉴》

看《通鉴》及参《纲目》，两汉以上，参看《史记》《汉书》，唐参看《唐书》、范氏《唐鉴》。看取一卷或半卷，随宜增减。虽不必如读经之遍数，亦虚心反覆熟看。至于一事之始末，一人之姓名、爵里、谥号、世系，皆当仔细考求强记。又须分项详看，如当时君臣心德之明暗，治道之得失，纪纲之修废，制度之因革，国本之虚实，天命人心之离合，君子小人之进退，刑赏之当滥，国用之奢俭，税敛之轻重，兵力之强弱，外戚宦官之崇抑，民生之休戚，风俗之厚薄，外夷之叛服，如此等类，以项目写贴眼前，以备逐项思玩当时之得失，如当日所读项目无者，亦须通照前后思之。如我亲立其朝，身任其事，每事以我得于四书者照之，思其得失，合如何论断，合如何区处。有所得与合记者，用册随钞。然后参诸儒论断、管见……以验学识之浅深。不可先看他人议论，如矮人看场，无益，然亦不可先立主意，不虚心也。

《通鉴》毕，次读韩文。韩文毕，次读《楚辞》。

《通鉴》、韩文、《楚辞》，既看既读之后，约才二十岁，或二十一二岁。再以二三年之功，专力学文。

学作文。然后更看全集。

旧时代的读书人确实很苦，没有毅力很难坚持下来，没有一定的经济条件也很难坚持。曾国藩在翰林院时，也为自己制定读书计划，并科学、合理安排一天时间。他规定："辰后，单日读经，双日读史，至午正。未初起，单日读史，双日读集，至天黑止。灯后，写《茶余偶谈》，写《过隙影》。每三、八日出门及做他应酬事。"

# 第九章 求师

与“劝学”密切相关的是“求师”。在现代教育即学校教育建立以前，求得名师指导几乎是古代读书人的一大愿望。在学校教育已经普及的今天，仍有好多家长让少年子女参加一些课外班，以补学校之所不备。古代的孩童启蒙教育往往是从私塾或请先生到家中教课开始，不像现在正规的学校教育。所以，中国古代的教育尽管很发达，但是能够接受教育的仍然是少数人。有些地方富绅或退休官员兴办义塾或家塾，不收费，学龄儿童都可以去听课；有的则是属于大家族自办家塾。

中国历来有尊师重教的传统。《礼记·学记》开宗明义言：“玉不琢，不成器；人不学，不知道。是故古之王者建国君民，教学为先。”因为老师承担使人成立的重大职责，因而“择师不可不慎”。在传统的国家治理体系中，“师”的地位最高，所谓“凡学之道，严师为难。师严然后道尊，道尊然后民知敬学。是故君之所不臣于其臣者二：当其为尸，则弗臣也；当其为师，则弗臣也。大学之礼，虽诏于天子，无北面，所以尊师也”。

## 1．为诸弟求师

曾国藩非常重视诸弟和子侄辈的教育。他在京城为官时，承担“长兄如父”般的重任。如前所述，他最大的弟弟四弟曾国潢也比阿兄小9岁，六弟曾国华比他小11岁，九弟曾国荃小13岁，季弟曾国葆小18岁。他在写给家人的1500多封家书中，写给诸弟的竟多达1158封，占所有家书的四分之三强。也可以说，曾国藩一生都把培养诸弟作为重大责任。在京城翰林院时，不但前后让几个弟弟到京城住在曾家，由他亲自督教其弟。当诸弟在家乡时，又亲自找老师，当弟弟们想去省城读书时，曾国藩尽管经济十分拮据，仍东挪西借，出钱满足弟弟们到省城读书的愿望。

道光二十三年，六弟曾国华提出与九弟曾国荃到省城读书，四弟提出从师汪觉庵先生。当年曾国藩也从师汪先生。但家中难以筹措一笔足够的钱，以满足二人到省城读书的愿望。曾国藩写信给父母，表示支持，并说这笔费用由他来出：

“正月十五接到四弟、六弟信。四弟欲偕季弟从汪觉庵师游，六弟欲偕九弟至省城读书。男思大人家事日烦，必不能常在家塾照管诸弟；

且四弟天分平常，断不可一日无师，讲书改诗文，断不可一课耽阁。伏望堂上大人俯从男等之请，即命四弟、季弟从觉庵师。其束脩银，男于八月付回，两弟自必加倍发奋矣。六弟实不羁之才，乡间孤陋寡闻，断不足以启其见识而竖其志向，且少年英锐之气不可久挫。六弟不得入学，既挫之矣；欲进京而男阻之，再挫之矣；若又不许肄业省城，则毋乃太挫其锐气乎？伏望堂上大人俯从男等之请，即命六弟、九弟下省读书。其费用，男于二月间付银二十两至金竺虔家。”

曾国藩又在同一封家书中谈家和：“夫家和则福自生。若一家之中，兄有言弟无不从，弟有请兄无不应，和气蒸蒸而家不兴者，未之有也；反是而不败者，亦未之有也。伏望大人察男之志，即此敬禀叔父大人，恕不另具。六弟将来必为叔父克家之子，即为吾族光大门第，可喜也。”

在说服父母后，曾国藩又给弟弟写信，说“兄于二月间准付银二十两至金竺虔家，以为六弟、九弟省城读书之用。竺虔于二月起身南旋，其银四月初可到”。

## 2. 但取明师之益

曾国藩早年为弟弟能选择到好的老师，没少费心。曾国荃曾跟随他的哥哥曾国藩在京学习一段时间，回家后，认为家乡无高师，又要外出求师求学。对此，曾国藩以长兄兼学长的身份耐心开导，他在给父母的信中说：若要外出求师求学，则必须有一种破釜沉舟之志，否则不必外出。他还说：

闻九弟意欲与刘霞仙同伴读书，霞仙近来见道甚有所得，九弟若去，应有进益，望大人斟酌行之，男不敢自主。此事在九弟自为定计，若愧奋直前，有破釜沉舟之志，则远游不负。若徒悠忽因循，则近处尽可度日，何必远行百里外哉？求大人察九弟之志而定计焉，余容续呈。

刘霞仙即刘蓉，是曾国藩早年的好友，二人与郭嵩焘曾做过磕头弟兄。对刘蓉的学问、为人，曾国藩非常钦佩。

曾国藩一方面让弟弟从自身找原因，一方面也尽量为弟弟们选择那些品学兼优者教导他们。其品，主要指“山林寒苦之士”“决无官场习气”的那一类人。学当然是指学问做得好的人。他在家信中说：明年请老师，父亲大人意思想请曾香海，很好很好！这个人品学兼优，我素来很佩服。修书一封，弟弟可以派专人去聘请。稍微迟几天，我再写信去请。他教馆的报酬该给多少，就让父亲大人决定，我从军营再寄回家去。

曾国藩让弟弟们明白老师的作用，再好的老师也可能有不足之处。他说：上等之资无师可望成就，中等资质借师以扩见闻，下者必须良师推之挽之，拔之荆棘之中，以登于坦道。从古好的老师不耽心其地位不尊，而耽心其与学生的情感不亲密。既尊且亲，而学问不足服人，老师的作用就失掉了，品行不足服人，老师的身份就更失去了。日日被老师熏陶教养，天天亲近感受老师的形表仪范，外貌气质一起受他感化，而文章声色也没有不被同化的，所以老师与弟子互相亲近，而其弟子的天赋必得是中等之资才可以。最后告诫其弟：“但取明师之益，无受损友之损。”

同时，老师不是万能的，学习效果与学生的态度有很大关系，而自我学习的能力又至关重要。他教导弟弟说：从前婺源（汪双池）先生一贫如洗，三十岁以前在窑上被人雇佣画碗，三十岁以后才开始读书，教学到老，终生不应科举，死前著书百余卷，为本朝数得上的名儒。他何尝有师友呢？又何尝出乡里啊？我所希望于各位弟弟的，像这样而已。

## 3．求师第一贵专

作为科举时代的受益者，曾国藩非常注重教育。尤其是到了京城做官入职翰林院的时候，他就开始给几个弟弟找老师。他认为跟老师读书非常重要，但是要专。他对几个弟弟说：

凡事皆贵专。求师不专，则受益也不入；求友不专，则博爱而不亲。

做任何事都要专。求师一定要专，否则最后得不到益处。今天也有很多家长常常犯这样的错误，譬如跟随某位老师学习一段时间之后，孩子没有什么长进，又换另一位老师，同样的原因，之后又换老师，结果孩子学了个四不像，什么都没学成。还有，朋友也是一样，“求友不专，则博爱而不亲”，朋友那么多，最后没几个真心的朋友。曾国藩写信说：“凡从师必久而后可以获益，四弟与季弟，今年从觉庵师，若地方相安，则明年仍可从游，若一年换一处，是即无恒者见异思迁也，欲求长进难矣。”

“心有所专宗，而博观他途以扩其识，亦无不可。无所专宗，而见异思迁，此眩彼夺，则大不可”，做任何事都是这样，学习必须一门深入，再博采众书扩充自己的知识，这样才能有所成。若在一门功课还没有学好之时，就见异思迁，改学其他，这样子的话只会一事无成。所以，入门之初的选择一定要慎重，一旦选定则不可随意更改。

“罗山（罗泽南）兄甚为刘霞仙（刘蓉）、欧晓岑（欧阳兆熊）所推服，有杨生任光者，亦能道其梗概，则其可为师表明矣，惜吾不得常与居游也”，那么现在谁可以做老师呢？罗泽南和一位姓杨的书生。杨姓书生，曾国藩只是听闻，未与之深交。而罗泽南就不同了，罗泽南后来是湘军教父，学问了得，是湖南理学经世派的主要代表人物，其诗是湖湘诗派的重要代表作，其文是桐城派之嗣响——湘乡文派的典范之作。同辈中人深为罗泽南的学识折服，刘蓉、欧阳兆熊就是其中的二位。所以，曾国藩推荐两个弟弟拜罗泽南为师，在其门下读书。

## 4．为子侄择师

曾国藩办湘军时，他已进入中年，儿侄辈也到了择师入学的年龄。

对于两个儿子的老师，曾国藩也极为重视。曾纪泽 6 岁在家馆读书，第一位塾师冯树堂，他是长沙人，也是曾国藩在京城的良友，他们在一起做日课册。曾国藩在家书中说：“树堂极为虚心，爱我如兄，敬我如师，将来必有所成。”又说：“冯树堂进功最猛，余亦教之如弟，知无不言。”道光二十四年（1844）正月，曾国藩在家书中表示：“冯树堂于正月十六来男寓住。目前渠自用功，男尽心与之讲究一切。会试后即命孙儿上学，每月脩金四两。”当年三月，曾纪泽正式上学，曾国藩在致诸弟书中说：“甲三（曾纪泽）于三月二十四日上学，天分不高不低，现已读四十天，读至（《大学》）自修齐至平治矣。因其年太小，故不加严。已读者字皆能认。”最初，曾纪泽是从《三字经》学起，续读《尔雅》。至六月十七日，《三字经》读完，十八日读《尔雅》。郭嵩焘是曾国藩青年时的好友，与刘蓉二人是换过帖子的三兄弟。郭嵩焘进京一边准备考进士，一边教纪泽读书。他与冯树堂都住在曾国藩家。次年四月，因郭筠仙、翊臣兄弟及冯树堂俱要出京，寓内要另请李竹坞先生教书。曾国藩告诉家人，李先生名如箟，永顺府龙山县人，丁酉拔贡，庚子举人。其人端方和顺，有志性理之学，虽不能如树堂之笃诚照人，而已为同辈所最难得者。曾国藩四弟曾国潢在京期间，也教曾纪泽读书。道光二十六年五月，冯树堂回京后，曾国藩让四弟曾国潢专心读书，不再教侄子读书。他给家人写信说："以后纪泽仍请树堂教，四弟可专心读书……纪泽生书已读至'浩浩昊天'，古诗已读半本，书皆熟。"

在曾家教书的老师，曾国藩也予以关照。道光二十七年，曾国藩推荐冯、李二人出外就馆，收入提高很多。"冯树堂就易念园馆，系予所荐，以书启兼教读，每年得百六十金。李竹屋出京后，已来信四封。在保定，讷制台赠以三十金，且留干馆与他。在江苏，陆立夫先生亦荐干俸馆与他。渠甚感激我。"此时，曾纪泽已读过《诗经》《孟子》《书经》《左传》以及朱子《纲目》等。冯树堂执教一年多，到易念园就馆后，曾国藩又先后为儿子礼聘文希范等先生入家塾执教，这些人大多是入京会试功名不就的贤师儒生。曾纪泽的四叔、六叔、九叔到京城考监生时，也课读侄子，督严教勤。

## 5．最满意先生——邓汪琼

在曾家就馆时间最长、教书效果最好的，莫过于邓汪琼先生。在曾国藩写给子侄的老师的书信中，也以给邓汪琼的为最多。

约咸丰七年，九弟曾国荃向在家守丧的长兄曾国藩提出，请邓先生到家就馆，教曾纪鸿等子侄辈读书。但可能是“名师”脩金高，曾国藩对九弟说：“科四已读《离娄》八叶，科六读至‘点尔何如’，工课尚算有常。家中诸事，弟不必挂虑。”后来又说：“邓汪琼处洎未写信去请。一则自涉怠惰，一则脩金颇不易筹，而余之行止亦尚未十分定妥也。”随即表示：“拟近日专丁去请邓汪琼。如渠不能来，再行定计。”当年十月，邓先生应允前来曾家教读。曾国藩立即把这个消息告诉九弟：“邓汪琼处已专缄去请，初五接复信，已允许矣。须（明年）正月乃可上馆，且请带一子来。”由于曾家盼师迫切，邓先生于是在咸丰七年冬到曾家就馆。曾国藩告诉九弟：“汪先生即邓汪琼，号瀛皆（又作寅皆）于初七日专人来订今冬上学，因迎其十五入馆。甲三于十八开课，二十三第二课，改文甚细心。甲五眼睛近日已好十分之七八，右目能认寸大字，左目则能读小注。每日静坐二次，以助药力之不及。邓先生向来亦多病，得力于静坐者深也。科一每日仍读三百字，罣山十六日回家住六天，恰易芝生来此代馆。科四《离娄》将读毕。科六读至《卫灵公》。日内因萧组田刻字，同在一间屋内，心气未免稍浮。而科四仁厚，科六警敏，将来均可望有成，弟可放心。”

咸丰八年四月，曾国藩尚未出山，仍在家中守丧，他对在外带兵的九弟说今年得意之事有二：“一则弟在吉安声名极好。两省大府及各营员弁、江省绅民交口称颂，不绝于吾之耳；各处寄弟书及弟与各处禀牍信缄俱详实妥善，犁然有当，不绝于吾之目。一则家中所请邓、葛二师品学俱优，勤严并著。邓师终日端坐，有威可畏，文有根柢而又曲合时趋，讲书极明正义而又易于听受。葛师志趣方正，学规谨严，小儿等畏之如神明，而代管琐事亦甚妥协。此二者皆余所深慰。虽愁闷之际，足以自宽解者也。第声闻之美，可恃而不可恃。兄昔在京中颇著清望，近在军营亦获虚誉。善始者不必善终，行百里者半九十里。誉望一损，远近滋疑。弟目下名望正隆，务宜力持不懈，有始有卒。”

他还告诉九弟家中后辈从师读书的情况：“邓师初一日散学归去，葛师初四日归去。今年家中学生，科一进功最多，科四、科六次之，甲三又次之。甲五病目，科三在紫甸，皆未得勤课也。”

曾国藩为家中子侄取名，用科甲代之。科一即曾纪鸿，甲三即曾纪泽。其余“科甲”是曾国藩的诸侄，即兄弟之子。

曾纪泽在书法上有很大进步。一次，曾国藩把曾纪泽所写的《书谱叙》，展示给李鸿章、李元度等人，他们都极为赞美，有钩联顿挫，纯用孙过庭草法，而间架纯用赵法，柔中寓刚，绵里藏针，动合自然等语。曾国藩闻言颇为欣慰，立即写信给曾纪泽，一番指导之余，勉励他跟随邓先生，做好制义：

“赵文敏集古今之大成，于初唐四家内师虞永兴，而参以钟绍京，因此以上窥二王，下法山谷，此一径也；于中唐师李北海，而参以颜鲁公、徐季海之沉着，此一径也；于晚唐师苏灵芝，此又一径也。由虞永兴以溯二王及晋六朝诸贤，世所称南派者也；由李北海以溯欧、褚及魏北齐诸贤，世所谓北派者也。尔欲学书，须窥寻此两派之所以分。南派以神韵胜，北派以魄力胜。宋四家，苏、黄近于南派，米、蔡近于北派。赵子昂欲合二派而汇为一。尔从赵法入门，将来或趋南派，或趋北派，皆可不迷于所往。我先大夫竹亭公，少学赵书，秀骨天成。我兄弟五人，于字皆下苦功，沅叔天分尤高。尔若能光大先业，甚望甚望！制艺一道，亦须认真用功。邓瀛师，名手也。尔作文，在家有邓师批改，付营有李次青批改，此极难得，千万莫错过了。付回赵书《楚国夫人碑》，可分送三先生（汪、易、葛）、二外甥及尔诸堂兄弟。又旧宣纸手卷、新宣纸横幅，尔可学《书谱》，请徐柳臣一看。此嘱。”

邓先生在曾家督教甚有效果。曾国藩告诉好友冯卓怀："舍间塾师，系丙午孝廉邓汪琼瀛皆，时文仿管韫山，向称能手，或可熏陶，渐底于成。"咸丰八年，曾纪泽参加考试。当年九月，湖南乡试发榜，湘乡县共中三人，其中一人是邓先生所教，另一人是黄冕之子。曾国藩时已出山在外带兵，在建昌得知消息后写信给曾国潢说："湖南乡试榜发，吾邑得中者三人。傅泽鸿不知即邓师之徒否？黄南坡之世兄、麓溪之世兄皆中。麓溪年甫四十，而子已登科，可谓早矣。"

邓先生在曾家非常尽责，效果也很明显。咸丰九年（1859），曾国藩多次写信给邓汪琼先生，他说：

"小儿纪泽作四书文，阁下专教之学陈勾山、管韫山文，最得要领。鄙意勾山尚有非浅学所能领悟者，若专学韫山，或更能主一无适，用志不纷。泽儿前禀请学作他艺，弟告之以学作赋。盖以赋之为艺，可以道古，可以适今也。嗣后每月六课，令其逢三作四书文，逢八作赋可耳。"

"儿侄辈承善诱之训，寒门多幸。泽儿今年耽搁太多，虽看书不辍，而制艺久未能作，必更生疏，此后求督之按课作文。从今至辛酉八月，不过二年零五个月，光阴似箭，中有两次科场，须在此二年内将八股工夫操熟，能中更好，不能中亦须进京。年纪弥大，人事弥繁，无父师常常督课，八股决难再进。沅甫舍弟常常催之，自不可再缓矣。鸿儿作五言诗亦颇成句，足征名师启迪之效。《通鉴》已讲毕，何其速也。阁下作事有恒，无一日间断，故尔日计不足，月计有余。此后仍求每日讲书，或讲《周易折中》，或讲《通鉴》，听候鸿裁。《折中》之书，该括万理，《程传》尤极明显。《通鉴》虽太多，难于看完，然讲一卷算一卷，讲一函算一函，若得数年工夫，讲完亦未可知，不完亦无碍也。讲书之时，或呼甲五、科三侄同听，百句中能听得一二句，亦是好的。

如全不用心，即须以夏楚威之。秋间试作起讲，甚好。鸿儿与令嗣同作，或可相观而善。至课读时文，名师在望，自无庸弟之赘辞也。兹奉上挂屏六幅，书不足观，聊表薄忱。又银六两，寄令嗣世兄佐买笔墨之资，哂收。”

曾国藩说，儿侄辈们承蒙先生的循循善诱，这是寒门子弟的幸事。自己年纪大了，要处理的人事越来越多，没有办法腾出更多的精力教导子弟。孩子们如果没有老师督促教导读书，那么以后很难有大的进步。曾纪鸿写的五言诗有很大的进步，符合古人作诗的水准，这足以证明邓先生这等名师的教导之功。先生做事有恒毅之功，没有一日间断，以一天的时间来看，学生们似乎没有什么大的进步，但是一个月统计下来，就会看到他们有明显的进步。以后还是请先生每天照旧给这两个孩子讲书，至于讲《周易折中》还是《资治通鉴》，听凭老师选择。讲书的时候，人多一点更好，可以让甲五、科三这两个侄子一起听。百句当中如果他们能听得一两句也是好的，如果有人不用心，达不到先生的要求，那就用荆条惩罚他们。这就是曾国藩给老师的书信，信中对老师的信任和对师长的尊敬，都可以看出。在给诸位老师的书信中，写给邓汪琼的书信是最多的。

曾国藩认为督教要严，他曾经在家书中以自己为例，写道：

学问之道无穷，而总以有恒为主。兄往年极无恒，近年略好，而犹未纯熟。自七月初一起，至今则无一日间断，每日临帖百字，抄书百字，看书少亦须满二十页，多则不论。自七月起，至今已看过《王荆公文集》百卷、《归震川文集》四十卷、《诗经大全》二十卷、《后汉书》百卷，皆朱笔加圈批。虽极忙，亦须了本日功课，不以昨日耽搁而今日补做，不以明日有事而今日预做。诸弟若能有恒如此，则虽四弟中等之资，亦当有所成就，况六弟、九弟上等之资乎？

这是道光二十四年十一月二十一日（1844 年 12 月 30 日）曾国藩写给弟弟们的家书。他说，做学问没有其他窍门，就是有恒心毅力。自己以前没有恒心，现在改了许多，但还是不够。从七月初一开始，每天临名家字帖一百字，抄书一百字，看书要满二十页。自七月到现在来看，效果不错，看了王安石的文集、归有光的文集，还有《诗经大全》《后汉书》，而且有心得的地方还红笔加批。曾国藩以自己为例，就是要告诉弟弟们，给子女选择老师的同时，子女们读书一定要有恒心毅力，才有所成。

曾国藩不断总结为学之道，特别认为看、读、写、作四事缺一不可，与邓先生商量，希望其在督教中加强这四个方面的训练：

“小儿纪泽颇事看书，不好制艺。吾意学者于看、读、写、作四者缺一不可。看者涉猎宜多、宜速，读者讽咏宜熟、宜专。看者‘日知其所亡’，读者‘月无忘其所能’。看者如商贾趋利，闻风即往，但求其多；读者如富人积钱，日夜摩挲，但求其久。看者如攻城拓地，读者如守土防隘。二者截然两事，不可缺亦不可混。至写字，不多则不熟，不熟则不速。无论何事，均不能敏以图功。至作文，则所以瀹此心之灵机也。心常用则活，不用则窒，如泉在地，不凿汲则不得甘醴；如玉在璞，不切磋则不成令器。今古名人虽韩、欧之文章，范、韩之事业，程、朱之道术，断无久不作文之理。张子云：‘心有所开，即便札记，不思则还塞之矣。’小儿于每三、八课期，敬求先生督令作文，约以五百字为率，或作制艺，或作赋，或作论，或作经解、札记，断不可一字不作，将来文理不通，被人姗笑。或逢三作制艺，逢八作赋、论、经解，亦尚妥善。未有无一字之常课，而可以几于成者也。”

“儿辈幸侍名师，追陪几杖，寒门之福，鄙怀深用自慰。大儿纪泽不能常作制艺，实因天分钝拙，难施斤斧，或借朴学、赋论及不争寒士得失等语以自文，则名为高古，适形浅陋，求阁下有以训饬而砭示之。此后仍须按三八课，半作制艺，半作赋论，仍求先生严加督责，不少放松。二儿纪鸿仰蒙时雨之化，甚有长进，敬求哲匠不改绳墨，再教三年，俾《通鉴》得以讲毕，制艺粗有规矩，则嘉惠于寒门者，实非浅鲜。舍侄辈年轻质鲁，求先生于每次讲书，呼之敬听，将来一知半解，皆出仁人之赐。肃此奉达，聊申縶维之情，伏乞俯允久留。不胜冀幸，顺候台安。”

“二小儿仰荷时雨之化，日有进步。昨陈作梅寄到一诗，意厚辞园，喜出望外。想系先生全加斧削，原本所存无几，否则雕琢朽木，变化神速，感激何可言喻。”

曾国藩对邓先生非常尊重，每届冬末，总要写信表示感谢，并给一同在馆中就读的邓先生之子寄纸币，可谓周到细致。而目的是希望邓先生明年仍到曾家教读：“二儿纪鸿仰沐德教，日进无疆，明年敬求仍旧设帐敝居，俾儿辈少有成就，弟无内顾之忧，感荷何已。”

“四月十四接三月二十九日惠书，并示世兄及小儿成篇之文。世兄眉宇朗润，本非凡器；小儿顽劣之质，得大匠苦心陶铸，亦复日有进步。就此次文字观之，世兄气清而句法圆稳，小儿骨重而句能自造，将来均可望远到。现读《斯文精萃》，亦系古文中最善之本，而尚不如《文选》之尽善。《文选》纵不能全读，其中诗数本则须全卷熟读，不可删减一字，余文亦以多读为妙。盖《京都》《田猎》《江海》诸赋，虽难于成诵，而造字、形声、训诂之学，即已不待他求。此外各文则并无难于成诵者也。以后请令小儿与世兄多点《文选》，以能背诵为主。兹寄银十两，为世兄买书之资。对一付，为阁下怡情之助。伏希莞存。

即请台安。”

“小儿辈久坐春风，岁异月新，感荷实深。明岁仍求设帐敝斋，俾儿辈有所成就。至祷！至恳！试帖诗，馆阁中所极重，国朝推吴榖人先生为第一名家。其诗无美不备，弟尤爱其咏史诗与七十二候诗。阁下近年为小儿讲解《通鉴》，请即于《通鉴》中出题课试帖诗。三八课期以外，另添一六课期。三八以《通鉴》题为试帖，仿吴榖人氏咏史之作；一六以写景题为试帖，仿吴氏七十二候之作。二者并进，则宜古宜今矣。诸惟心照。顺请台安。”

曾国藩同时嘱咐家中四弟、季弟，明年仍请邓先生教读：“澄弟在家教科一、厚七、旺十习字极好，不特学生有益，亦可教学相长。弟近年书法远逊于昔，在家无事，每日可仍临帖一百字，将浮躁处大加收敛。心以收敛而细，气以收敛而静。于字也有益，于身于家皆有益。明年请师，仍请邓寅皆先生，人品学问，皆为吾邑第一流人。若在我家教得十年，则子侄皆有成矣。葛罩山先生前言愿来余营，不知其计已决否？若不果来，可仍请之教科四、科六。若渠决来军，则科四、六亦可请邓先生教之。”

当四弟、九弟觉得邓先生在曾家教读时间已经四年，推荐到书院作山长，可以增加他的收入，纪鸿也可以一同在书院学习时，曾国藩明确反对，说可以增加邓先生的脩金：“东皋书院请山长，让邓寅兄去，万万不能。余自咸丰八年即与寅兄订定，请其教科一五年。科一甫十四岁，岂可遽至书院，习为浮荡？明年决请寅兄再教之，并请带之出考，与邓世兄同寓。科四、科六未请得有恒之师，耽误光阴，余甚不放心。沅弟回家，余嘱其以此事为重，不知现已延请何人？或明年即令科四、科六从邓师读书？或癸亥年延邓师于大夫第连教数年？总之，师之有恒者极为难得。邓师在兄弟处，无论何家，皆大有益于子侄。公之书院，则为益反小，可不必也。邓师脩金，应行酌增之处，望两弟与纪泽母子商定，余必付回。”

同治元年，邓先生在曾家已经连续教读五年之久，14 岁的曾纪鸿在湘乡参加考试，取中生员，而且是第一名。曾国藩觉得这是令曾家最高兴的事，他当即给邓先生写信：“前接惠书，小儿仰沐德教，县试幸列首选。家中寄到文章，亦尚清润大方。顽劣之质，若非阁下循循善诱，曷克骤进如是！现在应试省垣城市繁华之地，求严饬小儿静坐寓斋，无事征逐为荷！各场前列名单及进学单，均祈抄示，并祈将世家子弟注出。今年乡试，鸿儿不必入场，因工夫尚早，且不耐辛苦也。”

曾国藩随即安排郭嵩焘弟弟郭崑焘，从东征局中借四百两银子，其中一百两作为给邓先生的酬谢：“小儿纪鸿在省应府院试，住曾子庙。恐其侥幸入学，须用银钱较多，求意公于东征局借银四百两付之。内以三百金为两学师及学书、印卷之费，以百金谢其业师邓寅皆先生，此外为制衣及杂费之用。谒圣后，请嘱其迅速归里。今年不应乡试，以其工夫尚早，且年轻体弱，不耐劳苦也。四百金俟便寄省，不由饷内兑汇。”

曾国藩又把此事安排详细谕知纪鸿，同时又教育再三：

“字谕纪鸿儿：前闻尔县试幸列首选，为之欣慰。所寄各场文章，亦皆清润大方。昨接易芝生先生十三日信，知尔已到省。城市繁华之地，尔宜在寓中静坐，不可出外游戏征逐。兹余函商郭意城（郭崑焘）先生，在于东征局兑银四百两，交尔在省为进学之用。如郭不在省，尔将此信至易芝生先生处借银亦可。印卷之费，向例两学及学书共三分，尔每分宜送钱百千。邓寅师处谢礼百两，邓十世兄处送银十两，助渠买书之资。余银数十两，为尔零用及略添衣物之需。

“凡世家子弟衣食起居，无一不与寒士相同，庶可以成大器；若沾染富贵气习，则难望有成。吾忝为将相，而所有衣服不值三百金。愿尔等常守此俭朴之风，亦惜福之道也。其照例应用之钱，不宜过啬（谢廪保二十千，赏号亦略丰）。谒圣后，拜客数家，即行归里。今年不必乡试，一则尔工夫尚早，二则恐体弱难耐劳也。此谕。

涤生手示

“再，尔县考诗有错平仄者。头场（末句移），二场（三句禁，仄声用者禁止禁戒也，平声用者犹云受不住也，谚云禁不起），三场（四句节俭仁惠崇系倒写否？十句逸仄声），五场（九、十句失粘）。过院考时，务将平仄一一检点，如有记不真者，则另换一字。抬头处亦宜细心。再谕。”

曾国藩当时在军中，又安排主持家政的四弟曾国潢去邓先生处拜谢：“纪鸿儿幸取县首，诗文虽不甚稳惬，而其中多有精警之句、疏宕之气，寅皆先生时雨之化，可敬可感。当略备微仪，以申鄙意。府院考皆当极热之时，鸿儿体弱，不知能耐此酷暑否？今年乡试，鸿儿即可不必入场。盖工夫尚早，年纪太轻，本无望中之理，又恐鸿儿难熬此九日之辛苦也。”

曾国藩的女婿罗允吉，是曾国藩好友罗泽南之子，罗泽南去世于咸丰六年。曾国藩也承担起教育之责，让罗允吉跟随邓先生读书。他嘱咐曾国潢：“罗允吉婿从邓师读书甚好。业经成婚之后，欲将各书一一温熟，势必不能。惟求邓师将《五经》点一遍讲解一遍，正史约亦讲一遍，不求熟，不求记，但求经过一番而已。邓师辛苦一年，明年或另择师专教罗婿亦可。”

邓先生在曾家教读五年，曾家兄弟也从一个大家庭，到咸丰九年分家析产，各自生活。曾国藩又请邓先生到九弟家课读：“小儿纪鸿荷蒙教诲五年，已有成效。舍侄纪瑞、纪官已届舞勺舞象之年，正宜及时着鞭，冀有寸进。敬求阁下明年移馆大夫第，教督舍侄，而鸿儿亦随从受业，不胜感荷。专此奉恳。顺问德安。”

曾家后代人才辈出，固然与曾国藩注重家庭教育密切相关，而为子侄择师，特别是邓先生在曾家教读多年，与曾家后代的成长也息息相关。

## 6. 课子读书为常事

除了求得好老师教读子侄外，曾国藩还亲自教导儿子读书。他在家守丧期间，亲自督教子侄。教纪泽阅看《史记》、《汉书》、《周易折中》、《近思录》、韩文、《庄子》等书，纪泽“陆续看毕，略晓大义。惟作四书文毫无长进，或并非文中应用之字，率意阑入，气亦茶弱”。在保定直隶总督署为儿子讲授《孟子》，在南京两江总督署口述《大学》次序及《孟子》篇章，曾纪泽受益匪浅。

曾纪泽在同治九年（1870）正月十四日的日记中写道：

大人命看《孟子》“舜发畎亩”一章，二更后侍坐，训谕良久。大致言孔子教人主敬……末言家运渐有不顺，宜时时存一警惕之心，明于忧患安乐倚伏之理。

《孟子》这一章的内容可以说是整篇乃至整书的经典，关于“天将降大任”一段，堪称是立志名言。其出自《孟子·告子下》，全文如下：

舜发于畎亩之中，傅说举于版筑之间，胶鬲举于鱼盐之中，管夷吾举于士，孙叔敖举于海，百里奚举于市。故天将降大任于是人也，必先苦其心志，劳其筋骨，饿其体肤，空乏其身，行拂乱其所为，所以动心忍性，曾益其所不能。

曾纪泽后又写道：自（同治）十年十二月二十七日起，二更后听大人讲《孟子》，每日如此。至次年正月二十六日，大人忽患艰于言语之病，侍奉良久。

此时的曾国藩时常发脚麻之症，舌蹇不能语，但还是坚持督促儿子读《孟子》一书。同治十一年正月二十六日，距曾国藩去世不足十天。

在稍早的同治十年（1971）五月十三日早饭后，“大人命作上、江两县之学记”，为此，曾纪泽翻阅《江南通志》，午饭后稍事休息，“构思良久，不能下笔”，三更后入睡。十四日这天，曾纪泽再加构思后开始动笔写。十五日夜“脱稿”，因“自视不佳，故未誊写”。十六日晨，纪泽对前二日完成的“学记”进行修改后“誊写”，交给父亲曾国藩。此时，曾国藩正在写《湖南文征序》。

曾国藩先对《湖南文征》原文进行阅读，从十三日起开始构思写作，夜里只写了一百余字。他对纪泽说：每一作文未下笔之先，好像有佳境，但下笔时又不顺畅，无一是处，这就是“平日用功浮泛，全无实际”的缘故。从十四日到二十五日，曾国藩每日改改写写，最后才定稿。几天后，曾国藩于夜里对纪泽近几日所作一一批阅，六月初一又亲自为纪泽进行讲解。在生命的最后几年里，曾国藩仍然不忘课子读书，可见他对儿子们寄望之深。

指导子女是让他们养成“困知勉行”的良好习惯的最佳途径。一段时间内，曾纪鸿的字总是写不好，曾国藩认识到，这是犯了急于求成的毛病，于是写信告诉他说：凡是写字总要尽力写得秀气，学习颜真卿、柳公权，要学习他们的字秀气而又雄劲；学习赵孟頫、董其昌，恐怕就会只有秀气而失之于过分柔弱。你并不是天资不高，只是因为从前没有善于讲解、善于诱导的老师，近来又产生了好高好速的毛病。如果要求长进，就应当做到既不要忘记努力又不要企求别人帮助，这样才不至于误入歧途。

他还告诉曾纪鸿说：我过去学颜真卿、柳公权的帖子，一临摹就是数百张纸，而且还一点儿都不像。我四十岁以前在京城所写的字，骨力和间架结构上都没什么可取之处，我自己深感惭愧而且非常讨厌那些字。四十八岁以后，我学李北海的《岳麓寺碑》，才稍有进步，然而已经经历了八年之久，临摹的纸也早已超过千张。可是如今你用功还不到一个月，马上就想达到神妙境界，这可能吗？我对所有的事情都要用困知勉行工夫，你千万不可求名太急，也千万不能求效太速。临帖适宜慢慢来，摹帖却适宜快点，专门学开张之处。几个月之后，手更加笨拙，字写得也更丑，兴趣也会低落，这就是所说的“困”。到达“困”境千万不能间断，熬过了这一关，便会有一些进步。再进步还会有困惑，再熬过困惑去奋力磨炼，自然就会有亨通精进的日子。不仅练习写字是这样，所有的事情都会有极端困难的时候，能够冲破困难前进的，便是英雄好汉。我所要求你完成的功课，并不算多，每天练习写一百个字，阅读《资治通鉴》五页，背诵古文一千字，逢三日、八日作一篇文章，一首诗。这些功课非常简单，每天也不过用两个时辰就可以完成，而且看、读、写、作四种功夫都有了。

曾纪泽记忆力平常，但领悟力很强，为此，曾国藩提出了这样的方法：“纪泽儿读书记性不好，悟性较佳。若令其句句读熟，或责其不可再生，则愈读愈蠢，将来仍不能读完经书也。请子植弟将泽儿未读之经，每日点五六百字教一遍，解一遍，令其读十遍而已，不必能背诵也，不必常温习也。待其草草点完之后，将来看经解，亦可求熟。若蛮读蛮记蛮温，断不能久熟，徒耗日工而已。”

而对于青年人，气势非常重要，这如同做事一样。他对曾纪泽说：

少年文字，总贵气象峥嵘，东坡所谓蓬蓬勃勃如釜上气。古文如贾谊《治安策》、贾山《至言》、太史公《报任安书》、韩退之《原道》、柳子厚《封建论》、苏东坡《上神宗书》，时文如黄陶庵、吕晚村、袁简斋、曹寅谷，墨卷如《墨选观止》《乡墨精锐》中所选两排三迭之文，皆有最盛之气势。尔当兼在气势上用功，无徒在揣摩上用功。大约偶句多，单句少，段落多，分股少，莫拘场屋之格式。短或三五百字，长或八九百字、千余字，皆无不可。虽系《四书》题，或用后世之史事，或论目今之时务，亦无不可。总须将气势展得开，笔仗使得强，乃不至于束缚拘滞，愈紧愈呆。

为让侄儿们能够在诗词文章方面有较大提高，曾国藩将自己写得好的文章拿出来，让他们学习。同时，还亲自命题，让纪泽等完成，纪泽等人交卷后，曾国藩再进行批改、讲解。

另外，曾国藩极具开放思想，在教育子女方面不保守。他曾聘请了很多外国教师教导曾纪泽和曾纪鸿，这些教师除了教他们英语外，还教授自然科学等，像英国有名的汉学家傅兰雅和伟烈亚力就是其中之二。长子曾纪泽是近代著名的外交家，次子曾纪鸿成为一名数学家，写出他第一部学术专著《对数详解》，以及《圆率考真图解》一书，当时国际上的数学家推算圆周率之位数只能到小数点后四十位，而曾纪鸿达到一百多位，在当时处于国际领先地位。

据曾纪芬记述，同治七年是曾家人读书最快乐的一段时光。当年冬天，曾纪泽长女曾广璇许嫁给李鸿章之弟鹤章之子李经馥。李文安（李鸿章之父）是曾国藩的进士同年，李鸿章是曾国藩的弟子，李家也是书香之家，于是要求曾纪泽的女儿读书，为此，曾纪泽亲自为女儿讲授《纲鉴正史约》，曾纪芬在旁一起听。后来，曾纪泽由于事情多，无暇多讲，曾纪芬与侄女就自行点读。署中有曾国藩建造的船厅，中间放置江南制造局所做的地球仪极大，直径约六尺，曾纪芬等曾家人乃“粗知地理”。曾纪泽教妹妹曾纪芬珠算，纪鸿教纪芬代数、几何。纪鸿的妻子郭筠“亦常相从讨论，文史读书之乐，此时为最”。

# 第十章 品格、习惯与意志力

## 1．品德优良才能泽及后嗣

曾国藩融汇中国传统文化，得出品格关系人生成败的重要结论。所以敦品，就是砥砺品德。而品德的培养有一个过程，其中，儿童、少年时期好习惯的养成最为关键。曾纪芬以培养花草来比喻培养人，而“品格者，立品之格局，即人身模样也”，“凡人立身之善恶，全系乎幼时品格之良否”。曾纪芬在“培养根器”一节中，将“品格”与“习惯”并列，认为凡事习至惯熟，久而久之成为自然，也就是俗话所说的习惯成自然，而幼年时的习惯，对一个人一生的成长至关重要，“其为力最大，入骨亦最深，有至终身不改者”。因此，虽然事情至难，但如果自幼年养成习惯，也就不觉得其难了；反之，虽然事情非常容易，但成年时再养成习惯，就非常之难了。

曾国藩经过对湖南省高官后代的考察，提出品行良好才能传家，才能泽及后嗣。他对诸弟说：“吾乡显宦之家，世泽绵延者本少。吾兄弟忝叨爵赏，亦望后嗣子孙读书敦品，略有成立，乃不负祖宗培植之德。吾自问服官三十余年，无一毫德泽及人，且愆咎丛积，恐罚及于后裔。老年痛自惩责，思盖前愆。望两弟于吾之过失时寄箴言，并望互相切磋，以勤俭自持，以忠恕教子，要令后辈洗净骄惰之气，各敦恭谨之风，庶几不坠家声耳。”

当他九弟表示不耐烦时，曾国藩结合自己的既往教训，严肃地希望九弟要有恒：“来书谓意趣不在此，则兴会索然。此却大不可。凡人作一事，便须全副精神注在此一事，首尾不懈，不可见异思迁，做这样想那样，坐这山望那山。人而无恒，终身一无所成。我生平坐犯无恒的弊病，实在受害不小。当翰林时，应留心诗字，则好涉猎它书，以纷其志。读性理书时，则杂以诗文各集，以歧其趋。在六部时，又不甚实力讲求公事。在外带兵，又不能竭力专治军事，或读书写字以乱其志意。坐是垂老而百无一成。即水军一事，亦掘井九仞而不及泉，弟当以为鉴戒。现在带勇，即埋头尽力以求带勇之法，早夜孳孳，日所思，夜所梦，舍带勇以外则一概不管。不可又想读书，又想中举，又想作州县，纷纷扰扰，千头万绪，将来又蹈我之复辙，百无一成，悔之晚矣。……身体虽弱，却不宜过于爱惜，精神愈用则愈出，阳气愈提则愈盛。每日作事愈多，则夜间临睡愈快活。若存一爱惜精神的意思，将前将却，奄奄无气，决难成事。凡此皆因弟兴会索然之言而切戒之者也。弟宜以李迪庵为法，不慌不忙，盈科后进，到八九个月后，必有一番回甘滋味出来。余生平坐无恒流弊极大，今老矣，不能不教诫吾弟吾子。”

当他的季弟曾国葆经过锻炼，也带兵时，曾国藩时时鼓励：“弟此次出山，行事则不激不随，处位则可高可卑，上下大小，无人不翕然悦服。因而凡事皆不拂意，而官阶亦由之而晋。或者前数年抑塞之气，至是将畅然大舒乎？《易》曰：‘天之所助者顺也，人之所助者信也。’我弟若常常履信思顺，如此名位岂可限量？吾湖南近日风气蒸蒸日上。凡在行间，人人讲求将略，讲求品行，并讲求学术。弟与沅弟既在行间，望以讲求将略为第一义，点名看操等粗浅之事必躬亲之，练胆料敌等精微之事必苦思之。品、学二者，亦宜以余力自励。目前能做到湖南出色之人，后世即推为天下罕见之人矣。大哥岂不欣然哉！哥做几件衣道贺。”

## 2. 不忘昔日苦况

曾家的境况至同治时期为最盛，但曾国藩每每以道光年间旧事来“忆苦思甜”。一次，曾国葆给曾纪泽送了二百两路费，曾国藩表示太多：“季弟赐纪泽途费太多。余给以二百金，实不为少。余在京十四年，从未得人二百金之赠，余亦未尝以此数赠人，虽由余交游太寡，而物力艰难亦可概见。余家后辈子弟，全未见过艰苦模样，眼孔大，口气大，呼奴喝婢，习惯自然，骄傲之气入于膏肓而不自觉，吾深以为虑。前函以傲字箴规两弟，两弟不深信，犹能自省自惕，若以傲字诰诫子侄，则全然不解。盖自出世以来，只做过大，并未做过小，故一切茫然，不似两弟做过小，吃过苦也。”

曾国藩还说，每遇到吉顺之时，往往就有大不如意之事发生。为此他告诫九弟：“吾家自道光元年即处顺境，历三十余年均极平安。自咸丰年来，每遇得意之时，即有失意之事相随而至。壬子科，余典试江西，请假归省，即闻先太夫人之讣。甲寅冬，余克武汉田家镇，声名鼎盛，腊月二十五甫奉黄马褂之赏，是夜即大败，衣服、文卷荡然无存。六年之冬、七年之春，兄弟三人督师于外，瑞州合围之时，气象甚好，旋即遭先大夫之丧。今年九弟克复吉安，誉望极隆，十月初七接到知府道衔谕旨，初十即有温弟三河之变。此四事者，皆吉凶同域，忧喜并时，殊不可解。”

“余作书架样子，兹亦送回，家中可照样多做数十个。取其花钱不多，又结实又精致。寒士之家，亦可勉做一二个。吾家现虽鼎盛，不可忘寒士家风味，子弟力戒傲惰。戒傲以不大声骂仆从为首，戒惰以不晏起为首。吾则不忘蒋市街卖菜篮情景，弟则不忘竹山坳拖碑车风景。昔日苦况，安知异日不再尝之？自知谨慎矣。”

曾国荃长子纪瑞，因为父亲战功获得荫生资格，有了这个资格，就可以参加乡试、会试，考举人、进士。如果不能考取，也可以做官。这对纪瑞来说，确是好前程。而作为伯父，曾国藩希望他不要就此止步，提出在乡试、会试上争高下，特别提醒他不要忘记祖先艰难之境：“侄（纪瑞）与诸昆弟切不可忘却先世之艰难，有福不可享尽，有势不可使尽……凡将相无种，圣贤豪杰亦无种，只要人肯立志，都可以做得到的。侄等处最顺之境，当最富之年，明年又从最贤之师，但须立定志向，何事不可成？何人不可作？……侄此际专心读书，宜以八股试帖为要，不可专恃荫生为基，总以乡试会试能到榜前，益为门户之光。”

## 3. 懦弱无刚为男儿大耻

曾国藩传承祖父、母亲倔强的基因较多，因此教育诸弟及子侄，也以刚强毅力为品格行为。同治元年，曾国荃率湘军主力开始围困金陵，而金陵作为太平天国都城，是固若金汤的百里大城。曾国荃久攻不下，未免急躁。曾国藩一再写信开导，并以祖父教人为训：“难禁风浪四字璧还，甚好甚慰。古来豪杰皆以此四字为大忌。吾家祖父教人，亦以懦弱无刚四字为大耻。故男儿自立，必须有倔强之气。惟数万人困于坚城之下，最易暗销锐气。弟能养数万人之刚气而久不销损，此是过人之处，更宜从此加功。”

他还以自己的遭际和亲身经历，说“好汉打脱牙和血吞”，鼓励九弟要有坚韧不拔的意志力："困心横虑，正是磨炼英雄玉汝于成，李申夫尝谓余怄气从不说出，一味忍耐，徐图自强，因引谚曰'好汉打脱牙和血吞'。此二语是余生平咬牙立志之诀，不料被申夫看破。余庚戌、辛亥间为京师权贵所唾骂，癸丑、甲寅为长沙所唾骂，乙卯、丙辰为江西所唾骂，以及岳州之败、靖江之败，湖口之败，盖打脱牙之时多矣，无一次不和血吞之。……来信每怪运气不好，便不似好汉声口，惟有一字不说，咬定牙根，徐图自强而已。"

当金陵即将攻克，曾国藩又一再以"淡定"语嘱咐曾国荃："弟近来气象极好，胸襟必能自养其淡定之天，而后发于外者有一段和平虚明之味。如去岁初奉不必专折奏事之谕，毫无怫郁之怀，近两月信于请饷请药毫无激迫之辞，此次于莘田、芝圃外家渣滓悉化，皆由胸襟广大之效验，可喜可敬。如金陵果克，于广大中再加一段谦退工夫，则萧然无与，人神同钦矣。富贵功名皆人世浮荣，惟胸次浩大是真正受用。余近年专在此处下功夫，愿与我弟交勉之。

"闻家中内外大小及姊妹亲族无一不和睦整齐，皆弟连年筹画之功。愿弟出以广大之胸，再进以俭约之诫，则尽善矣。喜极答函，顺问近好。"

## 4. 笃实最为可贵

曾国藩早年也是一个"愤青"，对官场风气深恶痛绝。但事实一再教育他，特别是他经历为父亲守丧的一年多检讨，有了大彻大悟，找到了"老庄为体、禹墨为用"的处世哲学。即便如此，他仍然认为，一个人要取得成就，不能丢掉笃实的性格。他给九弟写信说："弟书自谓是笃实一路人，吾自信亦笃实人，只为阅历世途，饱更事变，略参些机权作用，把自家学坏了。实则作用万不如人，徒惹人笑，教人怀恨，何益之有？近日忧居猛省，一味向平实处用心，将自家笃实的本质还我真面、复我固有。贤弟此刻在外，亦急须将笃实复还，万不可走入机巧一路，日趋日下也。纵人以巧诈来，我仍以浑含应之，以诚愚应之；久之，则人之意也消。若钩心斗角，相迎相距，则报复无已时耳。至于强毅之气，决不可无，然强毅与刚愎有别。古语云自胜之谓强。曰强制，曰强恕，曰强为善，皆自胜之义也。如不惯早起，而强之未明即起；不惯庄敬，而强之坐尸立斋；不惯劳苦，而强之与士卒同甘苦，强之勤劳不倦。是即强也。不惯有恒，而强之贞恒，即毅也。舍此而求以客气胜人，是刚愎而已矣。二者相似，而其流相去霄壤，不可不察，不可不谨。”

曾国藩说湘军的成功，就是两句话：“唯天下之至诚能胜天下之至伪；唯天下之至拙能胜天下之至巧。”他说，我们千万不要做机巧人，机巧是老揣摩别人，老想急功近利，老跟人隔一层肚皮，教人不轻信，不以信赖交人，不以诚来待人，这就是机巧。他对曾国荃说，我自信自己是一个老实的人，看上去是个老教师，一看我这个人就值得信赖。坊间曾流传过这样的故事，说有一个骗子要骗曾国藩，但是看到曾公之后，不忍心欺骗他，就放弃了。曾国藩认为，因为自己阅历太多，见过的人也多，发现有些人没有办法不加上一些机权，但是自家学坏，立世的本领就没有了，最后留下笑柄。不学这种机巧，该如何处事呢？他说应该以诚相待。曾国藩一生待人接物更是以诚为本，以拙为用。他一生要求自己“不说大话，不好虚名”，做事“情愿人占我的便益，断不肯我占人的便益”，别人以巧伪欺骗他，他却仍然以诚以拙相待。

## 5．挫折教育

曾国藩对曾家后来发达保持非常高的警觉，经常说后辈“只做过大，并未做过小”。曾国荃打下金陵后，经过短暂在家“养病”，被清廷重新启用任湖北巡抚。以往胡林翼任湖北巡抚时，湖广总督官文有意牵制，后来因湖南巡抚骆秉章参劾官文私亲署湖南提督樊燮，官文要治湖南巡抚幕僚左宗棠以重罪。故曾国荃出任湖北巡抚后，参劾官文，而曾国荃在战场上又打了败仗，为此，曾国荃心情不好。曾国藩写信给九弟，让他要经受住磨折：“十八之败，杏南表弟阵亡，营官亡者亦多，计亲族邻里中或及于难，弟日内心绪之忧恼万难自解。然事已如此，只好硬心很肠，付之不问而壹意料理军务。补救一分，即算一分。弟已立大功于前，即使屡挫，识者犹当恕之。比之兄在岳州、靖港败后栖身高峰寺，胡文忠在奓山败后舟居六溪口气象，犹当略胜。高峰寺、六溪口尚可再振，而弟今不求再振乎？此时须将劾官相之案、圣眷之隆替、言路之弹劾一概不管。袁了凡所谓从前种种譬如昨日死，从后种种譬如今日生，另起炉灶，重开世界，安知此两番之大败，非天之磨炼英雄，使弟大有长进乎？谚云吃一堑长一智，吾生平长进全在受挫受辱之时。务须咬牙厉志，蓄其气而长其智，切不可苶然自馁也。”

随即又发生九弟与鲍超不和谐之事，曾国藩告诉九弟：“弟当此百端拂逆之时，又添此至交龃龉之事，想心绪益觉难堪。然事已如此，亦只有逆来顺受之法，仍不外悔字诀、硬字诀而已。

“朱子尝言：悔字如春，万物蕴蓄初发；吉字如夏，万物茂盛已极；吝字如秋，万物始落；凶字如冬，万物枯凋。又尝以元字配春，亨字配夏，利字配秋，贞字配冬。兄意贞字即硬字诀也。弟当此艰危之际，若能以硬字法冬藏之德，以悔字启春生之机，庶几可挽回一二乎?”

## 6. 不忮不求

修身是曾国藩成功最重要的方面，他的修身路径，主要依据《易经》来充实。这一路径就是从中虚、无妄到不欺、无私，再到至虚、至诚，它来源于《易经》中的两个卦，即中孚卦和无妄卦。中孚就是要守信用，在什么样的时间做什么样的事情。无妄则是不要有妄，起心动念不要有妄想，有妄则是不应该做的事情做了，不应该说的事情说了，不应该想的也想了。曾国藩的一生得益于“无妄”。

中虚，就是不要有私心。修身之本在于修心，治心之本在于中虚，内心不应该藏着私念。只有中虚才能进入到“无妄”，再到“不欺”。因为中虚，没有不可告人的目的，没有私心隐藏，就不会欺骗别人。天下的事情凡是有欺骗、有所求，都是一个妄字，有不可告人的私欲。做到了无妄、不欺，才有可能达到至虚、至诚的境界。这就是他修身的路径。

修身对人的一生很重要，曾国藩有其切身的经验。他坚信“是真龙必有云，是真虎必有风”：

苟有富必能润屋，苟有德必能润身，不必如孔子之温良恭俭，孟子之睟面盎背，而后为符验也。凡盛德之君子，必有非常之仪范。是真龙必有云，是真虎必有风，不必如程门之游、杨、尹、谢，朱门之黄、蔡、陈、李，而后为响应也。凡修业之大人，必有景从之徒党。斯二者，其几甚微，其效甚著，非实有诸己，乌可幸致哉。

也就是说，人能够“呼风唤雨”，表面上看起来是权大势大，众人不得不从，实质上只有品格自立，才能号令天下。为什么有的人可以号令天下，别人甘愿追随；而有的人喊破嗓子，使尽千方百计，追随者寥寥？有人甘愿追随效力的这个人，就是“修业之大人”。不仅自己修身方面做得非常好，而且能做大事，只有这样的人，别人才甘愿追随。修身和修业，平时常被我们忽略，实际上这两者“其几甚微，其效甚著”，表面看来两者之间没有直接关系，但由此而及彼，效果甚为显著，没有切身经验的人，怎么能从这当中体会到修身对于一个人事业的影响之大呢？可见，修身是关系一个人一生事业成败的关键。

《中庸》称：“正己而不求于人则无怨。上不怨天，下不尤人。”“正己”就是讲修身，修身这种事情不需要向别人来讨教，主要在于自我约束和内在反省，这样的人“上不怨天，下不尤人”，才会成为一个完美的人。曾国藩经常教育其弟弟、子侄辈要重视修身，懂得约束和反省，才会形成良好的品德。

而作为“遗训”，曾国藩在给儿子的信中，提出以不忮不求为要：

圣贤教人修身，千言万语，而要以不忮不求为重。

“不忮不求”就是不忌刻，不妄求。出自《诗·邶风·雄雉》：“百尔君子，不知德行。不忮不求，何用不臧？”

“忮”是妒忌、刻薄。一个人如果妒忌心太重，就经常会猜忌，对人对事将信将疑。刻薄则寡恩，这样的人就更不用说了。这种人不仅在道德操守方面有问题，还会影响其事业的格局，最终必定是一事无成。很多人开始事业做得很大，最后却一败涂地，就是因为猜忌心太重、为人太刻薄。“求”则是贪求、妄求。当然，人不可能无所求，如果食不果腹，怎能生活下去呢？正常的需求是必要的，但是不能妄求、贪求，超过自己所能达到的目标或者贪图更多的利益，这样的人势必会给自己增加身心上的负担，每天如同活在牢笼当中，非常得不自在。

曾国藩解释“忮”和“求”时说：

忮者，嫉贤害能，妒功争宠，所谓怠者不能修，忌者畏人修之类也。求者，贪利贪名，怀土怀惠，所谓未得患得，既得患失之类也。

在实际生活中，“忮”是“嫉贤害能，妒功争宠”，正如韩愈《原毁》所说的“怠者不能修，而忌者畏人修”，懈怠的人自己不求进步，相反忌妒别人进步。这就是“忮”。“求”是“贪利贪名，怀土怀惠”，每天只想着自己的利益，总希望别人给自己恩惠，总希望从他人那里得到好处。所以就会患得患失，没有得到的时候希望自己得到，得到的时候害怕失去。

但是，“忮”和“求”并不常见，试问两个毫不相干的人，怎么会妒忌呢？没有任何瓜葛的人，也不会对他们有妄求。那到底什么时候会出现妒忌呢？“忮不常见，每发露于名业相侔、势位相埒之人；求不常见，每发露于货财相接、仕进相妨之际。”在职场中，常见“忮”者。譬如一个公司的总经理下面有三个副总，“名业相侔、势位相埒”，地位相当，功绩也差不多，一旦总经理要退休了，三个副总就有了上位的可能性，势必形成一种竞争的状态，这时就可能会出现“忮”，在猜忌别人的同时，给别人下绊子，甚至陷害别人。也就是说，“忮”之所以不常见，就是因为只有当两个人的力量、地位差不多，形成一种竞争关系时，才会出现“忮”的情况。“求”不常见，更主要是因为利益上的往来，即所谓的“货财相接、仕进相妨”，两个人有经济来往，投桃就希望对方报李，甚至得到了一寸还想求得一尺，这种情况之下就会出现妄求，求得过多，对方就会产生怨气。所以，“将欲造福，先去忮心，所谓人能充无欲害人之心，而仁不可胜用也。将欲立品，先去求心，所谓人能充无穿窬之心，而义不可胜用也”。

对此，曾国藩评价道：

> 忮不去，满怀皆是荆棘；求不去，满腔日即卑污。……欲心地干净，宜于此二者痛下功夫，并愿子孙世世戒之。

曾国藩的家训当中只有三条遗嘱，“不忮不求”这一条放在最前面，可见其被高度重视。他说，自己对这两者常加克制，恨自己尚未能扫除尽净，希望儿子们在这两者上痛下功夫，并愿子孙世世诫之。

曾国藩曾讲人的一生有三个境界要注意，即“少年经不得顺境，中年经不得闲境，老年经不得逆境”，这里参照了孔子所说的“君子有三戒：少之时，血气未定，戒之在色；及其壮也，血气方刚，戒之在斗；及其老也，血气既衰，戒之在得”，人老了，有些东西能放弃的就要放弃，不要太在意，这就是“不求”。

## 7. 养成恬淡胸怀最难

曾国藩有入世的情怀，但又经常以恬淡心态来看待功名。他在日记里说：近年来焦心忧虑过多，没有一天能畅游于恬淡的天地里，总是由于爱名声的心理太迫切，庸俗的见解太严重这二端。由于爱名声之心太迫切，所以在学问方面没有什么成就，道德品行没有树立，实在是惭愧之极。由于庸俗的思想太严重，所以家人的疾病、子孙及兄弟子孙的强弱贤愚等事，时时萦绕在脑海中，很是忧伤惭愧，窘迫得就像作茧自缚。现在要想除去这二病，应该在一个“淡”字上着意。自身的富贵功名和处境的顺逆，子孙一姓的兴旺如何，都是由天所注定的，即使是学问的成就、德行的树立，也大半取决于天事，若能将这些一概淡忘，也许心情才会稍稍得到轻松自在。

关于平和恬淡的心境，曾国藩颇有心得，他说：

思胸襟广大，宜从“平、淡”二字用功。凡人我之际，须看得平；功名之际，须看得淡，庶几胸怀日阔。

并表示要“以庄子之道自怡，以荀子之道自克”，“世俗之功名得失须看得略平淡些”。他还在日记中把“至淡以消忮心”作为他的人生三乐之一乐，排在第二乐的位置上。根据苏东坡的诗句“治生不求富，读书不求官”又扩充了“修德不求报，为文不求传”。认为兼有此四德，那么就会胸怀宽广，拥有天下之至乐。

曾国藩的四弟曾国潢好酒，而且每次过多，因而神思也易混乱，同时又好多言，情绪就经常烦躁不安。不仅如此，他还有一些轻举好动的毛病，今天打算兴办某事，明天又思量拜访某人，光阴虚掷而又无所察觉。因此曾国藩一怕他流于欲见太重之人，二怕他不能给子弟后辈及乡亲邻里树立很好的形象。于是引用《礼记》的话劝他的弟弟说：

《记》曰：“清明在躬。”吾人身心之间，须有一种清气。使子弟饮其和，乡党熏其德，庶几积善可以致祥。

“清明在躬”出自《礼记·孔子闲居》，即身体中存有一种清新明朗之气。也就是说，我们的身心间，应有一种清纯之气，使子弟后辈感受到你的恬淡慈和，邻里乡亲沐浴着你的高风亮节，这样才可以积累善行，带来吉祥。

由于曾国藩的训导，性格刚猛不服气的九弟曾国荃在任湖北巡抚的那段时间里，便颇有一种“闲散自适”的恬淡之象，他给长兄的信中说：“弟去年匆匆又懒一年，今且四十六岁矣。懒也懒不出一个明堂，做好汉也做不出一个明堂。未曾一日发愤，便要三日耳聋，五日背疼，七日心忡。惟全不问书和籍，也不理笔和墨，偏能一觉睡到大天光，一餐两个半碗饭，满行满走，快乐无忧。可见天生我，教我懒一世，且再懒四十六年，便是九十二岁，值得值得。懒得我此心活泼泼地，大儒气象或亦不足过也。”另信还说：“弟在家闲散自适，一不当家，二不看书，三不写字，惟间或念几句阿弥陀佛、观音菩萨，以养吾闲静之心耳。”“吾齿未落一颗，而却有一二动摇者，吃硬菜不以为苦也。夜坐至三更则不能支，必欲睡矣，睡从无一时不醒者，亦无五刻不遗溺者。目光不看书写字，则光炯炯可远视秋毫于十里之外，若夜间稍写数字，则次早为之不宁，所以夜不近书案有年矣。名心极淡，不喜誉，不畏毁，故心无所系。偶或登山看地，尚能行十余里。在内之精气，以弟为最完固。在外之能饮食能应酬，以仲氏为最健者。如弟测兄于三千里外，似吾二人之所能，皆兄之所驾而上者也。”

## 8. 控制自己的情绪

控制自己的情绪，这是最重要的品德之一。我们看，历史上不知道有多少伟大的人物，地位越高，脾气越大。这大概就是所谓的官升脾气长。其实，官做得越大，就越应该注意自己的德行修养。

九弟曾国荃在打下太平天国后，罢官回家，但悠悠之口，仍不放过他，他一时心绪坏到极点。作为兄长，曾国藩写信宽慰弟弟，大意是：火气来时不能心平气和，且无所畏惧，盛年尤其如此，即使年纪大了，也有不可遏制的时候。制怒，就是佛家所讲的降龙伏虎。龙就是心火，虎就是肝气。多少英雄豪杰不能过此两关。降龙养心，伏虎养肝。古代圣贤所说的去欲，就是降龙；所讲的戒怒，就是伏虎。儒家与佛家有不同，但在节制自己的情绪上是一致的。此病非药物所能医，必须将万事看空，不恼不怒，如蛇咬人手，要有壮士断腕之气概。这就是曾国藩所说的"制怒如降龙伏虎"，就是要控制自己的情绪。但是这个道理人人都知，自古以来，又有多少英雄豪杰过了"降龙伏虎"这一关呢？我们都知道，湖南人性格刚烈，曾国藩常说自己年轻气盛时也经常发脾气，但是他后来克制住自己，在关键的时候不为情绪所左右，以理性的态度来处理事情。

## 9. 高而不危，全在"宽、平"二字

人不能无所顾忌，毫无畏忌是身败之端。曾国藩曾经把"劳谦君子"的印章送给弟弟曾国荃，要求他勤劳做事、谦虚做人。他说，我们掌握这么多人的生杀大权，掌握大量的人、财、物，是处在名利场中。在名利场中应该时时刻刻地勤劳做事，就像农民奋力种田，商人专心趋利，要早做夜思以求有所帮助。这里讲了一个"勤"字，后面还有一个"谦"字。也就是办事情之外需要有一种豁达、从容的气象，两者齐头并进，才能把勤劳与恬淡共同表现出来，这才有意味。一个人老是勤劳会觉得很累，如果用一些谦的办法，不刻意为自己设定一个目标，有得有失，在得和失之间顺其自然，那么这个人在勤劳的同时又有

了一份谦退。所以，为人处世就应该勤、谦二者齐头并进。

曾国藩告诫曾国荃的例子非常多。特别是曾国荃做了湖北巡抚之后，当时的湖广总督是官文。官文是旗人，出身军人世家，任湖广总督，领导八旗绿营，与曾国藩的湘军共同平太平军。曾国藩曾批评他“才具平庸”，但胡林翼对他极力笼络。胡林翼做湖北巡抚，跟官文搭班子时，开始也受不了官文的跋扈，要上折子弹劾官文，但许多人包括曾国藩在内都劝他，希望他不要跟官文闹翻，因为当时的湘军要想安营扎寨，谋求发展壮大，必须把官文摆平。结果胡林翼听劝了，在做湖北巡抚期间，一直跟官文保持着融洽的关系，且收官文之小妾为义妹，每月还送两千两白银让其挥霍。曾国荃却不一样，仗着自己打下太平天国的功劳，做了湖北巡抚，咽不下这口气。他说官文太不像话，要向皇帝告状。这时候，曾国藩劝说道，我们兄弟现在功高权重，名望亦高，中外瞩目为第一家，但是“楼高易倒，树高易折”，要懂得谦让，学会让权避势，要知道位高危道，名重易倾，只有做到了“宽、平”二字，才能高而不危。弹劾官文，实为不明智之举，不要做这种事情。

但是曾国荃在这件事情上，没有听兄长的。1866 年 11 月，因镇压捻军无功，官文遭左宗棠、曾国荃共同上疏弹劾，被摘去湖广总督职。此次政争，也被视为汉人督抚开始掌握实权，满人势力消退的分水岭。曾国荃果真把官文弹劾下去了，还写信跟长兄曾国藩说，一切靠命运做主，要自强。要知道，曾国藩很信命运，但他认为人能争自己的运，争不了自己的命。他说，我平时也很深信命运，但是自强者会胜人一筹，我不深信。什么是自强？自古以来不知多少人，像李斯、曹操、董卓、杨素等，都是智力横绝一时而其祸败亦异乎寻常。所以，我们应该在自我修养方面求强，不应该在胜人处求强。如果专门在胜人处求强，像拳击一样把对方击倒，但最后你能强到底吗？一个人一辈子能强到底吗？

即使终身强横安稳，这也是君子所不为的。这是曾国藩对弟弟的一再告诫。后来果然如曾国藩所料，曾国荃弹劾官文之后，朝廷表面上处理了官文，革去他湖广总督的职位，但是官文的大学士头衔没有去掉，1867年反而被召还京，代理直隶总督。而当年 5 月因无功，曾国荃反被摘去顶戴，10 月因病请假开缺，12 月因东捻平定恢复顶戴，之后曾国荃一直在家赋闲。对于这一点，曾国藩早有预见，他给儿子写的信中就说道，你九叔没有听我的话，将来的仕途绝对不畅。当然，在曾国藩去世几年后，也就是 1875 年，清政府重新起用曾国荃，出任陕西巡抚、山西巡抚等职，之后他又做了陕甘总督，兼兵部尚书衔，继署两广总督。

## 10. 悔字诀、忍字诀

曾国藩说："默存一悔字，无事不可挽回也。"悔是什么意思？不是悔恨，而是时时检讨自己，有过错时要检讨自己。古语云："勿以善小而不为，勿以恶小而为之。"所有大的恶都是从小的恶累积而成，大的善也是通过小的善而来的。所以，有过必改，才不至于酿成大错。

曾国藩认为，自己在仕途上一帆风顺，得力的窍门之一就是"悔"字诀。他曾跟曾国荃说，为兄过去自负本领甚大，可屈可伸，可藏可行，总是见不得别人有什么好处。自从大悟大悔之后，乃知自己全无本领，凡事都见得别人有几分是处。从那一天到今天为止已整整九载，与四十岁以前完全不同。所以他希望弟弟"以能立能达为体，以不怨不尤为用"，希望今后凡事存一个悔字，如此任何事情都是可以挽回的。

"坚忍为成功之本"，这是曾国藩的"忍"字诀。凡事要讲忍，如果开始做什么事情都不顺，那么就忍受这种逆境，之后人生就进入到另一个境界，人生也进一阶。用我们今天的话来说，这个时候人到了更高的层面。曾国藩要求自己和弟弟坚忍，身处逆境才能使人磨炼成英雄，也就是古人所说的“艰难困苦，玉汝于成”。他生平咬牙立志，自己怄气时从不说什么，一味忍耐，慢慢改变，在逆境中以图强大，他引用一句谚语说“好汉打脱牙和血吞”。在道光年间他被京城的权贵唾骂，咸丰初年被长沙的官绅痛骂，咸丰六七年刚到江西又被江西的官绅讥讽。像岳州之败、靖港之败、湖口之败，两次投水要自杀，连遗书都写好了，这些都是“好汉打脱牙和血吞”的事。可见，曾国藩是坚忍成功的典型，他做到了“好汉打脱牙和血吞”。韩信的胯下之辱，是对人精神上的折磨；别人把你的牙齿打断，这是一种什么样的折磨，但是要忍、要吞到肚子里去。曾国藩曾经跟心腹幕僚赵烈文说，自己平生精力，与长毛斗，只占十之三四；与世俗文法斗，占十之六七。确实，将军决战岂止在战场，他更多的精力不是在打仗上，而是协调与朝廷决策层的关系，自己手中没有权力，还要和地方大员搞好关系。要人没人，要钱没钱，要什么没什么。但是，朝廷又强加给他这么一个使命，把太平天国给收拾掉，恢复儒家的道统。他一生与世俗文法斗，占据平生精力十之六七。什么是世俗文法？各种规章制度、法律条文以及可畏人言，他要冲破这些局限，谋求成功，当然免不了遇到打脱牙吞到肚子里的事情。

# 第十一章　择　业

## 1．人生最大之事，莫过于谋食

《礼记》中有“为人子者，出必告，反必面，所游必有常，所习必有业”，这个“业”就是职业。又有“良冶之子必学为裘，良弓之子必学为箕”，可知职业的选择既有家族的传承性，也受时代的影响。曾家至曾国藩兄弟时期，显然已经走出了靠种田耕地过生活的阶段，而通过读书成为专门家，已然是首选。

人生在世，首先要能够依靠自己的劳动付出过日子、讨生活。养活自己就得工作，工作的好坏关乎生活的质量，谋得一份好工作，就是择业了。择业确实是人生第一大事。对于子女长大成人后如何立足社会，曾国藩要求子女一定要自立自强，不能靠父母的庇荫。对曾国藩来说，不管是弟弟们还是子侄辈们，自立自强是最重要的。

道光年间，曾国藩入职翰林院，那时他已经觉察到了家族发展的新阶段，由此，他比较早地告诫诸弟，要通过读书获得一份相对体面的“职业”。这是道光二十二年（1842）九月，曾国藩给家中的几个弟弟写了平生最长的一封信，核心是“职业”的选择。他说：

知四弟、六弟未得入学，怅怅然。科名有无迟早，总由前定，丝毫不能勉强。吾辈读书，只有两事：一者进德之事，讲求乎诚正修齐之道，以图无忝所生；一者修业之事，操习乎记诵词章之术，以图自卫其身。进德之事，难以尽言，至于修业以卫身，吾请言之。

曾国藩的教育不是空洞的，而是有针对性的，他知道四弟（曾国潢）、六弟（曾国华）没有入学读书，时常引以为憾。至于科名，则有早有晚，命中注定，不能勉强。但是，不管是否能考取功名，还是要读书。而读书的目的主要在于两处，其一就是“进德”，也就是儒家讲的诚意、正心、修身、齐家之道，做到了这个才不愧此生。其二就是“修业”，那就是要读书，熟习辞章之学，起码能保护自己、养活自己，也就是懂得谋食之道。关于进德的道理，说起来比较难，曾国藩怕弟弟们无法理解，只好讲讲修业以卫身之道。

曾国藩继续说道：

卫身莫大于谋食。农、工、商，劳力以求食者也；士，劳心以求食者也。故或食禄于朝，教授于乡，或为传食之客，或为入幕之宾，皆须计其所业，足以得食而无愧。科名者，食禄之阶也，亦须计吾所业，将来不至尸位素餐，而后得科名而无愧。食之得不得，穷通由天作主，予夺由人作主，业之精不精，则由我作主。然吾未见业果精而终不得食者也。农果力耕，虽有饥馑，必有丰年；商果积货，虽有壅滞，必有通时；士果能精其业，安见其终不得科名哉？即终不得科名，又岂无他途，可以求食者哉？然则特患业之不精耳。求业之精，别无他法，曰专而已矣。

“卫身”即生存之道，曾国藩认为，生存第一大事莫过于谋食。农、工、商是以劳力来求食的，属于体力劳动者。而士是脑力劳动者，通过劳心以求食。这里可以看出，曾国藩并不认为，农、工、商三者卖力气求生就低贱，而士人通过脑力劳动来为自己谋食就高贵。对于士人来说，有的靠在朝为官得来的俸禄过活，有的则是靠教书为生，还有的为别人的门客，有的作为幕僚，这些人都是靠自己所长求生存，问心无愧。在此，他特别强调了“科名”，“科名”指通过科举考试挣得功名，举人、进士之类皆是，他们考取功名后，靠国家的俸禄度日，但是也得是术业有专攻，将来做了官后不至于尸位素餐，这样的科名才真正算是得之无愧。

还有，人的一生，是困厄还是显达是老天在做主，而给予和剥夺，有时则是由他人决定；但是自己生存的本领，即业务精通不精通，全靠自己的努力。并且，他还说，自己没有见过一身好本事的人不能生存的事。农民如果致力于耕作，即使遇上饥馑之年，一时日子难过，但总会遇到丰收的年头；商人努力打拼，即使暂时有积存的货物滞销，但一定有货物畅销的时候。读书人如果精进学业，怎么可能考取不了功名呢？即使终究考不上，还有其他途径可以谋生。怕就怕这个人学业不精。可见，生存的本领要精，没有别的办法，就是专注一心。专注学习和做事的人总会有回报的。

曾国藩深知，依靠科举考取功名的路实在太难，他的父亲就是例证。因此他希望诸弟能够通过读书成为某一方面的“专家”，从而为自己“谋食”，也能够安身立命。为此，他特别将诸弟向这方面引导，并就每一个人的志趣设定一个方向。他特别不希望诸弟虽然也读书，但没有学到真本领，光阴荏苒，还是不能靠读书“谋食”，为此他十分强调“专”字。他说：

“谚曰‘艺多不养身’，谓不专也。吾掘井多而无泉可饮，不专之咎也。诸弟总须力图专业。如九弟志在习字，亦不必尽废他业。但每日习字工夫，断不可不提起精神，随时随事，皆可触悟。四弟、六弟，吾不知其心有专嗜否？若志在穷经，则须专守一经；志在作制义，则须专看一家文稿；志在作古文，则须专看一家文集。作各体诗亦然，作试帖亦然，万不可以兼营并骛，兼营则必一无所能矣。切嘱切嘱，千万千万。此后写信来，诸弟各有专守之业，务须写明。且须详问极言，长篇累牍。使我读其手书，即可知其志向识见。凡专一业之人，必有心得，亦必有疑义。诸弟有心得，可以告我共赏之；有疑义，可以问我共析之。且书信既详，则四千里外之兄弟不啻晤言一室，乐何如乎？予生平于伦常中，惟兄弟一伦抱愧尤深。盖父亲以其所知者尽以教我，而我不能以吾所知者尽教诸弟，是不孝之大者也。九弟在京年余，进益无多，每一念及，无地自容。嗣后我写诸弟信，总用此格纸，弟宜存留，每年装订成册。其中好处，万不可忽略看过。诸弟写信寄我，亦须用一色格纸，以便装订。”

又过了两年，曾国藩与四个弟弟再次强调了“修业”的重要性，而且，“修业”不受外界影响，可以自己“做主”：“吾人只有进德、修业两事靠得住。进德，则孝弟仁义是也；修业，则诗文作字是也。此二者由我作主，得尺则我之尺也，得寸则我之寸也。今日进一分德，便算积了一升谷；明日修一分业，又算余了一文钱。德业并增，则家私日起。至于功名富贵，悉由命定，丝毫不能自主。昔某官有一门生为本省学政，托以两孙当面拜为门生。后其两孙岁考临场大病，科考丁艰，竟不入学。数年后两孙乃皆入，其长者仍得两榜。此可见早迟之际，时刻皆有前定。尽其在我，听其在天，万不可稍生妄想。六弟天分较诸弟更高，今年受黜，未免愤怨。然及此正可困心横虑，大加卧薪尝胆之功，切不可因愤废学。”

在长兄的引导、督教下，诸弟确实大有进步。随后他针对诸弟的兴趣爱好、特长，为之制订“课程”，他说九弟“楷法佳妙，余爱之不忍释手。起笔收笔皆藏锋，无一笔撒手乱丢，所谓有往皆复也”，同时指导如何“换笔”、“结字之法”，又说：“六弟之信，文笔拗而劲，九弟文笔婉而达，将来皆必有成。但目下不知各看何书？万不可徒看考墨卷，汩没性灵。每日习字不必多，作百字可耳。读背诵之书不必多，十叶可耳。看涉猎之书不必多，亦十叶可耳。但一部未完，不可换他部，此万万不易之道。阿兄数千里外教尔，仅此一语耳。”“贤弟亦宜趁此时学为诗、古文，无论是否，且试拈笔为之。及今不作，将来年长，愈怕丑而不为矣。每月六课，不必其定作时文也。古文、诗、赋、四六无所不作，行之有常。将来百川分流，同归于海。则通一艺即通众艺，通于艺即通于道，初不分而二之也。此论虽太高，然不能不为诸弟言之，使知大本大原，则心有定向，而不至于摇摇无着。虽当其应试之时，全无得失之见乱其意中，即其用力举业之时，亦于正业不相妨碍。诸弟试静心领略，亦可徐徐会悟也。”

在长兄指导下，诸弟中以曾国荃进步最快。后来，九弟又到省城岳麓书院读书。即便后来没有跟随长兄上战场，曾国荃也能够靠读书安身立命。

## 2. 不希望做生意人

在中国传统“四民”排序中，“商”是在最后的。自汉朝开始从法律上压制商人的活动，这对后世影响极大。由此，司马迁在《史记》中为商人立传的《货殖列传》也成为煌煌二十四史中唯一的存在。

早年曾国藩出生不久，曾家接连添人进口，曾国藩的父亲曾麟书每以人众家贫为虑，曾国藩的母亲曰：“某业读，某业耕，某业工贾。吾劳于内，诸儿劳于外，岂忧贫哉？”每好作自强之言，亦或谐语以解劬苦。

在曾门五兄弟中，季弟曾国葆尝试做过生意，即短暂从事过商业活动。季弟少年时颇有志向，恪守曾子“三省吾身”之说。咸丰元年，曾国藩在致四位弟弟信中说：“季弟书中言每思留心于言行之差错，以时时儆惕。余观此语，欣慰之至。凡人一身，只有迁善改过四字可靠；凡人一家，只有修德读书四字可靠。此八字者，能尽一分，必有一分之庆；不尽一分，必有一分之殃。其或休咎相反，必其中有不诚，而所谓改过修德者，不足以质诸鬼神也。吾与诸弟勉之又勉。务求有为善之实，不使我家高曾祖父之积累自我兄弟而剥丧。此则余家之幸也。”这里强调的仍是“修德读书”以养家。或许受长兄的影响，曾国葆随即表示他有志于“道义身心之学”。曾国藩回信说：“阅其书，不胜欣喜。凡人无不可为圣贤，绝不系乎读书之多寡。吾弟诚有志于此，须熟读《小学》及《五种遗规》二书。此外各书能读固佳，不读亦初无所损。可以为天地之完人，可以为父母之肖子，不必因读书而后有所加于毫末也。匪但四六古诗可以不看，即古文为吾弟所愿学者，而不看亦自无妨。但守《小学》《遗规》二书，行一句算一句，行十句算十句，贤于记诵词章之学万万矣。季弟又言愿尽孝道，惟亲命是听。此尤足补我之缺憾。我在京十余年，定省有阙，色笑远违，寸心之疚，无刻或释。若诸弟在家能婉愉孝养，视无形，听无声，则余能尽忠，弟能尽孝，岂非一门之祥瑞哉？愿诸弟坚持此志，日日勿忘，则兄之疚可以稍释。幸甚幸甚。”

但时代的激荡往往会改变一个人的生活“轨迹”。咸丰三年，长兄曾国藩创办湘军，最早跟随长兄的就是曾国葆，他带了六百人以从，后来编成湘恒营。但因在战场上失败，感觉无颜见家乡父老，遂于第二年归里隐居在紫甸汤家屋场。但这种生活不能持续下去，于是他开始尝试经营生意，但具体情况不详。大约时间不短，到咸丰八年七月，曾国藩重新出山，他可能考虑曾国葆可以助他一臂之力，于是写信不让他做生意："季弟生意颇好，然此后不宜再做，不宜多做，仍以看书为上。"曾国葆此时已届三十而立的年龄，读书本来非其所好，曾国葆似乎没有采纳长兄的意见。到了八月，曾国藩又给季弟写信说："季弟远隔紫甸，余总不放心。汤家屋场之业及各处田业，余皆不愿受。若季弟能在近处居住，或在老屋之上新屋之下中间择买一屋，与季弟安居，我则愿寄钱文至家办成此事。否则，余守旧规不敢少改也。"当年十月，曾国华在三河镇阵亡，消息传到曾家，曾国葆发誓要为兄报仇，于是走上战场，在黄州投靠湖北巡抚胡林翼。同治元年十一月死于军中。

曾国葆非等闲之辈，他最大的"贡献"是向长兄极力推荐彭玉麟、杨岳斌。最初曾国葆组建六百人的湘恒营，彭、杨二位是曾国葆的僚佐，而曾国葆"亟荐此二人为英毅非常器，己愿下之。四年三月，岳州兵败。季（弟）又亟白诸将无罪，己愿独坐之。其后杨、彭二人果以水师雄视东南，而诸将亦次第登用，掇取高官大名。独季弟黯黮归去，筑室紫田山中，闭绝人事，身与世若两不相收"。

在曾国藩为季弟所写的墓志铭中，略去了经商这段经历。而曾国藩所以不让季弟经商，或许是他认为经商心思活泛，曾国葆不适宜。

## 3. 勿以考卷误终生

曾国藩在教育子女方面，跟家里人的分歧比较大。比如他说子弟辈不一定要走科举考试的道路，这在我们今天看来确实是不可思议的。今天你如果说孩子不用考大学，肯定会惹来非议。这怎么能行呢？砸锅卖铁也得让孩子考上大学。曾国藩没有这么想。长子曾纪泽天赋很高，九岁的时候就写关于史论的议论文了。这不光让曾国藩感到欣喜，也让父亲曾麟书等家人觉得振奋。道光十九年（1839），父亲给曾国藩写信说："朝廷立法数百年不易者，惟制艺耳。尔等亦不（必）深鄙也。此后教纪泽读书，定要作八股。"明清时期的科举考试是八股取士，"制艺"就是八股文。曾麟书知道儿子对八股文不以为意，所以特意叮嘱儿子教孙子学作八股文。曾国荃也给兄长曾国藩写信，希望侄子能早日学作八股文：

> 甲三（纪泽）侄天分既高，弟意愿老兄仍教他，兼读八股，且需开首做半篇。盖近来读书毛病，才高者往往不就范围，以八股之法范之，庶几更易于成就。如欲其学圣贤，为伟人，不局于小成小就，则不做八股工夫尽可。而学八股工夫，亦断无碍于正业也……望老兄大人遵行为幸。

曾国荃也认为八股文有坏处，但他还是希望兄长教侄子学作八股文，毕竟学这个也不耽误正事。然而，曾国藩并不作如此想，因为对科举考试的艰难、八股文的戕害深有体会，以及有多年做官的风雨体验，他认为，八股文太复杂，耽误时间，还不如用这些精力去做一些有用的学问，而且做官并不快乐，每天都是如履薄冰、如临深渊，所以他说"凡人多望子孙为大官，余不愿为大官"，还是不希望子女做大官。

但是，老父亲的话不能当耳边风，曾国藩只好以曾纪泽年纪尚小为借口，敷衍说等纪泽儿到了十四岁，再学作八股文不迟。结果到了十四岁，曾国藩还是照旧，没有教曾纪泽作八股文，气得老父写信质问说："本朝以文章诗赋考言，以字迹端方取士，实属不易之良法。尔教子宜急教做文章、学小楷，慎勿以予言为非，鄙而勿听也。"曾麟书希望儿子教孙子纪泽学八股文，作文章、练好字，不要不把自己的话当回事。然而，曾国藩阳奉阴违，对父亲的话依然置若罔闻，没有教曾纪泽八股文，甚至还写信给曾纪泽说："八股文、试帖诗皆非今日之急务，尽可不看不作。至要至要。"不希望儿子致力于科举，那曾国藩希望儿子做什么呢？

曾国藩给曾纪泽的家书中写道：

尔既无志于科名禄位，但能多读古书，时时哦诗作字，以陶写性情，则一生受用不尽。

如果儿子无志于科名利禄，那么多读古书，吟诗作字，陶冶自己的性情，也是一生受用不尽。甚至可以学王羲之做书法家，像陶渊明一样终老田园，但是还是有底线，即不能做放荡名教之人。放荡名教者，天天讽议朝政，最后自己没有什么成就，还把家人都给牵连进去。

后来两个儿子都上了考场，曾国藩并不苛求儿子们一定考上，他说：

今年初次下场，或中或不中，无甚关系。榜后即当看《诗经》注疏，以后穷经读史，二者迭进。国朝大儒，如顾、阎、江、戴、段、王数先生之书，亦不可不熟读而深思之。光阴难得，一刻千金！

你看，做父亲的反而说考试中或不中没有什么关系，发榜之后如果落榜了，继续看《诗经》注疏，努力研读经书和史书，两者齐头并进。还有清朝的大儒，如顾炎武、阎若璩、江永、戴震、段玉裁、王夫之这些大家的书，也要熟读深思。一个大家的书读透了，将来也可以给自己谋得一碗饭，不一定要走科举考试的路。由此看来，曾国藩对儿子的期望就这么简单，多读书，珍惜光阴，不愧此生，别无他求。

对诸弟，曾国藩一开始督教甚严，又是亲自督教，又是给定课程。他也鼓励诸弟上考场，但不一定要考中。最小的弟弟曾国葆考场不利，曾国藩写信安慰说："洪弟考试不利，区区得失，无足介怀。补发之案有名，不去复试，甚为得体。今年院试若能得意，固为大幸；即使不遽获售，去年家中既隽一人，则今岁小挫，亦盈虚自然之理，不必抑郁。植弟书法甚佳，然向例未经过岁考者不合选拔，弟若去考拔，则同人必指而目之。及其不得，人不以为不合例而失，且以为写作不佳而黜。吾明知其不合例，何必受人一番指目乎？弟书问我去考与否，吾意以科考正场为断。若正场能取一等补廪，则考拔之时，已是廪生入场矣；若不能补廪，则附生考拔，殊可不必，徒招人妒忌也。"

## 4. 进身之始，务知自重

同治三年，十五岁的曾纪鸿到长沙参加考试考秀才。儿子第一次下考场，曾国藩写信说：

尔在外以谦谨二字为主。世家子弟，门第过盛，万目所属。临行时，教以三戒之首，末二条及力去傲、惰二弊，当已牢记之矣。场前不可与州县来往，不可送条子。进身之始，务知自重。

曾国藩告诫儿子，在外面以“谦、谨”两字为主，因为当时曾国藩可以说是举朝瞩目的大人物，而曾纪鸿代表的是世家子弟，有不少人的眼光在关注着他。所以，曾国藩千叮咛、万嘱咐，要儿子牢记，切不可与州县官来往，更不可递条子，通关节。而且强调说“进身之始，务知自重”。紧接着又写了一封信说：

余与沅叔蒙恩晋封侯伯，门户太盛，深为祇惧。尔在省以谦敬二字为主，事事请问意臣、芝生两姻叔，断不可送条子，致腾物议。十六日出闱，十七八拜客，十九日即可回家。

因为曾国藩封了侯爵，曾国荃也封了伯爵，门户太盛，可以说当时这样的汉人家族，天下只有他这一家，盛名之下，曾国藩也是十分得小心，他希望曾纪泽不要摆架子，再次告诫在省城要以“谦、谨”两字为主，事事要问当地的长辈，断不可送条子，导致非议，败坏曾家的名声。而且还给他规定，十六日考试结束，十七日、十八日拜客，十九日就必须回家，不能在外面玩耍逗留。两次的书信，都在强调，通过考试谋求进身之路，还是要自重，不可依靠别的途径。

对于考试中与不中，曾国藩的态度很明了，他认为还是在于自身。他说：“尝见朋友中有美材者，往往恃才傲物，动谓人不如己，见乡墨则骂乡墨不通，见会墨则骂会墨不通，既骂房官，又骂主考，未入学者，则骂学院。……傲气既长，终不进功，所以潦倒一生，而无寸进也。……盖场屋之中，只有文丑而侥幸者，断无文佳而埋没者，此一定之理也。三房十四叔非不勤读，只为傲气太胜，自满自足，遂不能有所成。”有些人在参加科举考试时，自以为才高八斗，文章写得十分好，没有被录取全是他人的错，既骂改卷的，又骂主考的，骂他们不识文采。没有入学的，则骂学院的老师。这种人时间久了，傲气既长，潦倒一生，没有任何进步。所以，曾国藩认为，公平的科举考试中，只有文丑而侥幸考中，绝没有写得好文章而被埋没一生的，从来没有这个道理。他还举例说，三房的十四叔并不是不努力读书，而是傲气太盛，自以为了不起，结果一事无成。曾国藩说这些，就是为了让弟弟和儿子们平衡心态，要努力修炼自身，不要怨天尤人。

## 5．择人而事，不可草率

曾国藩认为，做好人、做好官、做名将，俱要好师、好友、好榜样，有两类人可事之。什么样的人可以共事呢？有两种人：一是意志坚卓，不为浮言所动，即“不随众为疑信”；二是品性宏大，能打开局面，即“初基不必大，然气势充畅”，用今天的话说，有发展潜力。第一种人是“不随众为疑信”者，意志坚卓，不为浮言所动，不像那种墙头草两边倒的人，没有自己的主见，没有自己的定力，人云亦云。如果是后者，这种人不值得共事。第二种人是“初基不必大，然气势充畅”者，这种人品性宏大，能够打开局面，加入时门槛不是很高，但是组织者有干劲，氛围很好，大家都有发展前途。

开始的时候，曾国藩对自己的九弟曾国荃寄予厚望，希望他可以通过科举做一个文官，不希望他在军中效力，靠战功成名。但后来曾国荃等几个弟弟还是从军了，曾国藩要求几个弟弟不能跟随他，不要有特权思想。他出省作战的时候坚决不带他的九弟，把曾国荃交给胡林翼统辖，并入鲍超的军营。1856 年 10 月，曾国藩在江西瑞州劳师，目睹刘腾鸿治军严整，赞叹之余，便起了心思，决定安排九弟跟随他磨炼，认为一定大有长进。他对曾国荃说：

惟弟所部之千五百人者，兄意决望其仍来瑞州，与温并营。盖峙衡治军整肃，实超辈流。弟若与之同处一二月，观摩砥厉，弟与温合之二千人决可望成劲旅。而憩兄与南兄与我投契夙深，又为此间官绅之所属望，一至章门，则嘘枯振萎，气象一新，使我眉间忽忽有生气。

有一个笑话说：人最大的痛苦是什么事？没跟对人。说是笑话，其实也有道理。没跟对人，这一辈子就局限了。人生哪有那么多年华？西方管理学讲，人一生最重要的机遇只有三次，第一次没有把握住，第二次就只有一半可能，第三次就没了。最好的年华、最重要的机遇要抓住，最重要的就是跟什么人、做什么事。俗话说："男怕入错行，女怕嫁错郎。"就是这个道理。曾国荃后来成为湘军当中最能打仗的，其原因之一就是兄长所说的"择人而事"。

"择人而事"，确实很难，什么样的人不能跟呢？以小弟曾国葆为例。曾国葆是曾家唯一经过商的，几个弟弟当中最有个性的也是他，跟兄弟们闹得不是很和谐。所以曾国藩也是没有办法。曾国葆决心为其兄曾国华"报仇"而上战场前，曾国藩清楚这位季弟的毛病，对他说："明年出外，尚须再三筹维。若运气不来，徒然怄气。帮人则委曲从人，尚未必果能相合；独立则劳心苦力，尚未必果能自立。"这段话是针对小弟经商不顺而说的。说他运气不好，出来就跟别人怄气，帮人则委曲从人，未必能处得很好，不愿意追随别人，当一个随从也不愿意，自己独撑门面也是劳心苦力。曾国藩考虑再三，还是觉得"今日办事之人，惟胡润之（林翼）、左季高（宗棠）可与共事。此外皆若明若昧，时信时疑，非季弟所能俯仰迁就也”。有两个人能够跟，一个人是胡林翼，另一个人是左宗棠，这两个人可以共事。除了这两个人之外，其他人则是“若明若昧，时信时疑”，这种人曾国葆跟随他，肯定不甘心；但是跟了胡林翼、左宗棠，绝对能够历练出来。后来曾国葆跟了胡林翼，果然立了大功。可见，“择人而事”，确实“不可草草”，曾国藩对待兄弟，也的确很用心。

# 第十二章　交　友

## 1. 择交是第一要事

曾国藩把交友看得非常重，如何选择朋友是人生第一要事。《史记·张释之冯唐列传》中有一句话说“不知其人，视其友”。如果你对这个人不了解，最好的方法之一就是看他所结交的朋友。据统计，一个人一生能认识的人、能结交的朋友，算起来不超过三千人，但是从你呱呱坠地一直到你告别人世的那一天，最亲近的人最多不超过七十个。这七十个人是左右你一生，跟你一生成败攸关的，所以交朋友一定要慎重。

曾国藩认为：“一生之成败，皆关乎朋友之贤否，不可不慎也。”孔子也说：“益者三友，损者三友。友直、友谅、友多闻，益矣；友便辟、友善柔、友便佞，损矣。”意思是说：有益的朋友有三种，有害的朋友有三种。与正直的人交朋友、与诚实的人交朋友、与见多识广的人交朋友，有益处；与走邪门歪道的人交朋友、与谄媚逢迎的人交朋友、与花言巧语的人交朋友，有害处。所以，曾国藩说：“择交是第一要事，须择志趣远大者。”常言道“物以类聚，人以群分”，孟母为什么要三迁？就是周围环境非常重要。交朋友也是如此，要看对象，志趣远大者，眼光高远，胸怀广阔，不计较蝇头小利，可以互相激励，互相促进。这一点在青少年时代尤其重要，因为这时人的心志、性格没有定型，交友不慎，影响就会非常大，所以这时期的择交更加重要。

## 2. 乡间无朋友，实是第一恨事

曾国藩自认为自己早年没有好友，对此他深有感慨。曾国藩的四弟曾国潢想要通过外出找一家书馆教书，但又怕不能专心读书，而九弟曾国荃又多次私下与长兄谈到在家塾读书，很难见到世面，不能开阔眼界。为此，曾国藩专门就此“疑难”，为弟弟们释疑，特别强调交友的重要性。他说：

“至于家塾读书之说，我亦知其甚难，曾与九弟面谈及数十次矣。但四弟前次来书，言欲找馆出外教书。兄意教馆之荒功误事，较之家塾为尤甚。与其出而教馆，不如静坐家塾。若云一出家塾便有明师益友，则我境之所谓明师益友者，我皆知之，且已夙夜熟筹之矣。惟汪觉庵师及阳沧溟先生，是兄意中所信为可师者。然衡阳风俗，只有冬学要紧，自五月以后，师弟皆奉行故事而已。同学之人，类皆庸鄙无志者，又最好讪笑人，其笑法不一，总之不离乎轻薄而已。四弟若到衡阳去，必以翰林之弟相笑。薄俗可恶。乡间无朋友，实是第一恨事。不惟无益，且大有损。习俗染人，所谓与鲍鱼处，亦与之俱化也。兄尝与九弟道及：谓衡阳不可以读书，涟滨不可以读书，为损友太多故也。今四弟意必从觉庵师游，则千万听兄嘱咐，但取明师之益，无受损友之损也。”

大概是当时的湖南，特别是衡阳这个地方风气不太好，损友很多，同学当中大多庸鄙无志，又好讥笑人。他就跟四弟曾国潢讲，如果四弟到衡阳去，别人一定会笑话你是翰林的弟弟。他又说，乡间没有益友，这是人生的第一件憾事。其实，人早年的时候生活的天地狭小，圈子也不是很大，结交的人当然有限。如果交了损友，不但没有益处，而且大有损害。尤其是不好的习惯会影响到自己，就像久入鲍鱼之肆，也变得臭了。他曾和老九提及，衡阳书院和湘潭的涟滨书院都不是读书的好地方，损友太多。现在四弟一定要追随觉庵先生，不要交那些损友。

曾国藩对一个地方特别轻慢人、嘲笑人的风俗，深有体会。据说他在岳麓书院读书时，同一寝室有一位同学，对曾国藩“用功读书”颇为嫉妒，不但嫌其高声诵读影响到他，而且十分挑剔，故意为难，不是说曾国藩的蚊帐挡住光线，就是说曾国藩回寝室时间太晚耽误他睡觉。当曾国藩在这里考中举人后，又说曾国藩把他的好风水给抢去了。

汪觉庵先生是在衡阳唐氏家塾教读，长于四书、时文。曾国藩走出父亲的“利见斋”，就到了衡阳，从师汪觉庵先生，在这里大受教益。20 岁时又听从汪先生的建议，回湘乡在涟滨书院（涟水之阳）读书，山长是刘元堂先生。此时曾国藩改号涤生。

由此曾国藩非常赞同弟弟到衡阳从师汪觉庵。随即写信，强调交友一定要慎重，因为离开父亲的视线，独自与社会接触，如果与那些没有志向的人混在一起，最后一定是近墨者黑。他写信嘱咐说：“接到此信，立即率厚二到觉庵师处受业。其束脩，今年谨具钱十挂。兄于八月准付回，不至累及家中。非不欲从丰，实不能耳。兄所最虑者，同学之人无志嬉游，端节以后放散不事事，恐弟与厚二效尤耳。切戒切戒。凡从师必久而后可以获益。四弟与季弟今年从觉庵师，若地方相安，则明年仍可从游；若一年换一处，是即无恒者，见异思迁也，欲求长进，难矣。”

## 3. 师友夹持，虽懦夫亦有立志

交友不慎还使自己的聪明被遮蔽。曾国藩对诸弟说：“兄少时天分不甚低，厥后日与庸鄙者处，全无所闻，窍被茅塞久矣。”而到了京城，曾国藩的交友圈子发生翻天覆地的变化，他与益友交往密切，他在学术、个人修为、志向等方面有质的飞跃。他对诸弟说：“及乙未到京后，始有志学诗古文并作字之法，亦洎无良友。近年得一二良友，知有所谓经学者、经济者，有所谓躬行实践者，始知范、韩可学而至也，马迁、韩愈亦可学而至也，程、朱亦可学而至也。慨然思尽涤前日之污，以为更生之人，以为父母之肖子，以为诸弟之先导。无如体气本弱，耳鸣不止，稍稍用心，便觉劳顿。每自思念，天既限我以不能苦思，是天不欲成我之学问也。故近日以来，意颇疏散。计今年若可得一差，能还一切旧债，则将归田养亲，不复恋恋于利禄矣。粗识几字，不敢为非以蹈大戾已耳，不复有志于先哲矣。吾人第一以保身为要。我所以无大志愿者，恐用心太过，足以疲神也。诸弟亦须时时以保身为念，无忽无忽。”

曾国藩写这封信的时间是道光二十三年正月。由于曾国藩身体不好，影响情绪，所以说他没有什么大志向，想得到一次考差把家中所欠的债还上，可能就没有其他遗憾了。

当六弟、九弟决心到省城读书，曾国藩立即予以经费支持后，又再三嘱咐与谁交往：“弟接到此信，立即下省肄业。省城中兄相好的如郭云仙（郭嵩焘）、凌笛舟、孙芝房，皆在别处坐书院。贺蔗农、俞岱青、陈尧农、陈庆覃诸先生皆官场中人，不能伏案用功矣。惟闻有丁君者名叙忠，号秩臣，长沙廪生，学问切实，践履笃诚。兄虽未曾见面，而稔知其可师。凡与我相好者，皆极力称道丁君。两弟到省，先到城南住斋，立即去拜丁君托陈季牧为介绍，执贽受业。凡人必有师；若无师，则严惮之心不生。即以丁君为师，此外择友则慎之又慎。昌黎曰：‘善不吾与，吾强与之附；不善不吾恶，吾强与之拒。’一生之成败，皆关乎朋友之贤否，不可不慎也。”

曾国藩还拿自己举例，他当年在京城，踏入另外一个人际交往的圈子，吴廷栋（号竹如）是曾国藩交往非常好的朋友，动员曾国藩搬到城里来。为什么要搬到城里来呢？因为“城内镜海先生可以师事，倭艮峰先生、窦兰泉可以友事。师友夹持，虽懦夫亦有立志”，镜海先生就是当时有名的理学大师唐鉴（1778—1861），可以作为老师；倭艮峰先生就是当时的理学家倭仁，窦兰泉就是窦垿（1804—1865），这两人可以作为朋友。有好老师和好朋友的帮助扶持，就算是懦夫也会立志上进的。曾国藩在理学方面的成就，可以说主要得益于倭仁。

对于搬到城里和师友相处，他也表示认同：

> 予思朱子言为学譬如熬肉，先须用猛火煮，然后用慢火温。予生平工夫全未用猛火煮过，虽略有见识，乃是从悟境得来，偶用功亦不过优游玩索已耳，如未沸之汤，遽用慢火温之，将愈煮愈不熟矣。以是急思搬进城内，屏除一切，从事于克己之学。

曾国藩认为，朱子说为学如煲肉汤一样，先用猛火煮，再用慢火温，自己生平的功夫并没有全用猛火煮过，不求甚解者居多，就算略有见识，也是一时所悟，偶尔用功却如未沸之汤，改用慢火去温，结果越煮越不熟。所以要搬到城里去，抛掉一切杂念，使自己能够学有所成。

促成他搬进城里来的，也有城外的朋友的建言：

> 城外朋友，予亦有思常见者数人，如邵蕙西、吴子序、何子贞、陈岱云是也。蕙西尝言：“‘与周公瑾交，如饮醇醪’，我两个颇有此风味。”故每见辄长谈不舍。子序之为人，予至今不能定其品，然识见最

大且精，尝教我云："用功譬若掘井，与其多掘数井而皆不及泉，何若老守一井，力求及泉而用之不竭乎?"此语正与予病相合，盖予所谓掘井多而皆不及泉者也。

城外的朋友经常跟他讲的，有的确实符合曾国藩当时身上的一些毛病。吴子序所说的"用功譬若掘井，与其多掘数井而皆不及泉，何若老守一井，力求及泉而用之不竭乎"，与他后来教育弟弟说的"经则专守一经，史则专熟一代"如出一辙。

自从有了好的师友扶持之后，曾国藩的进步是显著的，他说：

余之益友，如倭艮峰之瑟僩，令人对之肃然。吴竹如、窦兰泉之精义，一言一事，必求至是。吴子序、邵蕙西之谈经，深思明辨。何子贞之谈字，其精妙处，无一不合，其谈诗尤最符契。子贞深喜吾诗，故吾自十月来，已作诗十八首，兹抄二叶付回，与诸弟阅。冯树堂、陈岱云之立志，汲汲不遑，亦良友也。镜海先生，吾虽未尝执贽请业，而心已师之矣。

## 4. 明奉为友，暗师法之

交友之道中，曾国藩还提出"明奉为友，暗师法之"的重要观念。刘蓉是曾国藩的知己，与之交往定会有益处。当曾国荃想与刘蓉结伴读书时，曾国藩大表赞成："九弟前信有意与刘霞仙同伴读书，此意甚佳。霞仙近来读朱子书大有所见，不知其言语容止、规模气象何如？若果言动有礼，威仪可则，则直以为师可也，岂特友之哉！然与之同居，亦须真能取益乃佳，无徒浮慕虚名。人苟能自立志，则圣贤豪杰何事不可为?”

随后，曾国藩又提出：“若自己不立志，则虽日与尧舜禹汤同住，亦彼自彼，我自我矣，何与于我哉!”他说：“去年温甫（曾国华）欲读书省城，吾以为离却家门局促之地而与省城诸胜己者处，其长进当不可限量。乃两年以来看书亦不甚多，至于诗文，则绝无长进，是不得归咎于地方之局促也。去年余为择师丁君叙忠，后以丁君处太远，不能从，余意中遂无他师可从。今年弟自择罗罗山改文，而嗣后杳无信息，是又不得归咎于无良友也。”

在曾国藩看来，他指定为师为友的都是湖南第一流人物，完全可以从其身上学到很多治学、做人的道理，但如果不用心，只是满足于与这些名流交友，不能取其益处，又有什么用处呢。曾国藩的座右铭中，有“取人之善，与人为善”，取人之善，才能吸取他人的长处。

凡是人年少不更世的时候，交友最为重要。曾国藩赴江西主持乡试时，得到母亲去世的消息，为此奔丧回籍，但放心不下在京的家口，特别是曾纪泽。于是给内兄欧阳牧云写信说：“弟于京中一切不甚挂念，所最挂念者，惟念纪泽儿年少，恐其学坏。敬求老兄大人时时教诲，时时防闲，总须多解多讲，令其神不外散，乃为有益，千万千万！又须令其习字，可拜李寿廷为师，每日习大字二百，亦是要事。”

曾国藩的外甥王镇墉赴京参加科考，此时大学士因科场舞弊被处死，曾国藩一再嘱咐，不能送条子，交友要慎重，要明为友，暗奉为师：“甥初入京，总以勤、俭、敬、信四字为本，而以择交为用。无四字则凡事皆无根柢，纵有才华，亦浮荣耳；不择交则无观摩规劝之益，故须物色贤者，明以为友，暗奉为师，乃借以约束身心之资也。自柏相案定后，闻条子之风已息，如尚有余波未净，甥须切戒之。”不久又写信嘱咐道：“甥在京寓居何处？择交果能得益友否？‘勤俭敬信’四字，刻刻宜自循省。进德修业，皆以此四字为体，慎择交游为用。榜发不中，迅速出京来江；如其中式，余必付银至京，以资接济。”

## 5. 择交为用

曾国藩在京城为官，摒弃无益社交，按照韩愈所说的“善不吾与，吾强与之附；不善不吾恶，吾强与之拒”，展开有益社交。后来他又提出“择交为用”，即交友是为了取其益处，约束自己身心的。曾国藩打下金陵后，又奉命镇压捻军，此时李光久进京考进士，曾国藩嘱咐说：“阁下初次入都，总以俭约为本，而以择交为用。守俭则用财有节，无世家骄奢气象，有寒士拘谨风味，自可敛抑寡过。慎交则访求贤者，明奉为友、暗师法之，借以检束身心、扩充识界，受益无穷。揭晓后如其获售，则复试、殿试，一切俱宜博访老成，无失规矩，倘未中式，即赶办世职之事。入觐仪节及部中费用亦应多询熟手。无论同乡、外省有谙悉此等而其人可恃者，即托代办。诸务完结，迅速出都来宁，不可久客长安。至嘱，至嘱！”

欧阳兆熊是曾国藩多年的好友，早在京城为官时，欧阳先生就不时为曾家人包括曾国藩诊病治疗。后来曾国藩办湘军，也请欧阳先生做幕僚。曾国藩为父守丧期间，心情极为郁闷，整夜无眠，精神上受到极大压抑。欧阳派人为曾国藩诊病，以“岐黄可以医身病，黄老可以医心病”暗示他，自此曾国藩的境界豁然开朗。曾国藩与欧阳兆熊的儿子欧阳勋也保持非常好的关系。他在回复欧阳勋的信中，详细谈及自己的交往之道。他说：“盖仆寡昧之资，不自振厉，恒资辅车以自强，故生平于友谊兢兢焉。尝自虑执德不宏，量既隘而不足以来天下之善，故不敢执一律求之。虽偏长薄善，苟其有裨于吾，未尝不博取焉以自资益。

其有以谠言争论陈于前者，即不必有当于吾，未尝不深感其意，以为彼之所以爱我者，异于众人泛然相遇之情也。昨秋与二陈兄弟相见，论辩之间不合者十六七矣，然心雅重其人，以为实今日豪杰之士，所见虽不尽衷于道，而要其所以自得者，非俗儒口耳之学所及；持论虽不必矩于醇，而其所讥切实，足以匡吾之不逮。至于性情气诣〔调〕之相感，又别有微契焉。别后独时时念之，以为如斯人实友朋中所不可少者，而不敢以门户之见参之也。盖平日区区所以自励，而差堪自信者如此。”

曾国藩这封信的大意是说，他自己的性格使得他平生不喜欢与人多交往，但凡是交往的人，他都小心翼翼来维护，也因为落落寡合，因此希望从交往的朋友中获得教益。而他平生非常欢迎向他提出批评的人，即便有的批评不一定切中要害，但他也从不反驳人。而不久前相见的“二陈兄弟”，是朋友中断断不可少的。

## 6. 八交九不交

对于交朋友，曾国藩提出“八交九不交”的观点，让子女们遵行。

所谓的“八交”就是要交胜己者、盛德者、趣味者、肯吃亏者、直言者、志趣广大者、惠在当厄者、体人者；“九不交”是不交志不同者、谀人者、恩怨颠倒者、好占便宜者、全无性情者、不孝不悌者、愚人、落井下石者、德薄者。

首先看“八交”。“交胜己者”，和比自己学问高、见识广的人交往，才能提升自己；“盛德者”，和品行修养高的人交往，才能让自己变得优秀；“趣味者”，和有情趣的人交往，自己才不会觉得人生乏味；“肯吃亏者”，和肯吃亏、有心胸的人交往，交往才能持续；“直言者”，和敢于直言自己不足之处或者有话直说的人交往，才能改进自己或者让自己的心胸变得宽广；“志趣广大者”，和志趣广大、有追求的人交往，自己的视野才有可能得以开拓；“惠在当厄者”，和能雪中送炭或者共患难的人交往，自己在无助的时候也不会绝望；“体人者”，和懂得体谅人的人交往，自己也会感觉温暖，人生也会更加充满信心。

再看“九不交”。“志不同者”，与自己志向不同的人，这种人不要交往，因为和自己迟早不是一条道的；“谀人者”，喜欢阿谀奉承、溜须拍马的人，这种人容易令自己迷失自我，不要交往；“恩怨颠倒者”，这种人没有是非观念，也是忘恩负义的人，不要交往；“好占便宜者”，喜欢贪图小便宜，友谊不会长久，说不定会令自己将来犯大错，这种人不要交往；“全无性情者”，没有人情味，这种人交往久了，会让自己变得无情，不宜交往；“不孝不悌者”，不懂孝敬长者、爱护平辈的人，没有尊老爱幼的品格，自己也会被别人指责，还是放弃这种朋友吧；“愚人”，愚昧无知的人，往往会连累自己一事无成，还是算了吧；“落井下石者”，在别人的伤口上撒盐、幸灾乐祸的人，说不定下一个针对的目标就是你，趁早与这种人绝交；“德薄者”，品行不端、德行不够的人，会令自己的名声受损，为他人所唾弃，不交也罢。

这就是曾国藩概括的为友之道之“八交九不交”。关于交朋友的注意事项，古人的论述也比较多。譬如：

《战国策·楚策》：“以财交者，财尽而交绝；以色交者，华落而爱渝。”

《史记·郑世家》：“以权利合者，权利尽而交疏。”

《中说·礼乐》：“以势交者，势倾则绝；以利交者，利穷则散。”

《孟子·万章下》：“万章问曰：‘敢问友。’孟子曰：‘不挟长，不挟贵，不挟兄弟而友。友也者，友其德也，不可以有挟也。’”

这些论述说明，以财富、色相、权利、势力、利益交朋友，这些一旦失去，友情也不会持久。还是孟子说得好，交朋友，最重要的是这个人有德。在“八交”中，曾国藩也认为最重要的是交“盛德者”。

对于那些属于“八交”范畴的人，曾国藩还引用韩愈的话说：“善不吾与，吾强与之附；不善不吾恶，吾强与之拒。”这是当时得知六弟曾国华、九弟曾国荃确定到省城长沙读书时，他写信说的。也就是说，好的人要主动去追随、靠近，不是因为对方有钱有势，而是因为其身上有高贵的品格值得学习，所以要“吾强与之附”，勉励自己跟这样的人交往；相反，不好的人接近你的时候，要强力拒绝，不要跟这样的人交往。正是在这一次书信中，他跟两个弟弟讲到了“一生之成败，皆关乎朋友之贤否，不可不慎也”。

# 第十三章　婚姻

以往我在讲授曾国藩的课程时，不时有人提出这样的问题：曾国藩一生精于识人用人，为什么他几个女儿的婚姻都不幸福？我认为，说都不幸福未免绝对，因为他最小的女儿曾纪芬是非常幸福的，当然这门婚事，不是曾国藩给定的，是曾国荃给定的。于是又有人提出，曾国荃的眼光似乎比长兄要高明。我以为这既有曾国藩经常讲的“运气”乃至无法言说的“命”在起作用，也有曾国藩发迹后，给女儿所定的婆家要门当户对的原因。也有曾国藩不能左右的存在。我们不能完全排除曾国藩找亲家，多少有一些结亲“友朋”，亲上加亲的想法，实际上，曾国藩最初是排斥与官宦之家结亲的。但现实又不能按照他的设想来，很难想象，一个朝廷重臣、一品的大学士，能与乡间普通农户结亲。而“门当户对”，又事实上左右着婚姻，当时有很强的门第观念。所以，几乎所有人相亲都会考虑门当户对的问题，即便在自由恋爱的今天，也受其或大或小的影响。也就是说，男女双方家庭的社会地位和经济情况、职业或工作能力相当，才适合结亲。在我的家乡东北，把经人介绍相对象，称为“相门风”，所谓的门风就是家风，这一点非常重要，因为儿媳妇娶进门，除了是妻子，今后还要做母亲，一个人的成就跟妻子或母亲有着非常大的关系，如此看来，整个家族的家风与她息息相关。

古人虽然没有女人能顶半边天的观念，但是在一个家族里，女性也占重要地位。对于儿女的婚姻，曾国藩可以说是打破了世俗的观念。

## 1. 不愿与官宦之家联姻

曾国藩认为：婚姻不必择高室名门，应以品德、学养为要。选择高室名门，说白了就是攀附权贵、富豪之家。但是，曾国藩不愿与官宦之家结亲联姻，属意的是勤俭孝友之家。

曾国藩与欧阳夫人生有三子六女，长大的是二子五女，而居长的是曾纪泽。纪泽出生于道光十九年，大约七八岁时就有人提亲。纪泽实为长子，与什么样的人家结亲，具有“风向标”意味，曾国藩颇为慎重。最早是周介夫（鸣鸾），外放安徽庐凤道，其女儿欲许字纪泽，还有常南陔（大淳）升安徽臬台，其孙女欲许字纪泽。曾国藩对诸弟表示“余俱不甚愿”。或许是诸弟将此事向父母说了，父母觉得常大淳是衡阳人，又是进士出身，按察使主管一省司法，与曾家“门当户对”，认为可以对。常家于是把女方的庚帖送到曾家。当年五月份，曾国藩向父母说明不愿对常家的理由：“常南陔之世兄，闻其宦家习气太重。孙男孙女尚幼，不必急于联婚。且男之意，儿女联姻，但求勤俭孝友之家，不愿与宦家结契联婚，不使子弟长奢惰之习。不知大人意见何如？望即日将常家女庚退去，托阳九婉言以谢。渠托买高丽参，因亲事不成，亦不便买。……常南陔处，即由男写信回复。”

常大淳是明朝开国元勋、开平王常遇春之后，算得上是身世显赫。但是曾国藩认为他们家官宦习气太重，所以劝告父母，孙子孙女年纪尚幼，暂时不用考虑婚姻的问题。与官宦家结亲，容易滋生骄奢怠惰的习气，对子女极为不利。曾国藩心目中的勤俭孝友之家才是适合儿女结亲的对象。所以，他和父母商量把常家闺女的庚帖退还，婉拒结亲。

此事后来出现“乌龙”，即曾国潢以为常家要与他的儿子缔婚约，曾国藩于当年底写信详细说明不能与常家结亲的理由，特别强调翰堂秀才不可亲近：“常家欲与我结婚，我所以不愿者，因闻常世兄最好恃父势作威福，衣服鲜明，仆从烜赫，恐其家女子有宦家骄奢习气，乱我家规，诱我子弟好佚耳。今渠再三要结婚，发甲五八字去，恐渠家是要与我为亲家，非欲与弟为亲家。此语不可不明告之。贤弟婚事，我不敢作主，但亲家为人何如，亦须向汪三处查明。若吃鸦片烟，则万不可对；若无此事，则听堂上各大人与弟自主之可也。所谓翰堂秀才者，其父子皆不宜亲近，我曾见过，想衡阳人亦有知之者。若要对亲，或另请媒人亦可。”

道光二十九年，曾国藩给父母写信，明确不能与常家结亲，并请父母在乡间寻一个耕读人家：“常家亲事，男因其女系妾所生，且闻其嫡庶不甚和睦，又闻其世兄不甚守俭敦朴，亦不愿对。南陔先生今年来京时，男不与之提及此事，渠已知其不谐矣。纪泽儿之姻事屡次不就，男当年亦十五岁始定婚，则纪泽再缓一二年，亦无不可。或求大人即在乡间选一耕读人家之女，或男在京自定，总以无富贵气习者为主。”

常大淳后来升任湖北巡抚，咸丰元年曾国藩曾在湖北会晤过常的儿子。次年，太平军攻陷武昌时，常大淳投井自杀。

从曾国藩和生平挚友罗泽南结亲家一事，也可看出他对官宦子弟习气的反感。罗泽南是湘军教父，按理说和曾国藩是出生入死的好兄弟，而且曾国藩的几个弟弟又是罗泽南的学生，都很佩服罗泽南，与他的儿子结亲应该不是什么难事。但是罗泽南去世之后不久，小儿子罗允吉

（字兆升）到了可以订婚的年龄，曾国藩的三女儿曾纪琛十三岁，也到了可以谈婚论嫁的年龄（古代一般都是先订婚，几年之后，大约是十六岁到十八岁期间完婚）。于是，有人给曾、罗两家提亲，想让曾国藩把三女儿许配给罗泽南的小儿子罗允吉。曾国藩一开始并没有同意。在一般人看来，罗泽南这样的奇男子，所生的孩子想必也天赋不凡。曾国藩与罗泽南是患难之交，成为亲家，按理是好上加好。曾国藩不同意的原因主要是罗允吉此时已经是一位“贵公子”。罗泽南命运不济，却用性命给儿子挣下了一份功名，罗允吉因为父亲的功勋，小小年纪就被朝廷钦赐举人，授内阁中书，赏戴花翎。曾国藩之所以不同意这门亲事，一是因为“缘罗子系恩赐举人，恐人疑为佳婿而争之也”，二是因为“近世人家，一入宦途即习于骄奢，吾深以为戒。三女许字，意欲择一俭朴耕读之家，不必定富室名门也”。除了担心他人说自己抢夺好女婿之外，最重要的就是他认为罗允吉有官宦子弟骄奢之气，而自己希望给女儿找一个俭朴的耕读之家，不一定是富贵之家。所以，曾国藩给家中人写信说：罗家结亲的事，先暂时缓一下。近来人家一当了官，便滋长骄奢的习气。我深深以此为戒。三女儿找夫婿，我的意思是选择一个节俭朴实的耕读人家，不必一定是富家名门的。但是，后来经过再三考虑，曾国藩又同意了这门亲事。他想，罗泽南是极清廉之人，子弟应无贵公子习气。再者，罗泽南战死，也是因为回援处于危险中的自己，自己对罗允吉有教导养育之责。同治元年，二人结婚。但罗允吉是个十足的纨绔，且脾气暴烈。纪泽向父亲透露罗允吉性情乖张，让三妹吃尽苦头，还隐约透露嫁妆过少，经济窘迫时，曾国藩又一再讲“夫为妻纲”的大道理：“罗婿性情乖戾，与袁婿同为可虑，然此无可如何之事。不知平日在三女儿之前亦或暴戾不近人情否？尔当谆嘱三妹柔顺恭谨，不可有片语违忤。三纲之道，君为臣纲，父为子纲，夫为妻纲，是地维所赖以立，天柱所赖以尊。故《传》曰：君，天也；父，天也；夫，天也。《仪礼》记曰：君至尊也，父至尊也，夫至尊也。君虽不仁，臣不可以不忠；父虽不慈，子不可以不孝；夫虽不贤，妻不可以不顺。吾家读书居官，世守礼义，尔当诰戒大妹三妹忍耐顺受。吾于诸女妆奁甚薄，然使女果贫困，吾亦必周济而覆育之。目下陈家微窘，袁家、罗家并不忧贫。尔谆劝诸妹，以能耐劳忍气为要。吾服官多年，亦常在耐劳忍气四字上做工夫也。”

同治四年，曾国藩招罗允吉携其妻子曾纪琛到金陵两江总督署，曾国藩耐心做女婿的工作。曾国藩日记多次留下“傍夕至楼上训戒罗婿”“请宽十、罗婿便饭”等记载。在曾国藩的耐心训谕下，罗婿夫妻二人和睦如初，并很快生下一个男孩。但不幸的是，当一家人高高兴兴离开金陵时，婴儿被炮声惊吓而夭亡。此后，曾纪琛回到罗家又生下一女。并主动让丈夫纳妾以“续香火”。罗允吉光绪十四年去世，享年 43 岁，其妾洪氏留有遗腹子，纪琛将其抚养成人。民国元年，纪琛去世，享年 68 岁。

## 2. 孝友书香之家最可贵

曾国藩子女的婚事，不能完全由他与欧阳夫人做主，牵涉很多因素。转眼到了咸丰元年，曾国藩调任刑部侍郎，每天事情特别多，而此时的曾纪泽已经十二岁了，家里长辈也一再催促。曾国藩想让四弟曾国潢在家乡物色一个孝友书香之家。他写信说：“余近思为纪泽定婚，其意颇急切。夏阶平处一说，本可相安，因其与黄子寿为亲家，余亦嫌辈行少屈，是以未就。黄茀卿有女年十三矣，近托袁漱六往求婚。茀卿言恐余升任总宪，渠须回避（例给事回避改郎中，御史回避改员外，最为吃亏）。不知渠是实意，抑系不愿成婚而托辞以谢也，故现未说定。弟可一一禀告堂上大人。又余意乡间若有孝友书香之家，不必问其贫富，亦可开亲，澄弟盍为我细细物色一遍？然余将同邑各家一想，亦未闻有真孝友人家也。”

由曾纪泽的婚事可见，曾国藩确实把湖南主要是湘乡的人家仔细考虑了一遍，也没有合意的人家。

曾国藩次女曾纪耀嫁给陈松生，整体符合曾国藩“孝友书香之家”的择偶条件。这个姻缘源于曾、陈二家的关系最好。陈松生的父亲陈源兖是湖南茶陵人，与曾国藩是同年进士，二人关系最要好，曾国藩日记表明，二人几乎每天都见面，谈论身心修养及国家大事，堪称志同道合者。论曾国藩的交友，他与陈源兖的感情最深。因为这层关系，早在纪耀五岁时，陈源兖就托二人的好友郭嵩焘为媒，想娶纪耀为儿媳。道光二十七年三月，曾国藩征求父命及祖父的意见，他写给弟弟的信中说：“筠仙自江西来，述岱云母子之意，欲我将第二女许配渠第二子，求婚之意甚诚。前年岱云在京，亦曾托曹西垣说及，予答以缓几年再议。今又托筠仙为媒，情与势皆不可却。岱云兄弟之为人与其居官治家之道，九弟在江西一一目击。烦九弟细告父母，并告祖父，求堂上大人吩咐。或对或否，以便回江西之信。予夫妻现无成见。对之意有六分，不对之意亦有四分，但求堂上大人主张。”

曾国藩的父母听曾国荃等儿辈讲述陈家家风后，颇为满意，而此时恰巧陈源兖母亲去世，所以暂时不能定婚约。曾国藩回信说：“陈家姻事，前接四弟信，知家中堂上大人甚欢喜。现在岱云丁艰，自不能定庚，只好待渠服满后。诸弟若与陈家昆仲见面时，亦不必道及姻事。岱云（母亲）之丧事，余已送赙仪三十两交郭筠仙带归，又有挽联一付。京官向例不送外官之银，予送三十两，则已为重矣。诸弟若到省，只须办香烛去行礼，不必再送情也。”曾国藩考虑到家里人不放心，随后又致信表示：“陈家姻事，堂上大人既欣然允许，余岂复有不满意者！惟订庚须稍迟，或俟岱云起复，亦未可知。至姻事，则确有成言矣。”

本来，曾国藩父母对陈源兖在京为官并不满意，而对其家风十分首肯。原来，陈源兖病重时，其妻子易氏“衣不解带者四十余日”，硬是把踏入阎王殿半步的丈夫给拉了回来。陈源兖痊愈后，其妻子为陈家生下一个男孩，旋即去世。就在道光二十三年春，陈源兖大病，一病就是三个月，妻子“单忧极瘁，衣不解带者四十余日，凡可以自致者，无弗致也”。到了六月，竟然割臂和药以进。当时，在陈源兖身边的人得知后皆惶愕不知所为，曾国藩则仰天叹曰：“陈氏累世赖以不坠者，独此人耳，而有他乎？”似乎易氏的举动感动了上苍，陈源兖竟一天天好了起来。陈源兖完全康复后，易氏为他生下次子陈远济（字松生），不幸的是，这个婴儿刚刚满月，易氏就去世了。道光二十四年初，应好友陈源兖之请，曾国藩为好友之妻写了充满感情的墓志铭。陈源兖的祖上自康熙年间由茶陵迁徙到长沙，六世百余年，至陈源兖得病时只有五人在世，“门祚之衰可知也！”陈源兖告诉曾国藩：“吾妻从宦五年，既没而敛，求袙衣无一完者，吾之贫可知也。”转瞬到了道光二十五年十一月，陈源兖外放吉安知府。行前入宫谢皇帝之恩，道光帝问：“礼官章上，汝妻与请旌表，有诸？”陈顿首敬谢：“臣源兖妻蒙恩旌表孝行。”“其可旌奈何？”陈具对后，道光帝嘉叹不已。陈源兖离京前，曾国藩为好友饯行，写了长篇送序，又把刚刚一岁的婴儿陈松生抱回家里，交欧阳夫人抚养。

咸丰三年，太平军进攻庐州，安徽巡抚江忠源檄陈源兖前往庐州协守。江忠源战死，当年十二月，陈源兖身亡。

曾国藩夫妇对很早就失去双亲的孤儿陈松生视如己出，爱护有加。考虑到陈家一贫如洗，咸丰十一年底，曾国藩给家人写信，请在曾家老宅黄金堂成婚：“二女儿招赘，即在黄金堂本宅办理较为易成，不必另择屋也。”同治元年，曾国藩的二女儿曾纪耀与陈松生在黄金堂成婚。同治三年，曾国藩率湘军攻下金陵，当年底安排陈松生一家到金陵，陈松生在盐茶局做事。曾纪泽出使法国，携曾纪耀夫妇以行，光绪七年，纪耀病逝于法国，享年39岁。

## 3. 父命不可违：打破嫡、庶观念

嫡、庶的观念，在古代是非常重要的。嫡是指正妻，其所生子女为嫡出；庶是指妾，其所生子女为庶出。嫡、庶子女的地位无论在家族里还是在法律上都有很大区别，待遇自然有别。

曾纪泽的婚约迟迟不定，咸丰元年，罗泽南写信给曾国藩，“言纪泽未定婚，欲为贺耦庚（长龄）先生之女作伐，年十二矣”。曾国藩说自己“嫌其小一岁，且耦庚先生究系长辈。从前左季高（宗棠）与陶文毅（澍）为婚，余即讥其辈行不伦。余今不欲仍蹈其辙，拟敬为辞谢。现尚未作书复罗山（泽南），诸弟若在省见罗山兄，可将余两层意思先为道破，余它日仍当回书告知一切耳。”

贺家在湖南是非常有影响的世家大族，贺长龄于道光五年任江苏布政使时，延请著名经世派思想家魏源编纂《皇朝经世文编》，越一年刊行，当时左宗棠、曾国藩读之“丹黄迨遍”。该书对士风转变影响尤大，士大夫自此从乾嘉考据中走出来，开始关注国家大政、民生利弊。贺长龄后来出任云贵总督，道光二十七年因事被褫职，三十年病逝于家中。

曾家特别是曾国藩的父亲非常赞同与贺家结亲，但曾国藩后来一再把订婚日期延后，因为欧阳夫人打听到，贺家女儿是庶出，不同意这门亲事。曾国藩考虑到将来婆媳关系不好处，也不赞成这门婚事，于是给家人写长信予以解释、希望诸弟做父亲大人的工作：

“纪泽聘贺家姻事，观闰八月父亲及澄弟信，已定于十月订盟；观九月十四澄弟一信，则又改于正月订盟。而此间却有一点挂碍，不得不详告家中者。京师女流之辈，凡儿女定亲，最讲究嫡出庶出之分。内人闻贺家姻事，即托打听是否庶出，余以其无从细询，亦遂置之。昨初十日接家中正月订盟之音，十一日即内人亲至徐家打听，知贺女实系庶出，内人即甚不愿。余比晓以大义，以为嫡出庶出何必区别，且父亲大人业已喜而应允，岂可有他议？内人之意，以为为夫者先有嫌妻庶出之意，则为妻者更有局蹐难安之情，日后曲折情事亦不可不早为虑及。求诸弟宛转禀明父母，尚须斟酌，暂缓订盟为要。陈伯符（贺长龄的妻舅）于十月十日到京，余因内人俗意甚坚，即于十二日夜请贺礼庚、陈伯符二人至寓中，告以实情，求伯符先以书告贺家，将女庚不必遽送，俟再商定。伯符已应允，明日即发书，十月底可到贺家。但兄前有书回家，言亲事求父亲大人作主。今父亲欢喜应允，而我乃以妇女俗见从而扰惑，甚为非礼。惟婚姻百年之事，必先求姑媳夫妇相安，故不能不以此层上渎。即罗山处，亦可将我此信钞送一阅，我初无别见也。夏阶平之女，内人见其容貌端庄，女工极精，甚思对之。又同乡陈奉曾一女，相貌极为富厚福泽，内人亦思对之。若贺家果不成，则此二处必有一成，明春亦可订盟；余注意尤在夏家也。京城及省城订盟，男家必办金簪、金环、玉镯之类，至少亦须花五十金。若父亲大人决意欲与贺家成亲，则此数者亦不可少。家中现无钱可办，须我在京中明年交公车带回。七月间诸弟乡试晋省之便再行订盟，亦不为晚。望澄弟下次信详以告我。”

我们在曾国藩父亲的通信中，很少见到他严厉的一面。此次，曾麟书给儿子曾国藩写了一封长信，训斥他，说：耦耕先生夫人风范甚严，如夫人陈氏亦士人家女，年龄较夫人稍大，辅佐内政甚好。你幼年时，作媒者不下十余人，我不愿对，皆祖父大人所不愿者。你岳父欧阳沧溟先生以其女来对，祖父大人欣然，你母不愿意，一则嫌其年小，一则嫌其体小，厚奁之说，更不必言。我承祖父之欢，毅然对之。冢妇在家六年，朝夕随你母而无蒂芥之嫌。汉卫青出身低下，为名将，良家淑女岂不肯和他为婿乎？目前陶文毅公与胡云阁先生结姻，陶女，庶出也。

信中说贺长龄先生的夫人风范甚严，也是士人之家的女子，姑娘也长得很好，你们怎么不同意呢？随后，父亲还把曾国藩当年订婚的老账翻出来了，说他幼年的时候做媒者不下十个人，自己不敢做主，因为都是祖父大人所不中意的。后来曾国藩的岳父沧溟先生说把女儿许配给他，祖父大人非常高兴，但是曾国藩的母亲不愿意，嫌其年龄小、个子矮，最重要的是没有多少嫁妆。但是祖父大人满意了，自己也就满意了，所以一言应允了这门亲事。后来欧阳夫人嫁过来和曾国藩的母亲朝夕相随六年，关系很融洽。老爷子还举例说，汉朝的卫青出身低下，但为名将，良家淑女谁个不肯跟他结亲？还有陶澍把女儿嫁给胡林翼，他的女儿也是庶出，而胡林翼一生之所以有这么大的成就，恰恰就是因为娶了一个好老婆。听了老父亲的指责，曾国藩原本碍于夫人的面子，这下心里笃定了，同意曾纪泽娶贺长龄之女为妻。

曾国藩的父亲写的书信可以说是把曾国藩训斥了一顿，其中有一句说得极好：“夫者，扶也，扶人伦也。尔妇宜听尔教训，明大义，勿入纤巧一流。”因书信较长，限于篇幅，除了前面所说的，我节录如下供大家参考：

（当年）纪泽来京，年只一岁，予送之四千里之遥，一路平安，谁之力也？予为之定一淑女，岂可以庶出为嫌乎？昔卫青无外家，其母更不能上比于庶。卫青为名将，良家淑女，岂不肯与为婿乎？目前陶文毅公与胡云阁（达源）先生结姻，陶女庶出也，胡润滋（胡林翼）为太守，初不闻嫌其妇。润滋官声甚好，官阶不可限量，异日其妇以夫荣，诰授夫人，庶出之女，又何如尊贵也。尔宜以此告知尔妇、尔子。夫者，扶也，扶人伦也。尔妇宜听尔教训，明大义，勿入纤巧一流。至父为子纲，纪泽尤当细细告之，勿长骄矜之气习。

我家世泽本好，尔宜谨慎守之。况尔前信内念及耦耕先生，始与婚姻，人人咸知，今又以庶出不对其女，更有何人来对？贺氏固难为情，即尔此心何以对耦耕先生于地下？尔寄信于予，要对此女为媳，予又为之细察，始择期订盟，今忽然不对，尔又何以对予于堂上……予以尔列卿位，国家大事得与闻者，独贵明断，况为男儿定婚，尔宜自主之，予亦不必多出议论也。此嘱。

收到父亲来信后，曾国藩写信给诸位弟弟，向父亲大人检讨，坚请与贺氏结亲，他说：

“十二月十一日发家书十六号，中言纪泽儿姻事，求家中即行与贺家订盟，其应办各物，已于书中载明，并悔前此嫌是庶出之咎云云，想已接到。如尚未到，接得此信，即赶紧与贺家订盟可也。”

随即又给诸弟写信：“正月初八接到十二月初旬父大人所发二信，皆系在县城发者，不胜忻慰。纪泽儿定婚之事，予于十二月连发二信，皆言十月十二所发之信言嫌贺女庶出之说系一时谬误，自知悔过，求诸弟为我敬告父亲大人，仍求作主，决意对成，以谐佳耦。不知此二书俱已到家否？细思贺家簪缨门弟，恐闻有前一说，惧其女将来过门受气，或因此不愿对亦未可知。果尔，则澄弟设法往省城，坚托罗罗山、刘霞仙二君将内人性情细告贺家，务祈成此亲事，不致陷我于不孝之咎。”

咸丰六年三月，曾纪泽与贺长龄女儿成亲，结婚礼是在贺家举行。曾国藩时在军中，写信给家中诸弟：“纪泽儿定三月二十一日成婚。招赘之后，七日即回湘乡，尚不为久。诸事总须节省，新妇入门之日，请客亦不宜多。何者宜丰，何者宜俭，总求父大人定酌之。纪泽儿授室太早，经书尚未读毕。上溯江太夫人来嫔之年，吾父亦系十八岁，然常就外傅读书，未久耽阁。纪泽上绳祖武，亦宜速就外傅，慎无虚度光阴。闻贺夫人博通经史，深明礼法。纪泽至岳家，须缄默寡言，循循规矩。其应行仪节，宜详问谙习，无临时忙乱，为岳母所鄙笑。少庚处，以兄礼事之。此外若见各家同辈，宜格外谦谨，如见尊长之礼。”

纪泽与贺氏结婚时，贺家已走下坡路，家道逐渐衰落。曾纪泽的媳妇贺氏很快怀孕，不幸的是因难产而逝。后来曾纪泽又娶了继室，这门亲戚走动得也少了。但是，曾国藩给曾纪泽写信说：“少庚（贺长龄的儿子）早世，贺家气象日以凋耗，尔当常常寄信与尔岳母，以慰其意。每年至长沙走一二次，以解其忧。耦耕先生学问文章，卓绝辈流，居官亦恺恻慈祥，而家运若此，是不可解。”他强调说不要忘记贺家，应该常寄信给岳母，每年至少应该到贺家去两次等等。后来曾纪泽听从父亲之言，把岳母接到黄金堂，为其养老送终。曾国藩打完太平天国后，北上镇压捻军，仍告诫主持家政的曾国潢：“纪泽等在省，何以须避贺家妇女？余意贺家昔盛今衰，吾家姻事虽断，似不可过于冷落，使人讥为势利之见，弟以为然否？”曾、贺两家的关系一直没有断。

贺氏去世二年后，曾纪泽续娶刘蓉之女为妻。刘蓉是曾国藩早年好友。咸丰八年七月，曾国藩刚刚结束在家为父亲守丧，重新回到战场不久，先为纪泽订婚，其日记写道：“又为长子纪泽聘刘霞仙之女为室。男庚，己亥十一月初二日寅时。女庚，辛丑正月初九戌时。”“刘家姻事请彭雪琴、唐义渠为媒。”次年九月完婚。纪泽向父亲禀告完婚情况，以及新妇特别得婆婆（欧阳夫人）喜欢，曾国藩非常高兴，写信嘱咐说：“知喜事完毕，新妇能得尔母之欢，是即家庭之福。我朝列圣相承，总是寅正即起，至今二百年不改。我家高曾祖考相传早起，吾得见竟希公、星冈公皆未明即起，冬寒起坐约一个时辰，始见天亮。吾父竹亭公亦甫黎明即起，有事则不待黎明，每夜必起看一二次不等，此尔所及见者也。余近亦黎明即起，思有以绍先人之家风。尔既冠授室，当以早起为第一先务。自力行之，亦率新妇力行之。”又嘱咐做事有恒，为人要学星冈公的“重厚”。同治十年正月，刘氏为曾纪泽生下一子，曾国藩为孙儿取名广铭，不幸的是半年后夭折。纪泽夫妇颇感悲痛。此时纪鸿已有四子，纪鸿妻郭筠怜兄嫂悲哀过度，愿意让兄嫂在其四子中择一子暂时抚养，等将来生了儿子再退还。纪泽与夫人刘氏喜出望外，而此事要请父亲做主。曾国藩晚年右眼失明，左眼视力也不好，床前多由小女儿照顾起居。纪泽夫妇让满妹向父亲禀告这件事。曾国藩深表赞成，说既然过继，就照李少荃（李鸿章）家的办法，何必说什么日后退回？随即，广铨过继给曾纪泽。后来，刘氏又为纪泽生二子（一为广銮。据《曾宝荪回忆录》，刘氏又生有二子，大排行为六、八），纪鸿夫妇提出要把广铨退回，纪泽夫妇以先有父命不肯。

## 4．家教勤俭可风者为上选

在今天看来，指腹为婚匪夷所思，而曾国藩小儿子曾纪鸿与郭筠的婚姻，又确是指腹为婚。而这桩婚姻，可以说是曾家后代发达的重要原因所在。当然，曾国藩与欧阳夫人，更看重郭家家教勤俭可风，所以才有“指腹为婚”之举。

据《大界曾氏六修族谱》记载，道光二十八年初，已出任内阁学士兼礼部侍郎的曾国藩在京城家中宴客，亲家袁漱六的夫人，还有郭雨三的夫人均一同帮欧阳夫人下厨，欧阳夫人突然晕厥，醒后对众人说她刚才见到一块石碑，上面有许多人名，也有他儿子的名字，又见一只熊猫。客人都说这是“吉兆”。郭夫人怀里抱着不满周岁的女儿，当众许配给欧阳夫人即将出生的孩子。因欧阳夫人已连生四个女儿，曾国藩半开玩笑地说：“如果又是一个千金呢?”郭夫人也不含混，答道：“那样的话，我的女儿就做老女（不嫁人）。”当年二月，曾纪鸿出生。纪鸿满月后，曾国藩写信告诉父母：“次孙于二十四日满月，送礼者共十余家。是日未请客，陆续请酒酬谢。男妇生产之后，体气甚好，所雇乳母最为壮健。”又将与郭家往来称亲家的事禀告：“次孙体气甚壮，郭雨三（沛霖）欲妻之以女。雨三戊戌同年，癸卯大考二等第三，升右赞善。其兄用宾，壬辰翰林，现任山西蒲州府知府。其家教勤俭可风。其次女去年所生，长次孙一岁。与之结婚，男甚愿之，不审堂上大人以为何如？下次信来，伏祈示知”。曾国藩非常认可郭家这门亲事，后来又以肯定的口吻禀告父母说：“纪澐对郭雨三之女，虽未订盟，而彼此呼亲家，称姻弟，往来亲密，断不改移。”同治四年，曾纪鸿与郭筠在两江总督署成婚。二人婚后受到父亲曾国藩的严格教育。夫妇互相砥砺，经常一起切磋学问，是幸福而恩爱的夫妻。在曾国藩去世前，郭筠先后为纪鸿生下四子一女。四子是广钧、广钊（后殇）、广铉、广钟（又一子广铨，出抚曾纪泽），一女是广珊。曾国藩在家信中说：“纪鸿儿于正月二十六日又生一子。乙丑四月完婚，六年未满，已生四子，亦云密矣。纪泽之子名曰广铭，纪鸿之子名曰广铨，只求易于长成，将来各房丁口或者不至甚少。”曾国藩去世后，欧阳夫人晚年双目失明。纪鸿与妻子郭筠朝夕侍奉在旁，“目听神会每有所示，辄能先意承旨”。欧阳夫人经常说：“我之所以没有感受到失明人的痛苦，是因为有此好儿子好儿媳啊！”曾家后来的发达，主要是靠这一房。

在五个女儿中，长女曾纪静的丈夫是曾国藩亲自物色的，而且是主动的，但纪静29岁就去世了，是七个子女中，唯一在曾国藩和欧阳夫人去世前就病逝的。以此有人认为，曾国藩一向以识人为世人所称，而对于这桩主动为女儿选的婚姻，却好像“马失前蹄”。事实正如曾国藩所说，此“实有不可解者”。

袁漱六（芳瑛）是曾国藩在京城的好友，湘潭人，两家经常往来。曾国藩早年经常把袁漱六在京的情况告诉家人，而且赞誉有加，如说“袁漱六到京数日，即下园子用功。其夫人生女仅三日即下船进京，可谓胆大。”道光二十七年，曾国藩禀父母亲：“前信又言以大女儿许袁漱六之长子，是男等先与袁家说及。漱六尚有品学，其子亦聪明伶俐。与之结姻，谅无不可，亦求堂上大人示知。”随后又与弟弟们说：“袁漱六处，予意已定将长女许与他，六弟已当面与他说过几次矣，想堂上大人断无不允。予意即于近日订庚，望四弟禀告堂上。”曾国藩的父母并不了解袁家，但想到这门亲事对象是儿子（曾国藩）翰林院同事兼好友的儿子袁榆生，也就没有表示反对。当年八月，曾国藩告诉诸弟，已为他的大女儿订婚：“大女儿与袁家订姻，已于八月初六日写庚书过礼。郭筠仙为媒，即须出都，后年始能复来。故趁其在京时，先行纳采。袁家过礼来：真金簪一、真金耳环一对、镀金手镯二、镀金戒指二、红绿湖绉各三丈、金花一对。我家回礼：袍褂料一套、靴一、帽一、朝珠一、补子一、扇插一、笔插一。又女婿见面仪六两。”咸丰九年，袁漱六去世，咸丰十一年，20岁的纪静与袁榆生成婚。最初，夫妇二人的生活也很美满。但袁家本来就是曾国藩所说的“穷翰林”（没有得考差，不能收学生的孝敬），袁漱六去世前后，袁家就大为败落，袁榆生很快就堕落下去。尽管没有明确的记录，但是我们从曾国藩的日记还有他跟曾纪泽的书信中可以看到，大女婿袁榆生不学好，吃喝嫖赌无所不好。特别是娶纪静之前，就在外面纳妾。

曾纪静不敢向老父说起这些事情，得空只能向长兄纪泽哭诉。曾纪泽在给曾国藩的家书中隐约透露了这些情事。曾国藩却不愿曝人短处，回信说：“尔信极以袁婿为虑。余亦不料其遽尔学坏至此，余即日当作信教之。尔等在家却不宜过露痕迹，人所以稍顾体面者，冀人之敬重也。若人之傲惰鄙弃业已露出，则索性荡然无耻，拚弃不顾，甘与正人为仇，而以后不可救药矣。我家内外大小于袁婿处礼貌均不可疏忽，若久不悛改，将来或接至皖营，延师教之亦可。大约世家子弟，钱不可多，衣不可多，事虽至小，所关颇大。”告诉家里人注意不要流露出对袁榆生的鄙夷厌弃。否则大家撕破脸，袁榆生万一破罐破摔，就更难办了。这样的人最容易与正人为仇，以后不可救药。还说，自己家内外大小，都应该对这个女婿礼貌，不可疏忽。如果实在不行，可以考虑把他接到身边，亲自管教。

曾国藩在与纪泽等的通信中，不断询问袁婿是否常在家，因为袁婿的事情，曾纪泽与父亲反复商量，担心其在湘潭更加放任无人能够拘束，曾国藩于是让纪泽将袁婿带到大营，“亦可略就范围耳”。曾国藩又令纪泽征求袁家人的意见，“亲家母言榆（生）必不肯归家，不过在各处胡闹，仍求曾亲家约束云云”。为此，纪泽将袁婿带到安庆，曾国藩没有过多批评，而是给他安排在粮台当差，希冀能够让其学好。最初，“纪泽与袁婿、王（叶亭）甥在此均安静读书”。打下金陵后，又让纪泽与袁婿、王甥到金陵。只是“袁婿在此，尚无为非之事，惟不肯读书作字，难期有成”。俗话说，江山易改本性难移，同治四年发生了一件事，让以善诲人不倦著称的老岳丈都没有办法。他在日记中说：“袁婿檍泽强封民房，娼妓多人，本年尚未入署拜年（即未至岳父处拜年）。”后来，袁榆生得知自己的事情被举报到岳父这里，感觉没脸，甚至吞服鸦片自尽，好在最终被抢救过来，没闹出人命。曾国藩告诉他九弟说：“袁婿服毒，几至不测，今已五日，幸获无恙，顷来署自行请罪一次。若从此改行率敖，回心向道，则俗所谓浪子回头金不换者，亦未□（原文如此）不可收之桑揄，不知果肯猛省否。余小恙数日，避风禁荤。内人亦病十余日。”同治五年（1866），袁榆生在徐州粮台贪污挪用公款用来挥霍，曾国藩宣布和女婿从此断绝关系，还翻起了旧账：“渠未婚而先娶妾，在金陵不住内署，不入拜年，既不认妻子，不认岳家矣。吾亦永远绝之可也。”由此一来，曾纪静非常抑郁，尽管回到湘潭后尽妻子之责，对袁家人也尽职尽责，其间，袁榆生的胞弟入学，曾国藩告诉九弟曾国荃：“大女儿病殊不轻。盖肝郁是其本病，而气痛不食，则其标病。袁婿若至弟处，望嘱其速归。”同治九年，曾国藩长女纪静去世，终年 29 岁。曾国藩得信后，为之伤感不已。

## 5. 不可贪恋母家富贵

曾国藩的四女嫁给郭嵩焘之子为妻。郭嵩焘是曾国藩早年的好友。订婚的时间与曾纪泽续聘刘蓉之女（订婚约）是同一天，即咸丰八年七月初六，曾国藩当天日记写道：“希庵（李续宜）自蕲水来会。唐义渠自张家塝来见。未刻办订庚事，以第四女许郭云仙（嵩焘）之子。男庚，己酉正月初四申时。女庚，丙午九月十八未时。此女曾奉先大夫命，出继与季洪弟为女，故拜帖用两分：一用本生父母名，一用继父名。郭家亦以两帖来也。”曾国藩又请四个媒人吃饭。当年纪纯不足12周岁，郭嵩焘之子郭依永仅9岁。同治二年（1863）夏，曾国藩欲接欧阳夫人和尚未成家的四女纪纯去安庆督署，其长女纪静、三女纪琛也想跟去，曾国藩知道后，认为女儿有贪恋母家富贵之嫌，借此，他在信中说：“大女理应在袁家侍姑尽孝，本不应同来安庆，因（袁）榆生在此，故吾未尝写信阻大女之行。若三女与罗婿，则尤应在家事姑事母，尤可不必同来。余每见嫁女贪恋母家富贵而忘其翁姑者，其后必无好处。余家诸女，当教之孝顺翁姑，敬事丈夫，慎无重母家而轻夫家，效浇俗小家之陋习也。三女夫妇若尚在县城、省城一带，尽可令之仍回罗家，奉母奉姑，不必来皖。若业已开行，势难中途折回，则可同来安庆一次，小住一月二月，余再派人送归。其陈婿与二女，计必在长沙相见，不可带之同来。”

郭依永，名刚基，早年身体特别弱，经常闹病，俗称不好养。所以就学时间稍晚，而郭嵩焘一再嘱咐教书先生不要过于督责。十四五岁时，其父郭嵩焘出任广东巡抚，郭依永从其父，开始努力向学，学问大有长进。其后，郭嵩焘解职，郭依永随父回到湘阴，对古人著述更加痴迷，“自场屋经义律赋试帖以至唐人楷法、名家绘画，皆窥其藩而究其趣，而于古近体诗为之尤勤”。同治五年，郭依永与曾纪纯成婚。

在曾国藩的五个女婿中，他很喜欢这个女婿。因为纪纯名义上是过继给曾国葆的，因此出嫁时，除了父亲给的二百两嫁妆外，九叔曾国荃做主，将曾国葆去世后所留的七千两银子，按照七份分给一份，曾国荃自己又加二百两，因此纪纯出嫁时携一千四百两。欧阳夫人把女儿从安庆送到郭家。

纪纯与郭依永的婚事，有双方父亲大人那样的关系，所以夫妻感情非常好。而人总有软肋。郭嵩焘非常喜欢侧室，在广东巡抚任上就因此招致许多非议。偏偏这个侧室不喜欢纪纯，经常用一些粗粝的食物来为难她。据其小妹曾纪芬说：“姊于归后，与筠仙先生之侧室不相容洽，日食至粗之米，唯以莱菔（萝卜）为肴；月费一缗，亦吝而不与。其境遇艰苦可知矣。”好在小两口感情好，第二年，纪纯为郭家生下一女，她在郭家的日子也好起来。更令曾、郭两家欣慰的是，同治七年，郭依永考取生员，俗称秀才。作为岳父的曾国藩，也非常高兴，对纪泽说：“依永诗字俱佳，计八股亦必不恶，大慰大慰。”父亲郭嵩焘让儿子专事科举之业，继续考举人、进士，而对于他喜爱的作诗姑且先放一放。而依永以为志广途远，岂能单独走科举一途，所以经常矫首长吟，丛稿满室，结识很多忘年交，时时相从倡和不厌。或骑骏马，挟一僮，薄暮游古寺，觅句以归，用是自适。

俗话说，人有旦夕祸福。郭依永考取秀才的第二年，溘然而逝，年仅 21 岁。曾国藩是从郭依永的叔父郭崑焘处得知四女婿去世的消息的，他很悲痛，在日记中写道：“接郭意城信，知其侄依永于十二月初四日去世，余第四女之婿也，为之感怆久之。……第四女于二十四岁出痘，痂未落而遭此大变，忧伤之至，身体亦甚足虑。”最悲痛的莫过于父亲郭嵩焘。为了安慰自己的好友，也是为了四女纪纯，更是为纪念女婿，曾国藩为女婿写了墓志铭，在叙述其聪颖才智后，慨叹道：“呜呼！衰龄而哭子，仁慧而不寿，皆人世所谓不幸。然圣贤有遭之者矣，岂天之所可否，与人间所称善恶祸福，其说绝不类耶？抑人事纷纭万变，造物者都不訾省，一任其殃庆颠倒、漫无区别耶？天人感应之故，自昔久无定论。依永之生，其诗已颇知一得丧、齐彭殇之旨。今其既死，殆将沛然而大觉矣。于是述吾所闻，为之铭辞以质幽遐，亦塞筠仙之悲。”纪纯经此打击，身体很虚弱。光绪七年在省城曾纪泽所购曾寓病逝，年仅35岁。

## 6. 曾国藩的婚姻观

在曾国藩五个女儿中，最幸福美满而又长寿的是小女儿曾纪芬。她生于咸丰二年，曾国藩说她是“阿弥陀佛相”。她的婚事是曾国藩的妻舅欧阳牧云先生做的媒。丈夫是聂一峰之子聂缉槼。曾国藩去世前一年，就为自己的小女儿张罗结婚的事。他给家中的四弟、九弟写信说：“聂一峰处喜期，待渠信到即当照办。余之目光决难久保，渠既有回家之意，余亦恐当以目废还家，大约在湘完婚耳。”后来又写信催促曾国荃：“聂宅姻事，余已两次回信。余于八九月出外府阅操，请渠冬二月选择吉期，在宁招赘。新郎或八九月到宁，或稍迟再到，听渠裁夺。不知一峰近常与沅弟通信否?”后来聂家表示要把婚事办在聂一峰任广东高州知府的地方，曾国藩仍坚持女婿到金陵来办，遂写信说：“聂一峰信来，言其子须明春乃来，又商及送女至粤成婚一层。余复信仍以招赘为定，但许迟至春间耳。”“聂宅世兄尚无来江之信。渠中间有一函，商及送女至粤成婚。兄回信，仍请送男来江，故耽延一二月也。”聂家同意并派儿子到金陵成婚的路途中，曾国藩去世。按照礼法，父母丧是大丧，因此曾纪芬作为未嫁女要在家为父守丧。聂一峰在曾国藩去世不久，也旋即去世。其后，又有欧阳夫人去世、同治大丧，所以，曾纪芬于光绪元年与丈夫完婚。此时，曾纪芬已24岁。曾纪芬早年过继给曾国葆，出嫁时除分得父母遗产外，又分得曾国葆遗产1000两，共嫁妆银3000两。后来，又在时任两江总督的叔父曾国荃的关照下，其丈夫一路发达，官任浙江巡抚，曾纪芬夫妇也是儿孙满堂，其第三子聂云台是上海著名的民族资本家。宣统三年，即清朝覆亡那一年，聂缉槼去世，享年57岁。曾纪芬于1942年去世，享年90岁。

概括而言，曾国藩五个女儿的婚姻，亲家有幸有不幸。个中因由又非能一概而论。这正如曾国藩所说，官僚士大夫及诗书之家往往不如乡里耕读之家耐久。整体上，他力求的耕读孝友之家难以求得，而诗书官宦之家可谓门当户对，加之亲家要么是好友，要么是同年，要么是并肩作战的故交，故所嫁的全部是家乡湖南人。如果再扩展到其儿子的婚姻，亲家仍不出湖广。这或许是曾国藩的地域限制。首先，曾国藩编练湘军，其基础仍是湖南。再者，曾国藩不能完全按照自己的"耕读孝友之家"的标准为子女选择，往往要受颇多限制。说到底，曾国藩仍然受到传统婚姻观的限制。

当然，我们还要整体上肯定曾国藩的婚姻观念。比如，他主张结婚不能过早。曾国荃的长子纪瑞结婚就颇早，曾国藩为此给九弟写信说："纪瑞侄完姻，吾实嫌其太早。不知系沅弟之信与，抑沅弟妇谋之于弟而成与？兹寄银五十两暨五品顶戴、补褂、朝珠以为贺礼。吾恐家中日习于奢，故诸事从俭薄也。""弟好劝人早婚。好处固多，然亦微有差处。谚云'床上添双足，诗书高挂搁'，亦至言也。"

另外，他还特别主张同姓不婚。欧阳牧云是曾国藩的妻舅，一直照看曾国藩家里的事情，但当他提出要与曾家"重订婚姻"时，曾国藩表示："我非不愿，但渠与其妹是同胞所生。兄妹之子女，犹然骨肉也。古者婚姻之道，所以厚别也，故同姓不婚。中表为婚，此俗礼之大失。譬如嫁女而号泣，奠礼而三献，丧事而用乐，此皆俗礼之失，我辈不可不力辨之。四弟以此义告牧云，吾徐当作信复告也。"但后来曾国荃的次子曾纪官还是娶曾国藩妻侄女欧阳氏为妻。

曾国藩还主张"发泄已尽之家不对"。曾国潢有三子，长子纪梁、次子纪渠（抚曾国葆）、三子纪湘。当四弟想与彭家结亲时，曾国藩写信说："彭十九家姻事，兄意彭家发泄将尽，不能久于蕴蓄，此时以女对渠家，亦若从前之以蕙妹定王家也。目前非不华丽，而十年之外，局面亦必一变。澄弟一男二女，不知何以急急定婚若此？岂少缓须臾，即恐无亲家耶？贤弟行事，多躁而少静，以后尚期三思。儿女姻缘前生注定，我不敢阻，亦不敢劝，但嘱贤弟少安无躁而已。"

# 第十四章 财富

在传统中国物质非常困乏的环境下，很少人有财富传承的观念。而中国人迄今很难走出“富不过三代”的周期率。

## 1. 走不出的“富不过三代”魔咒

同治九年六月初四，曾国藩从保定直隶总督署动身，前往处理天津教案前一天，写下平生第二份“遗嘱”，其中有这样一段：

“历览有国有家之兴，皆由克勤克俭所致。其衰也，则反是。余生平亦颇以勤字自励，而实不能勤。故读书无手抄之册，居官无可存之牍。生平亦好以俭字教人，而自问实不能俭。今署中内外服役之人，厨房日用之数，亦云奢矣。其故由于前在军营，规模宏阔，相沿未改，近因多病，医药之资漫无限制。由俭入奢易于下水，由奢反俭难于登天。在两江交卸时，尚存养廉二万金。在余初意，不料有此，然似此放手用去，转瞬即已立尽。尔辈以后居家，须学陆梭山之法，每月用银若干两，限一成数，另封秤出。本月用毕，只准赢余，不准亏欠。衙门奢侈之习，不能不彻底痛改。余初带兵之时，立志不取军营之钱以自肥其私，今日差幸不负始愿，然亦不愿子孙过于贫困，低颜求人，惟在尔辈力崇俭德，善持其后而已。”

这段遗嘱，是曾国藩因身体很虚弱，“以备不虞”的后事交代，整体反映了他对于大到一国、小到一家兴衰的规律性认识，以及对于财富的观念与具体做法。概括说来，要义有四层。第一，他认为大到国家，小到一家一户，勤俭是兴盛的根本。第二，就个人的生活习惯而言，由俭进入奢侈的生活极为容易，而过惯了奢侈的生活再过苦日子，难上加难。他在给其外甥的信中也说："人生境遇，早丰而晚啬者，则暮年难堪；早啬而晚丰者，则如倒啖蔗，渐渐回甘，将死尚有余适。"家里有钱了，一下子阔起来了，怎么花怎么有理；相反，过惯了大手大脚挥霍的日子，要节俭起来比登天还难。第三，居家过日子以后要立一个账簿，做到量入为出。第四，他说自己早年立志不取军营之钱以自肥身家，他做到了。

陆梭山就是陆九韶，是宋明两代心学的开山祖师陆九渊的四哥。根据曾国藩的描述，陆九韶居家过日子，很有特色。每月花多少银子有限制，要用秤称出来，用完还得有盈余，不能亏欠，像管理国家财政一样。另外，如果自己养成了奢侈的习惯，必须痛改。他还举例说自己当初带兵的时候，绝不取军营之钱中饱私囊，毕竟这些钱是将士们的血汗钱。对于湘军来说，军队的钱财数目其实是说不清的，稍微动下手脚，支取几十万两，对于曾国藩来说很容易。但是，曾国藩坚持不负使命，不忘初心。如果不愿意子孙过于贫困，低声下气求人，一点尊严都没有，那么还得维持节俭持家的良好习惯。

曾国藩的小女儿曾纪芬晚年口述，曾纪芬的儿子聂云台撰写的《廉俭救国说》，一再阐释中国廉俭文化与国运攸关，且叙述汉代以来推崇德义而贬抑富豪的儒家思想，认为"此实中国特有之民族精神"。

聂云台承其母的训诫，是当时屈指可数的富贵贤达，于 1942 至 1943 年在上海《申报》上连载《保富法》，一时家传户诵。他开宗明义提出："我住上海五十余年，看见发财的人很多，发财后，有不到五年十年就败的，有二三十年即败的，有四五十年败完的。我记得与先父往来的多数阔人，或官或商，都是煊赫一时的，现在已多数雕零，家事没落。”“大约屈指计数，四五十年前的阔人，现在家务未全败的，子孙能读书、务正业、上进的，百家之中，实难得一二家。不独上海为然，在敝处湖南家乡，亦复如是。同治、光绪年间，中兴时代的富贵人，封爵的有六七家，督抚二三十家，提镇五六十家，现在多数萧条了。内中文官多人，比较财产无多，后人较好。”他还从大量的例证中得出八个结论，极有启示意义：

1. 数十年来所见富人，后代全已衰落；

2. 六十年来文武大官世家，都已衰落，后人不兴；

3. 惟有不肯发财的几个大官，子孙尚能读书上进；

4. 官极大，发财的机会极多，而不肯发财，念念在救济众人的，子孙发达最昌盛，最长久，一一都有历史事实为证；

5. 上文举几个实例，有的三千万、四千万及几万万的几家，忽然一旦全空，这几家都是不肯做救济善举的；

6. 大富者只顾自己阔绰享用，积钱留与子孙后代，见有饥荒，却不肯出大宗的钱救济灾难，无异犯杀人之罪，是要受道德上的谴责、业报的支配的；

7. 佛法的天理，就在人人心中；

8. 富人求神拜佛烧香念经，若不起大慈悲心舍财济众，仍是佛法不相应。

聂云台是居士，信奉佛教。而印光大师在为《保富法》作序时说：看来文正公的为人处世心法，阁下已得到了真传，故能脱离富贵习气。

曾国藩“遗嘱”的核心思想及理念在他京城为官早期就已经形成。如果从1843年（详见随后论述的曾国藩这一年写给诸弟的信）算起，到曾纪芬的《廉俭救国说》，再到聂云台的《保富法》，整整跨越了一百年。从曾国藩提出财富观念及其实践，到聂云台的数十年“验证”，如果统合起来看，可以视为曾家三代人对于财富的认识，可以说具有很强的传承性。

我研究的稍晚于曾国藩的晚清胡雪岩，从零开始起家，用了近三十年时间，成为清朝首富，财富最多时有三千万两之巨，真正是富可敌国，但在随后的十年间就资不抵债，被抄家饿禁而死，去世前连体面安葬的钱都没有。

即便在近四五十年间，富豪榜上也是你方唱罢我登场，几十年间不知换了多少人，而能够站得住的少之又少，更不用说那些因违法乱纪而被惩处的。个中原因可能需要进行更深入的全面研究。但事实上，中国人至今也没有破除“富不过三代”的魔咒。

## 2．立志不靠做官发财

曾国藩开始编练湘军，各处给人写信，表明他出山办团练的态度，就个人而言要做到六个字：不怕死、不要钱。儒家讲义命，即为义而死是命，因此义无反顾。而不要钱，是曾国藩早就有的信念，这是在京城刚刚做官时给家中诸弟说的。那是道光二十九年三月，他于这年正月由内阁学士正式升授礼部侍郎，这是有实职的部堂官，他对诸弟说：

“予自三十岁以来，即以做官发财为可耻，以官〔宦〕囊积金遗子孙为可羞可恨，故私心立誓，总不靠做官发财以遗后人。神明鉴临，予不食言。此时侍奉高堂，每年仅寄些须，以为甘旨之佐。族戚中之穷者，亦即每年各分少许，以尽吾区区之意。盖即多寄家中，而堂上所食所衣亦不能因而加丰，与其独肥一家，使戚族因怨我而并恨堂上，何如分润戚族，使戚族戴我堂上之德而更加一番钦敬乎？将来若作外官，禄入较丰，自誓除廉俸之外，不取一钱。廉俸若日多，则周济亲戚族党者日广，断不畜积银钱为儿子衣食之需。盖儿子若贤，则不靠宦囊，亦能自觅衣饭；儿子若不肖，则多积一钱，渠将多造一孽，后来淫佚作恶，必且大玷家声。故立定此志，决不肯以做官发财，决不肯留银钱与后人。若禄入较丰，除堂上甘旨之外，尽以周济亲戚族党之穷者。此我之素志也。……恐温弟（曾国华）不能深谅我之心，故将我终身大规模告与诸弟，惟诸弟体察而深思焉。”

曾国藩这封信涉及内容很丰富，也是他“终身大规模”的告白。关于留钱给子孙一层，尤有价值。也就是说，儿子如果贤明，不靠做官发财，不靠遗产，也能生存；儿子如果不肖，有钱也是造孽不断，必将玷污家族的名声。所以曾国藩立志不以做官发财，不留银钱给后人。有多余的钱除了让父母过得好之外，尽量周济亲戚、族党。纵观曾国藩一生，可以说他做到了。

曾国藩考中进士，后被选入翰林院，为此专门请假回乡大宴宾客，据说酒宴办了三天，来往宾客络绎不绝。曾国藩的祖父此时并未被冲昏头脑，他很清醒，于是对曾国藩的父亲说了一番话，说：“宽一（曾国藩早年派名）虽然点了翰林，我们家还是要靠种田吃饭，不能拖累他。”曾国藩听闻后，说自己生平咬牙立志的开始，就是祖父告诫父亲说那一番话时。他认为自己应该发奋一辈子，不要靠做官发财。

曾国藩于道光二十七年升任内阁学士兼礼部侍郎衔，跻身高官之列。而到了二十九年，升授礼部侍郎，是正式的实缺高官。因为有实职，收入相对高一些，遂于二十八年底增加给家中寄钱的数额，由原来每年几十两，增加到一百多两。并与诸弟商量，“以后每年照今年为例”，分别在春季开薪俸和秋季开薪俸时寄回，春俸作为家中用度，秋俸作为各亲族帮项及母亲、婶母、四位弟妇零用之项。

曾国藩后来除户部外，其余四大部，即吏部、兵部、刑部、工部，都做过侍郎，加之最早的礼部，堪称是六大部几乎走了个遍。而且，曾国藩派差的机会多。过去把翰林院出来做官的分为两大类，一类是红翰林，指派差特别是考差多，这样可以名正言顺地收门生的孝敬，曾国藩是红翰林，一次任四川乡试主考官，不但收了很多弟子，而且这次考差的收入达到二千两，把家中及京城历年所欠的债全部还上。而翰林院不派差，不但收不到弟子，而且，经济拮据，难以翻身。所以曾国藩的好友、亲家陈源兖，外放江西吉安知府，但陈源兖反常失落，曾国藩告诉家中父母说："岱云年仅三十二岁，而以翰林出为太守，亦近来所仅见者。人皆代渠庆幸，而渠深以未得主考、学政为恨。且近日外官情形，动多掣肘，不如京官清贵安稳，能多外差，固为幸事，即不得差，亦可读书养望，不染尘埃。岱云虽以得郡为荣，仍以失去玉堂为悔。自放官后，摒挡月余，已于十二月二十八出京。"

曾国藩后来办湘军，虽然筹措军饷是一大难题，但如果他稍微动一点儿发财的心思，可以不费力而成为富家翁。待到他做两江总督、钦差大臣、大学士，两江总督是天下第一督，于清朝最大项的收入盐、漕、河等均有兼管之责，就养廉银而言，加在一起，每年可以有四五万两的进项。这些养廉银曾国藩连同俸禄，全部用于幕僚的支出，清史稿说"俸入悉以养士"。做到了《大学》所讲的"仁者以财发身"，而不是"不仁者以身发财"。再者，官位越高、实权越大，下属例行的节礼孝敬越多，更不要说收受贿赂了。还有一项，曾国藩打下金陵后，会同李鸿章对清朝嘉庆、道光以来的漕粮征收进行改革，整体减少漕粮征收的百分之四十。同时对盐政也进行改革，就盐政改革而言，多给一些盐引（专卖制度），会轻而易举发财。但曾国藩立志不靠当官、带兵发财，他也真正做到了。

聂云台在开篇说：曾文正公，他的地位最高，权力最重，在位二十年，死的时候只有两万两银子；除乡间的老屋外，在省中未曾建造一间房子，也未曾买过一亩地。他亲手创立的两淮盐票，定价很便宜，而利息非常高；每张盐票的票价二百两，后来卖到两万两，每年的利息就有三四千两，当时，家里只要有一张盐票的，就可称为富家了。而曾文正公特别谕令曾氏一家人不准承领。在他逝世后多年，后人也没有一张盐票。若是当时化些字号、花名，领一两百张盐票，是极其容易的事情，而且是照章领票，表面上并不违法。然而借着政权、地位，取巧营私，小人认为是无碍良心，而君子是不肯做的啊。这件事，当时家母（曾纪芬）知道得很详细，而外面人却是很少有知道的。文正公曾经对僚属宣誓，不取军中的一钱寄回家里，而且是数十年如一日无违誓言。

## 3．盛衰看气象，散财乃保持家道良法

曾国藩精研历史，对家族兴衰有特别的认识。道光二十三年，曾国藩以四川乡试正考官，发了一笔不小的财。不但给家里还了债，在寄给家里的银钱中，还特别指明有四百两是给贫穷亲戚的。因为曾国藩从父亲来信中，得知欠债已还上，故寄钱有贴补亲戚之举。实际情况是家里还有欠债。为此，六弟曾国华觉得长兄所做有沽名之嫌。曾国藩耐心解释，特别讲盛衰非人力所能改变，但要持盈保泰，最好的办法是散财与贫困族戚。他对六弟等说：

“诸弟生我十年以后，见诸戚族家皆穷，而我家尚好，以为本分如此耳，而不知其初皆与我家同盛者也。兄悉见其盛时气象，而今日零落如此，则大难为情矣。凡盛衰在气象，气象盛则虽饥亦乐，气象衰则虽饱亦忧。今我家方全盛之时，而贤弟以区区数百金为极少，不足比数。

设以贤弟处楚善、宽五之地，或处葛、熊二家之地，贤弟能一日以安乎？凡遇之丰啬顺舛，有数存焉，虽圣人不能自为主张。天可使吾今日处丰亨之境，即可使吾明日处楚善、宽五之境。君子之处顺境，兢兢焉常觉天之过厚于我，我当以所余补人之不足。君子之住啬境，亦兢兢焉常觉天之厚于我：非果厚也，以为较之尤啬者，而我固已厚矣。古人所谓境地须看不如我者，此之谓也。来书有'区区千金'四字，其毋乃不知天之已厚于我兄弟乎？兄尝观《易》之道，察盈虚消息之理，而知人不可无缺陷也。日中则昃，月盈则亏，天有孤虚，地阙东南，未有常全而不缺者。《剥》也者，《复》之幾也，君子以为可喜也。《夬》也者，《姤》之渐也，君子以为可危也。是故既吉矣，则由吝以趋于凶；既凶矣，则由悔以趋于吉。君子但知有悔耳。悔者，所以守其缺而不敢求全也。小人则时时求全；全者既得，而吝与凶随之矣。众人常缺，而一人常全，天道屈伸之故，岂若是不公乎？今吾家椿萱重庆，兄弟无故，京师无比美者，亦可谓至万全者矣。故兄但求缺陷，名所居曰求缺斋。盖求缺于他事，而求全于堂上。此则区区之至愿也。家中旧债不能悉清，堂上衣服不能多办，诸弟所需不能一给，亦求缺陷之义也。内人不明此意，时时欲置办衣物，兄亦时时教之。今幸未全备，待其全时，则吝与凶随之矣。此最可畏者也。"

曾国藩同一天还给祖父母写信，解释他这样做的初衷："孙去年腊月十八曾寄信到家，言寄家银一千两，以六百为家中还债之用，以四百为馈赠亲族之用。其分赠数目，另载寄弟信中，以明不敢自专之义也。后接家信，知兑啸山百三十千，则此银已亏空一百矣。顷闻曾受恬丁艰，其借银恐难遽完，则又亏空一百矣。所存仅八百，而家中旧债尚多，馈赠亲族之银，系孙一人愚见，不知祖父母、父亲、叔父以为可行否？伏乞裁夺。孙所以汲汲馈赠者，盖有二故。一则我家气运太盛，不可不格外小心，以为持盈保泰之道。旧债尽清，则好处太全，恐盈极生亏；留债不清，则好中不足，亦处乐之法也。二则各亲戚家皆贫，而年老者，今不略为饮助，则他日不知何如。自孙入都后，如彭满舅曾祖、彭王姑母、欧阳岳祖母、江通十舅，已死数人矣。再过数年，则意中所欲馈赠之人，正不保何若矣！家中之债，今虽不还，后尚可还。赠人之举，今若不为，后必悔之。此二者，孙之愚见如此。然孙少不更事，未能远谋，一切求祖父、叔父作主，孙断不敢擅自专权。其银待欧阳小岑南归，孙寄一大箱，衣物银两概寄渠处，孙认一半车钱。彼时再有信回。”

## 4．好积私财者为将败之征

曾国藩引用祖父的话说：“好积私财者为将败之征。”意思是说，家里财产积攒得太多，这个家庭衰败的迹象就显现了。

曾国藩最初做京官也很苦，有时向诸弟流露出来，等把家中的欠账全部还清后，就不再做官的想法。其母亲去世后，应皇帝之命帮办团练，最初非常不顺。后来几个弟弟私下商议，也征求了曾纪泽的意见，买了很大一块田，这块田在衡阳五马冲这个地方。曾国藩听闻后，令诸弟立即出手，并引用祖父的话，说积累私财是家将衰败的征兆。他在咸丰五年十二月的信中说：

“闻屡次长夫言及我家去年在衡阳五马冲买田一所，系国藩私分等语。并云系澄侯弟玉成其事。国藩出仕二十年，官至二品，封妻荫子，且督师于外，薄有时名。今父亲与叔父尚未分析，两世兄弟怡怡一堂，国藩无自置私田之理。况田与蒋家垅相近，尤为鄙陋。此风一开，将来澄弟必置私产于暮下，温弟必置私产于大步桥，植弟、季弟必各置私产于中沙、紫甸等处。将来子孙必有轻弃祖居而移徙外家者。昔祖父在时，每讥人家好积私财者为将败之征，又常讥驼五爹开口便言水口，达六爹开口便言桂花树，想诸弟亦熟闻之矣。内子女流不明大义，纪泽儿年幼无知，全仗诸弟教训，引入正大一路。若引之入于鄙私一路，则将来计较锱铢，局量日窄，难可挽回。子孙之贫富，各有命定。命果应富，虽无私产亦必自有饭吃；命果应贫，虽有私产多于五马冲倍蓰什佰，亦仍归于无饭可吃。兄阅历数十年，于人世之穷通得失思之烂熟。兹特备陈大略，求澄侯弟将五马冲田产为我设法出脱。或捐作元吉公祭田，或议作星冈公祭田，或转售他人，以钱项备家中日用之需。但使不为我私分之田，并不为父亲私分之田，则我之神魂为之少安，心志为之少畅。温、植、季三弟亦必力赞成吾意，至幸至慰。诸弟禀明父亲、叔父后，如何定计，望详明告我。”

后来又写信：“（咸丰）四年所买衡阳之田，可觅人售出，以银寄营，为归还李家款。父母存，不有私财，士庶人且然，况余身为卿大夫乎？”

咸丰十年，曾国藩升任两江总督，是天下第一督，一品高官，家里住的黄金堂老宅过于寒酸。主持家政的曾国潢又做主张，想在附近再买一块田，以便扩建老宅。曾国藩得知后立即制止，他说：“家事有弟照料，甚可放心，但恐黄金堂买田起屋，以重余之罪戾，则寸心大为不安，不特生前做人不安，即死后做鬼也是不安。特此预告贤弟，切莫玉成黄金堂买田起屋。弟若听我，我便感激尔；弟若不听我，我便恨尔。但令世界略得太平，大局略有挽回，我家断不怕没饭吃。若大局难挽，劫数难逃，则田产愈多指摘愈众，银钱愈多抢劫愈甚，亦何益之有哉？嗣后黄金堂如添置田产，余即以公牍捐于湘乡宾兴堂，望贤弟千万无陷我于恶。”

他一再叮嘱这位四弟“莫买田产，莫管公事。吾所嘱者，二语而已。盛时常作衰时想，上场当念下场时，富贵人家，不可不牢记此二语也”。甚至不惜要把四弟曾国潢所买田捐出去以制止买田之事。

曾国藩随即给纪泽、纪鸿二儿写信，嘱咐说：“银钱、田产最易长骄气逸气，我家中断不可积钱，断不可买田，尔兄弟努力读书，决不怕没饭吃。至嘱。”

## 5. 家中开销要立一本账簿

曾国藩通过湘军筹饷有财务管理的实操经验，他在“遗嘱”中要求家里立一个账簿。实际他早在让曾纪泽兴建富厚堂时就要求这样做。自曾国藩父亲去世，特别是曾纪泽的夫人贺氏及其母在黄金堂去世，还有管家朱金权儿子死在门前塘里，欧阳夫人就觉得黄金堂不宜住。由此，才有建新宅的实际需要。曾国藩对曾纪泽说：“黄金堂之屋，尔母素不以为安，又有塘中溺人之事，自以另择一处为妥。余意不愿在长沙住，以风俗华靡，一家不能独俭。若另求僻静处所，亦殊难得，不如即在金陵多住一年半载亦无不可。泽儿回湘与两叔父商，在附近二三十里觅一合式之屋，或尚可得。星冈公昔年思在牛栏大丘起屋，即鱵〔鲇〕鱼坝萧祠间壁也。不知果可造屋，以终先志否？又油铺里系元吉公屋，犁头嘴系辅臣公屋，不知可买庄兑换或借住一二年否？富托可移兑否？尔禀商两叔，必可设法办成。尔母既定于明年起程，则松生夫妇及邵小姐之位置，新年再议可也。”

曾国藩兄弟于咸丰九年分家后，原来曾家的一块田富托分给曾国荃。曾国藩为父亲守丧时，在这里盖思云馆，他觉得这里很开阔，就提出在这里建新宅。经纪泽与两叔父商量，曾国荃愿意让出这块地，而且又多给一百多亩田。曾纪泽把情况告诉父亲，曾国藩很高兴，说：“澄、沅叔已答应将富托让与我家居住，明岁将送全眷回湘。”又写信给九弟曾国荃说：“富托本算一等屋场，弟若肯代为收拾，必是第一等妥当。乃必待纪泽母子到家看定再行修葺，且令先在大夫第小住，实属情文周至。手足至亲，不复言谢。”

对富厚堂的建造，曾国藩倾注了不少心血，而他最关心的是不能奢华。他给曾国潢、曾国荃写信说：“富托兴工，何以须至重阳始毕？得无太华丽否？纪泽母子等若以五六月到家，应即在大夫第同住，以符沅弟之初议。若纪瑞侄母子赴鄂，则全行借住，听两弟示知纪泽遵办。”大夫第是曾国荃建造的大屋。当时曾国荃任湖北巡抚，其妻与子纪瑞想赴湖北，这样大夫第就完全空出来，留给纪泽母亲、纪泽等来住。

富厚堂建造时，曾国藩打下金陵，随后封侯爵。因此规制有所扩大。曾国藩北上镇压捻军，曾纪泽提出，把两江总督署父亲自己买的木器运回湘乡，放在富厚堂，曾国藩不同意，对纪泽说：“金陵署内木器之稍佳者不必带去，余拟寄银三百，请澄叔在湘乡、湘潭置些木器，送于富托，但求结实，不求华贵。衙门木器等物，除送人少许外，余概交与房主姚姓、张姓，稍留去后之思。”后来曾国潢代买的木器钱三百两银子，曾国藩要给，曾国潢不要。长兄说：“富托承弟修整完好，谢谢。木器三百金，弟之语气似乎不要，兄即不另寄矣。”

欧阳夫人到金陵两江总督署后，把曾国潢、曾国荃二位小叔子对她们一家的照顾，向丈夫详尽说及。曾国藩回信对四弟感谢说：“内人以下，历述老弟数年以来照料黄金堂诸事，心思之细，仪节之恭，送情之厚，均为近世兄弟中所未见。吾家敬宗收族、承先启后诸大端，皆发于沅弟之谋，而成于弟之手（萧先生好手）。沅弟费财（八老爷好财），老弟费心，均可为祖父累代之功臣。余愧未能悉心经营，幸两弟有以补余之过也。”

富厚堂的藏书很多，木书架箱子也是曾国藩亲自制作的。他告诉纪泽："余近作书箱，大小如何廉舫八箱之式。前后用横板三块，如吾乡仓门板之式。四方上下皆有方木为柱为匡，顶底及两头用板装之。出门则以绳络之而可挑，在家则以架乘之而可累两箱三箱四箱不等。开前仓板则可作柜，并开后仓板则可过风。当作一小者送回，以为式样。吾县木作最好而贱，尔可照样作数十箱，每箱不过费钱数百文。读书乃寒士本业，切不可有官家风味。吾于书箱及文房器具，但求为寒士所能备者，不求珍异也。家中新居富圫，一切须存此意，莫作代代做官之想，须作代代做士民之想。门外挂匾不可写侯府相府字样。天下多难，此等均未必可靠，但挂宫太保第一匾而已。"

富厚堂建造，曾国藩还是觉得花钱"超标"。由此他要求曾纪泽以后要立一个账簿："富圫修理旧屋，何以花钱至七千串之多？即新造一屋，亦不应费钱许多。余生平以大官之家买田起屋为可愧之事，不料我家竟尔行之。澄叔诸事皆能体我之心，独用财太奢与我意大不相合。凡居官不可有清名，若名清而实不清，尤为造物所怒。我家欠澄叔一千余金，将来余必寄还，而目下实不能遽还。尔于经营外事颇有才而精细，何不禀商尔母暨澄叔，将家中每年用度必不可少者逐条开出，计一岁除田谷所入外，尚少若干，寄营余核定后以便按年付回。"

## 6. 乱世多财招祸患

曾国藩带兵打仗，见惯的都是生灵涂炭，而富有的大家族首当其冲，多财成为招祸患的因由。他与人通信曾说道："侍家世寒素，深知一粒一丝之匪易。近年从事戎行，每驻扎之处，周历城乡，所见无不毁之屋，无不伐之树，无不破之富家，无不欺之穷民。"

在家主持家政的曾国潢，总是利用给人办事的机会，收点好处，曾国藩总是教育他不要占他人便宜，还现身说法，讲自己过去就是本着这样的原则来处理人情往来的。他给在家的几个弟弟写信说："我自从己亥年（1839）在外把戏，至今以为恨事。将来万一作外官，或督抚，或学政，从前施情于我者，或数百，或数千，皆钓饵也。渠若到任上来，不应则失之刻薄，应之则施一报十，尚不足以满其欲。故兄自庚子（1840）到京以来，于今八年，不肯轻受人惠，情愿人占我的便益，断不肯我占人的便益。将来若作外官，京城以内无责报于我者。澄弟在京年余，亦得略见其概矣。此次澄弟所受各家之情，成事不说，以后凡事不可占人半点便益，不可轻取人财。切记切记。"

这段话说明，曾国藩考中进士，留在翰林院之后，回家大办宴席，然后又到各地亲戚友朋处走动，实际是收好处。他的日记记得比较详细。他说这是"把戏"。等庚子年回京城正式在翰林院工作，就很后悔，从此不再轻易接受别人的恩惠。

清朝实行非常广泛的捐纳制度，有各种名堂的捐官、捐监生等办法。曾国潢也想通过给他儿子纪梁捐个监生，然后发财。曾国藩觉得这种想法不可取，还是要靠读书走正路，对他说："纪梁读书，每日百二十字，与泽儿正是一样，只要有恒，不必贪多。澄弟虽不读书，亦须常看《五种遗规》及《呻吟语》。来书想发财捐官云云，犹是浮躁气习。洗尽浮华，朴实谙练，上承祖父，下型子弟，吾于澄实有厚望焉。"

他在给家人的信中，反复强调不要积财，尤其是乱世，更不可积财："甲三、甲五等兄弟，总以习劳苦为第一要义。生当乱世，居家之道，不可有余财，多财则终为患害。又不可过于安逸偷惰。如由新宅至老宅，必宜常常走路，不可坐轿骑马。又常常登山，亦可以练习筋骸。仕宦之家，不蓄积银钱，使子弟自觉一无可恃，一日不勤，则将有饥寒之患，则子弟渐渐勤劳，知谋所以自立矣。”

曾国荃是曾国藩的大帮手，打仗尤其敢于打硬仗。而据曾国藩的小女儿曾纪芬说，曾国荃“每克一名城，奏一凯战，必请假还家一次，颇以求田问舍自晦”。曾国荃建造奢华的大夫第，乃至乡里讥评，曾国藩令其改毁，已如前述。关于书院，曾国藩也担心过于奢华，于是给曾国潢写信说：“余所改书院图已接到否？图系就九弟原稿改正，中间添一花园。以原图系点文章，一个板板也。余所改规模太崇闳。当此大乱之世，兴造过于壮丽，殊非所宜，恐劫数未满，或有他虑。弟与邑中诸位贤绅熟商。去年沅弟起屋太大，余至今以为隐虑。此事又系沅弟与弟作主，不可不慎之于始。弟向来于盈虚消长之机颇知留心，此事亦当三思。至嘱至嘱。”

在长兄的耐心说服下，曾国荃对大夫第进行改造，而且表示很惬意，曾国藩这时又告诉九弟，房子要做好通风，不能湿气重：“沅弟言新大夫第不敢再求惬意，自是知足之言，但湿气一层不可不详察。若湿气太重，人或受之则易伤脾。凡屋高而天井小者，风难入，日亦难入，必须设法祛散湿气，乃不生病。至嘱至嘱。余俟（陈）作梅兄赴湘详布。”

曾国藩注重风水，他为此请精通此道的陈作梅到湘乡去看大夫第等新建房屋。他告诉四弟、九弟说：“余昨寄家庙图不另起前进，盖取其气疏宕之故。陈作梅极善看地，余请其二月至家。过路堂先茔拨字向时，或请作梅一定来。嘉湾家庙及新大夫第皆求作梅看。作梅有道之士，深于《易经》，医理亦精。”

曾国藩对曾国潢，总是劝他少积财。打完太平军后，他又写信嘱咐说：“余意吾兄弟处此时世，居此重名，总以钱少产薄为妙。一则平日免于觊觎，仓卒免于抢掠，二则子弟略见窘状，不至一味奢侈。纪泽母子八月即可回湘，一切请弟照料。早扫考宝书蔬鱼猪八字，是吾家历代规模。吾自嘉庆末年至道光十九年，见王考星冈公日日有常，不改此度。不信医药、地仙、和尚、师巫、祷祝等事，亦弟所一一亲见者。吾辈守得一分，则家道多保得几年，望弟督率纪泽及诸侄切实行之。富托木器不全，请弟为我买木器，约值三百金为率。但求坚实，不尚雕镂，漆水却须略好，乃可经久。屋宇不尚华美，却须多种竹柏，多留菜园，即占去田亩，亦自无妨。”

当曾纪泽率家人入住富厚堂后，曾国藩又嘱咐儿子说：“尔在家料理家政，不复召尔来营随侍矣。李申夫之母尝有二语云‘有钱有酒款远亲，火烧盗抢喊四邻’，戒富贵之家不可敬远亲而慢近邻也。我家初移富托，不可轻慢近邻，酒饭宜松，礼貌宜恭。建四爷如不在我家，或另请一人款待宾客亦可。除不管闲事，不帮官司外，有可行方便之处，亦无吝也。”

曾国荃打完太平军后，经过一段时间的“病休”，出任湖北巡抚。而巡抚衙署发生火灾，有人议论纷纷，说是奔曾国荃的家财去的。曾国藩告诉九弟说：“鄂署五福堂有回禄之灾，幸人口无恙，上房无恙，受惊已不小矣。其屋系板壁纸糊，本易招火。凡遇此等事，只可说打杂人役失火，固不可疑会匪之毒谋，尤不可怪仇家之奸细。若大惊小怪，胡思乱猜，生出多少枝叶，仇家转得传播以为快。惟有处处泰然，行所无事。申甫所谓‘好汉打脱牙和血吞’，星冈公所谓‘有福之人善退财’，真处逆境者之良法也。”

## 7. 散财最忌有名，遗产两万两的处置

不给子孙留下太多的余财，应该说是曾国藩家教当中最核心的思想。除了平时的教育之外，给他们留下多少钱才合适，这才是曾国藩重

视的。

曾国藩对世事洞明，他为官清廉，但从不以清廉来标榜自己。他曾说，如果自己得了一个清名，但是让子孙沦落于沟壑，让别人看不起，做人哪有尊严？当然，他在临终之前还是攒了一笔钱。根据他的小女儿曾纪芬（崇德老人）说，曾国藩留下的钱是两万两银子。这与他为官的收入太不相称了。做两江总督一年收入多少？大家知道，清朝官员真正的俸禄并不高，自雍正时期推行养廉银，官员收入才提高。曾国藩做了十多年的两江总督和直隶总督，养廉银按说是最高的，一年大概有两万五千两到三万两的样子，以十年为标准，应该有三十万两。但是他死后，丧事花了一万多两银子，加上朝廷的赏赐，大体上还有七千到八千两白银给子孙分。崇德老人写回忆录的时候说，每人大概分得一千两银子。

曾国藩关于财富的思想多少有一些变化。他开始讲不留遗产，后来还是觉得自己为官一辈子，连身边人的疾苦都解决不了，何谈治理天下呢？他也想多少留一点钱，让子女有点做人的尊严，而不是一切从零开始。从咸丰十年（1860）到曾国藩去世，曾国藩留了两万两银子，从前面他给儿子的密信中可知，家里除了这两万两以外，其他的不可再取一丝一毫。其他的钱如何散掉，还得跟陈作梅、丁日昌商量。而且“散财最忌有名”，不要让一个人知道。自己“生平以享大名为忧，若清廉之名尤恐折福”，但是他还要守住人生的底线、做官的底线，不该得的钱绝不伸手。两万两“取作终老之资，已极丰裕矣”。

曾纪芬回忆说：“文正官京师时，俸入无多，每年节啬以奉重堂甘旨，为数甚微。治军之日亦仅年寄十金、二十金至家。及功成位显而竹亭公已薨，故尤不肯付家中以巨资。至直督任时，始积俸银二万金。比及薨逝，惠敏（纪泽）秉承遗志，谢却赙赠，仅取门生故吏所醵集之刻全集费。略有余裕，合以俸余，粗得略置田宅。”

也就是说，曾国藩做京官时，收入很少，每年寄给家里的也就是十两、二十两银子。功成名就的时候，祖父已去世，还不肯付家中以巨资。后来到做直隶总督的时候积累了养廉银，再加上平时的俸禄，加起来不过两万两。剩下的银子，曾纪泽为父亲发丧，用了不少。按照他父亲生前的遗志不收丧礼，仅仅收了门生故吏捐的一点钱把曾国藩的文集刊刻出来。剩下一点钱给几个儿女分了一点，每个人用来买了几亩田。

这是同治八年正月，曾国藩因为做官感到千难万难，在京城颇有准备告老还乡的安排，为此才给曾纪泽写信，告诉他这两万两银子的使用。信的开始告诉他在京城，“正月灯节（十五）以前惟初三、五无宴席，余皆赴人之召。然每日仅吃一家，有重复者辄辞谢，不似李、马二公日或赴宴四五处。盖在京之日较久，又辈行较老，请者较少也。军机处及弘德殿诸公颇有相敬之意，较去冬初到时似加亲厚，九列中亦无违言。然余生平最怕以势利相接，以机心相贸，决计不作京官，亦不愿久作直督。约计履任一年即当引疾悬车，若到官有掣肘之处，并不待一年期满矣”。

接下去，商量是否让家人北上，在直隶总督署一起生活：“接眷北来，殊难定策，听尔与尔母熟商。或全眷今春即回湖南，或全家北来保定，明年与我同回湖南，均无不可。”

下面是他在京城的礼敬及各项开销，最后是两万两的安排：“余送别敬壹万四千余金，三江两湖五省全送，但亦厚耳。合之捐款及杂费凡万六千上下，加以用度千余金，再带二千余金赴官，共用二万两。已写信寄应敏斋，由（陈）作梅于余所存缉私经费项下提出归款。阅该项存后路粮台者已有三万余金，余家于此二万外不可再取丝毫。尔密商之作梅先生、雨亭方伯，设法用去。凡散财最忌有名，总不可使一人知，一有名便有许多窒碍，或捏作善后局之零用，或留作报销局之部费，不可捐为善举费。至嘱至嘱。余生平以享大名为忧，若清廉之名尤恐折福也。杜小舫所寄汇票二张，已令高列三涂销寄回。尔等进京，可至雨亭处取养廉数千金作为途费，余者仍寄雨亭处另款存库，余罢官后或取作终老之资，已极丰裕矣。”

读了这后面一段，我们就明白为什么说这封是密信了。这封信提到了两个要点：一是散财不留名，二是不要“清廉之名”。自古以来，大家都说“做好事不留名”，但不留名谁又知道这善事呢？曾国藩要散的是什么钱呢？古代的官场，朝廷给予官员的年俸收入，根本不够支出。地方政府依靠火耗银、罚款、缉私筹收入，这些收入，如果是清廉的官员，可能会用于捐款、杂费、招待、车马或进京的炭敬、别敬等。不清廉的官员，有可能就把这笔钱给私分了。曾国藩就是叮咛家人，不要私拿这上面的分毫，而是想办法把这笔钱散去，用在别处。同时提醒儿子注意，千万不要张扬此事，不可视此为善事。

曾国藩后来做总督，需要一些必要的排场，因而开销也大。他给四弟、九弟解释说，节俭也难以完全做到：“惟署中所用弁仆妪婢等太多，食口众，则用度浩繁。又兼治病医药，百端奢靡，入少出多，江督岁中进款竟不敷一岁之用。曩者尝怪澄弟日用太侈，不能节俭，以致欠债甚巨。今余亦因用度不俭，亦将欠债，深为可讶。”“八年春在京用去一万金，九年冬在京用去万余金。在他人见为简啬，在余已筋疲力竭。近嘱戒纪泽等必须从上房、厨房两处节省，而后不至亏空。澄弟负累本重，沅弟亦无源之水，以后三家均须力行节俭。余平日自誓不欲身后多留余财，亦不宜留债与后人耳。”

曾国藩做官做事乃至留遗产，都深受林则徐的影响，他说：“沅老近来所办之事无不惬当。银钱一事，取与均宜谨慎斟酌。今日闻林文忠三子分家，各得六千串。每柱田宅价在内。公存银一万，为祀田，刻集之费在外。督抚二十年，真不可及。”

“余将来不积银钱留与儿孙，惟书籍尚思添买耳。”这是曾国藩写给纪泽信中的一句话。曾国藩一生嗜书如命。他去世后，经整理者略计，曾国藩藏书十余万册，三十万卷。

富厚堂的藏书楼，也成为曾氏家族的“精神圣地”。

# 第十五章　健康与养生

曾国藩在距其去世不足一年的某一天，写下这样一段日记："因思近年焦虑过多，无一日游于坦荡之天，总于由名心太切、俗见太重二端。名心切，故于学问无成，德行未立，不胜其愧馁。俗见重，故于家人之疾病、子孙及兄弟子孙之有无、强弱、贤否，不胜其萦绕，用是忧惭局促，如茧自缚。今欲去此二病，须在一'淡'字上着意。不特富贵功名及身家之顺逆、子姓之旺否，悉由天定，即学问、德行之成立与否，亦大半关乎天事，一概淡而忘之，庶此心稍得自在。展转筹思，徘徊庭院，申、酉间不治一事。"

曾国藩检讨自己所谓的"俗见太重"，恰恰说明他也与普通人一样，有喜怒哀愁，而"家人之疾病"排在"俗见"中的第一位。如果认真阅读他的日记、家书，就会明显看到，家人是否平安几乎出现在他的每一封家书中。如果我们再仔细一些，会看到在他的家书、日记里，至少保留了上百份各种有关治病、养生、保持健康的"方子"。研究疾病史的人，如果按照时间顺序，可以从曾国藩家族的个人"疾病史"研究那个时代的疾病史。据世界卫生组织的统计，距今半个多世纪前，人类的平均寿命只有 32 岁。如果再往前上溯一百年，即曾国藩生活的时代，可以猜想，人类的平均寿命，要远低于 32 岁。就此而论，曾国藩家族的寿命要远远高于当时的平均数。

我们来统计一下曾国藩家里几代人的寿命：

曾祖父曾衍胜（竟希公，1743—1816）74 岁。

祖父曾玉屏（星冈公，1774—1849）76 岁，祖母 80 岁。

父亲曾毓济（竹亭公，1790—1857）68 岁，母亲曾江氏（1785—1852）68 岁。

曾国藩（1811—1872）62 岁，欧阳氏（1816—1874）59 岁。

兄弟：曾国潢 67 岁，曾国荃 67 岁，曾国葆和曾国华都死于战场，不足 40 岁。

儿子：曾纪泽（1839—1890）52 岁，曾纪鸿（1848—1881）34 岁。

女儿：长女曾纪静，29 岁；次女曾纪耀，39 岁；三女曾纪琛，68 岁；四女曾纪纯，35 岁；满女曾纪芬，90 岁。

由此可知，曾国藩的曾祖父和祖父母都是 70 岁以上，在那个时代已经是高寿了；父亲和母亲都是 68 岁，这也不错。到曾国藩这一代，除战场中死去的不计外，其余三兄弟全部超过 60 岁。须知，曾国藩的生存环境并不好，梁启超说他终身在“拂逆之中”，能够超过周甲，实属不易。到曾国藩的下一代，本来生活环境更好了，寿命应该更长，反而平均寿命都在下降。长子曾纪泽 52 岁，次子曾纪鸿 34 岁。五个女儿中，三个女儿没有过 40 岁。

我们从“结果”来倒推，就会清楚曾国藩为什么在家书中总是谆谆教诲家人，如何保持身心健康，大讲特讲不厌其烦地讲“养生之道”了。

## 1．养生纲领与六诀

古人的家训往往重视养生，曾国藩也不例外。曾国藩的养生之道有一个最重要的纲领，即“君逸臣劳”，具体来说就是：

省思虑、除烦恼，二者皆所以清心，“君逸”之谓也；行步常勤，筋骨常动，“臣劳”之谓也。

什么是“君逸”呢？省思虑、除烦恼。我们今天大多数的疾病，来源于心和脑，心脑血管疾病被称为第一杀手。“君”是我们的大脑，大脑每天焦思苦虑，没有一刻停歇，人就活得很累。人最怕累的还有心，大脑和心是连在一起的，用心过度，大脑也跟着累。所以，曾国藩讲“君逸”，大脑要安逸，那就要“省思虑、除烦恼”，那些烦人、恼人的事情不要整天去想，让大脑安逸清净。但是，“君逸”还得“臣劳”。被大脑（君）支配的身体就是臣，“臣劳”则是“行步常勤，筋骨常动”，身体一定要勤动。那些适当进行体力劳动或者锻炼的人，身体很好，就是因为筋骨动起来了。不像脑力劳动者用脑过度，把精气神都给消耗掉了。“行步常勤，筋骨常动”，非常符合现代的养生学，今天的人们为了有一个健康的身体，不就是在做这些吗？

除了养生纲领，还有祖传的养生六诀。用曾国藩的话说：祖传六诀，久试不爽。当然曾家祖传的养生六诀，不一定都适合现代人。这六诀就是：

每夜洗脚、饭后千步、惩忿、节欲、静坐眠食、不轻服药。

“每夜洗脚”，我们今天的实践也证明，睡前用适当温度的热水洗脚能促进人的血液循环，于身体大有裨益，曾国藩也自认在这方面洗脚对自己帮助很大。“饭后千步”也是有道理的，饭后最忌躺着不动，这会导致食滞不通畅，不利于胃肠消化。“惩忿、节欲”来自《易经》损卦的《大象传》：“君子以惩忿窒欲。”“惩忿”，则是控制自己的情绪，人的情绪不能忽高忽低，喜怒不但不形于色，而且要不入于心，这才叫修养到位。“节欲”，节制自己的欲望，人好多的毛病还是欲望使然。

“静坐眠食”，这一诀可以分开来看，即“静坐”和“眠食”。关于“静坐”，曾国藩说“心动则神疲，静则神裕”，他是在唐鉴的教导、督促下才开始练习的，并把静坐当作每天必做的功课之一。一番静坐下来，效果很是明显，曾国藩从此把静坐作为养生的重要方法，每日不拘何时都会静坐一会儿，坚持了几十年。关于“眠食”，即眠食有恒，吃饭睡觉有规律，曾国藩非常重视这一点，他说：

养生之道，当于“眠、食”二字悉心体验。食即平日饭菜，但食之甘美，即胜于珍药矣。眠亦不在多寝，但实得神凝梦甜，即片刻亦足摄生矣。

好的睡眠可以恢复自己的精气神。吃的东西不要求山珍海味，只要是吃自然的东西，自己劳动所种的东西，这些就够了。他曾对家人说：

纪泽身体亦弱，吾教以专从眠、食二字上用功，眠所以养阴也，食所以养阳也。养眠贵有一定时刻，而戒其多思；养食亦贵有一定时刻，而戒其过饱。

还有“不轻服药”，中医也讲，无药之药。无药是最好的药，不吃药才是最好的。这就是曾家的六诀。

对于养生，曾国藩给弟弟的信中也说到了养生六事：

一曰饭后千步，一曰将睡洗脚，一曰胸无恼怒，一曰静坐有常时，一曰习射有常时……一曰黎明吃白饭一碗不沾点菜。

这段话除以上的六诀外，还有“黎明吃白饭一碗不沾点菜”和“习射有常时”。“黎明吃白饭一碗”，到底是什么道理呢？这大概是曾国藩独有的养生术，他的口味比较清淡。

“习射有常时”，孔子时代，读书人都要学习六艺：礼、乐、射、御、书、数。“射”指射箭，射箭不但是一项生存、作战技能，而且可以锻炼身体。从上面曾国藩这一代开始的寿命统计可以看出，曾家子弟身体都不是很强壮，所以曾国藩屡次强调家族子弟要学习射箭，说“射足以习威仪，强筋力，子弟宜多习”“家中后辈子弟个个体弱……学射最足保养”。

曾国藩还对子侄辈说及养生之道，并针对个人特别要求：

养生无甚可恃之法，其确有益者：曰每夜洗脚，曰饭后千步，曰黎明吃白饭一碗不沾点菜，曰射有常时，曰静坐有常时。纪泽脾不消化，此五事中能做得三四事，即胜于吃药。纪鸿及杏生等亦可酌做一二事。余仅办洗脚一事，已觉大有裨益……

此皆闻诸老人，累试毫无流弊者，今亦望家中诸侄试行之……

尔等身体皆弱，前所示养生五诀，已行之否？泽儿当添“不轻服药”一层，共六诀矣。既知保养，却宜勤劳。家之兴衰，人之穷通，皆于勤惰卜之。

他说，曾纪泽如果能做到养生方面的三四点，一定胜于吃药。纪鸿及杏生也可酌量选做一两项。养生五诀之外，纪泽应该再添上一层，即“不轻服药”。他还特别强调说“既知保养，却宜勤劳”，保养还不行，得要勤劳。一个人将来有没有发展，从是勤劳还是懒惰就可以得知。个人是如此，家庭是如此，国家也是如此。

## 2. 养生八字，眠食是守

后来曾国藩又阐述养生之道。首先提出养生八字诀，即“养生家之法，莫大于惩忿、窒欲、少食、多动八字”，其次则是“养生之道，视、息、眠、食四字最为要紧。息必归海，视必垂帘，食必淡节，眠必虚恬。归海，谓藏息于丹田气海也；垂帘，谓半视不全开、不苦用也；虚，谓心虚而无营，腹虚而不滞也。谨此四字，虽无医药丹诀，而足以却病矣”。

“惩忿、窒欲”，前面实际已经讲了，这里就不多说。“少食、多动”，非常符合养生之道。这里特别说一下他所说的“养生之道，视、息、眠、食四字最为要紧”。

“息必归海”，是呼吸应当深沉，达到并藏于丹田。这是历代养生家所注重的。“视必垂帘”，是眼睛不能睁开，也不能闭拢，只能处于“半视不全开”，不要耗损眼神，也就是说，长时间地看书、观景，必须让眼皮垂下，闭目养神。“食必淡节”，饮食要清淡，食量要节制，不要过快、过饱。“眠必虚恬”，“心虚而无营，腹虚而不滞”，睡眠时，心里要空，要把一切烦恼事丢之脑后，肚子里不是太饱，就不会凝滞不通，这样才能安安稳稳地睡觉。“视、息、眠、食”四方面达到要求，不要经常吃什么滋补类药物，也足以让自己不生病。

对于“眠食”，曾国藩多次强调，他说：

食即平日饭菜，但食之甘美，即胜于珍药矣。眠亦不在多寝，但实得神凝梦甜，即片刻亦足摄生矣……

能淡然无欲，旷然无累，闭目存神，虽不成寐，亦尚足以摄生。余多年不获美睡，当于此加之意而已。

睡眠和吃饭是养生最大要事，吃饭不用讲究精美，平常就行，只要可口，胜于珍馐。睡也是一样，不在多睡觉，只要睡得香，就算是片刻也足以恢复精气神。或者闭目养神，放松身心，也可以养生。但是曾国藩晚年的睡眠质量确实太差，这也不怪，他身居高位，要操心的事太多，自然思虑过多，睡觉自然难以香甜。这一点确实如此，大多数高级知识分子，以及当官的人，思虑都比较多，睡眠自然不好。我也发现有不少朋友睡眠不好，一到睡觉的时候就非常恐惧，越恐惧越睡不着。

对于“食”，曾国藩比较讲究。这里的讲究不是说他喜欢山珍海味、珍馐美食。他比较反对经常吃这些。从他给曾国潢的家书中可以看出，他晚年喜欢吃炖得比较烂的东西。他说：

余现在调养之法，饭必精凿，蔬菜以肉汤煮之，鸡鸭鱼羊豕炖得极烂，又多办酱菜腌菜之属，以为天下之至味，大补莫过于此。《孟子》及《礼记》所载养老之法、事亲之道皆不出乎此。岂古之圣贤皆愚，必如后世之好服参茸燕菜鱼翅海参而后为智耶？

关于吃饭这一点，曾国藩还是比较讲究，认为要精细。蔬菜要用肉汤煮，其他的肉类则要炖烂，辅以老家的酱菜，这在他眼里就是最美味也是最有营养的食物了。这个要求和我们今天普通人家的饮食水准差不多。他还举例说古人说的养生之道也是如此，难道古人都是愚蠢的，而后世之人吃人参、鹿茸、燕窝、鱼翅之类才是明智的？关于古人所说，曾国藩举《礼记》中一段话来说明，《礼记·内则》称“五十异粻，六十宿肉，七十贰膳，八十常珍，九十饮食不离寝，膳饮从于游可也……五十始衰，六十非肉不饱，七十非帛不暖，八十非人不暖，九十虽得人不暖矣。”

意思是说，五十岁以后的老人，主食要各样搭配；六十岁以后的老人，每天要有肉食储备；七十岁后老人的副食要多样化；八十岁后的膳食要好而精；九十岁以后的老人行动不便，膳食不离寝室，吃什么不必规定，随意吃些就可以了。五十岁时开始衰老，六十岁时不吃肉就不饱，七十岁时没有帛衣就不暖和，八十岁时就要用人来取暖，九十岁时即使用人抱着也不会感到温暖了。可见，人的生命是有周期的，只要遵循周期的特点，养生不是问题。

同样，对于“食”，曾国藩也崇尚节俭。他早年在京城时写信给家里人说：

吾近夜饭不用荤菜，以肉汤炖蔬菜一二种，令其烂如羹，味美无比，必可以资培养。菜不必贵，适口则足养人，试炖与尔母食之。星冈公好于日入时手摘鲜蔬，以供夜餐。吾当时侍食，实觉津津有味，今则加以肉汤，而味尚不逮于昔时。后辈则夜饭不荤，专食蔬而不用肉汤，亦养生之宜，且崇俭之道也。

关于养生方面的食疗药方，曾国藩也给过家人不少建议，下面就从其家书中节选一些供大家参考：

睡眠药方：“九弟信言母亲常睡不着。男妇亦患此病，用熟地、当归蒸母鸡食之，大有效验。九弟可常办与母亲吃。乡间鸡肉、猪肉最为养人，若常用黄芪、当归等类蒸之，略带药性而无药气，堂上五位大人食之，甚有益也，望诸弟时时留心办之。”

曾国藩为父亲守制期间，得不寐之症，欧阳兆熊开方子：“岐黄可以医身病，黄老可以医心病。”

与纪泽、纪鸿家书：“尔母患头昏泄泻，自是阳亏脾虚之症，宜以扶阳补脾为主。近日高丽参易照浮火，辽参贵重不可多得，不如多服党参，亦有效验而无流弊。道光二十八年，尔母在京大病，脾虚发泻，即系重服参、术、耆而愈。以大锅熬党参膏为君，每次熬十斤计。芾村身体最强，据云不服它药，惟每年以党参二十余斤熬膏常服，日益壮盛，并劝余常服此药。……即如汗者，心之精液，古人以与精血并重。养生家惟恐出汗，有伤元气。”

与澄侯、沅浦两弟家书：“丽参、鹿茸虽享福稍早，而体气本弱，亦属无可如何。吾生平颇讲求惜福二字之义，近来亦补药不断，且菜蔬亦比往年较奢。自愧享用太过，然亦体气太弱，不得不尔。胡润帅、李希庵常服辽参，则其享受更有过于余者……丽参、鹿茸服毕后，余可再寄，不可间断，亦不可过多，每早服二钱可也……学射最足保养，起早尤千金妙方、长寿金丹也。纪泽今年耽搁太多，此次宜静坐两个月。”

## 3. 万事看空，毋恼毋怒为养病之本

曾国藩讲毋恼毋怒也是养生的根本。有一段时间，曾国荃跟兄长讲自己得了病，曾国藩也担心老弟没攻克太平天国就油尽灯枯，熬不到最后。确实，处在那样的环境真的很残酷，一个人面临着多重压力，更何况还要在战场中拼杀。曾国荃能打下天京城，实属不易。为了安慰弟弟，让弟弟恢复正常状态，曾国藩写信告知，要弟弟万事看空，不要轻易恼怒，这是养病的根本之道。

曾国藩在信中说道：

弟信中有云肝病已深，痼疾已成，逢人辄怒，遇事辄忧等语，读之不胜焦虑。今年以来，苏浙克城甚多，独金陵迟迟尚无把握，又饷项奇绌，不如意之事机、不入耳之言语纷至迭乘。余尚愠郁成疾，况弟之劳苦过甚百倍阿兄，心血久亏数倍于阿兄乎？……此病非药饵所能为力，必须将万事看空，毋恼毋怒，乃可渐渐减轻。

我们都知道，有肝病的人容易发脾气，甚至暴怒，还会遇事动辄担忧疑虑。曾国荃攻打太平天国，之前是攻城略地，所向无不披靡，没料到围攻天京，却久攻不下，加上粮饷短缺，士兵人心浮动，又有人说闲话等诸多不如意。这些加起来，任谁也受不了。因此，曾国藩劝说弟弟，这些身体之病和心灵之病都不是药能治的，必须将万事看空，想开些，不要轻易恼怒，一切都会变好。

这段时间，曾国藩写了不少信给弟弟，关切之情表露无遗：

肝脾二家全仗老弟以心治之，非阿兄所能助谋，亦非良医所能为

功，弟之天君即神医也……

病近日少愈否？肝病余所深知，腹疼则不知何症。屡观朗山脉按，以扶脾为主，不求速效，余深以为然。然心肝两家之病，究以自养自医为主，非药物所能为力。

他这两封信还是要弟弟自治，不要想其他的。

曾国藩还认为“尽其在我，听其在天”，“养生以少恼怒为本”，人生无恼怒，胸中无苦恼，身体机能就呈现出“活泼泼地，养得一段生机”。长此以往，生命之树常青。他在同治四年（1865）十月给儿子们写信，表达自己的养生之悟：

吾于凡事皆守“尽其在我，听其在天”二语，即养生之道亦然。体强者，如富人因戒奢而益富；体弱者，如贫人因节啬而自全。……余八本匾中，言养生以少恼怒为本。又尝教尔胸中不宜太苦，须活泼泼地，养得一段生机。亦去恼怒之道也。既戒恼怒，又知节啬，养生之道，已尽其在我者矣。此外寿之长短，病之有无，一概听其在天，不必多生妄想去计较他。凡多服药饵，求祷神祇，皆妄想也。吾于医药、祷祀等事，皆记星冈公之遗训，而稍加推阐，教示后辈。

可见，一个人尽我之本分，而不必管寿长寿短，有病无病。靠药维持健康，靠神保佑健康，在曾国藩看来都是妄想。

## 4．父爱如山，为纪鸿送痘神“还愿”

同治六年（1867）三月，曾纪鸿为参加乡试，过于用功，得了一场几乎失去性命的重病。在此近一个月期间，曾国藩几乎无心做事，甚至他嗜之如命的围棋也停了，而他更是破了“不信僧巫祈祷”的祖训，当纪鸿的病情好转后，竟然为“还愿”送痘神，留下平生花了二千多两的个人开销的记录。我们把曾国藩这期间的日记主要摘录如下：

三月十四日：鸿儿于初八、九作三文一诗，十一、二作经文五篇，本日作策三道。夜间腰疼头疼，如站立不稳者，因命其不必再作。又闻其日间不能吃饭，殊深忧灼。睡后，久不成寐。念两儿与诸侄体气皆弱，悬系之至。四更略睡，旋即醒。

十六日：纪鸿昨日睡不能起，本日服参、蓍、术、附等药，壮热大作，舌有芒刺。乃知前夕之病非仅因作经策太劳也，实有外感伏于其中。接涂阆仙、石芾南先后来症〔诊〕，略带疫症，尚不重耳。

十七日：吴竹如来看鸿儿病，因在此中饭，谈至申正方去。

十八日：纪鸿之病是日加重，竹如以犀角、生地治之。傍夕，谵语壮热。夜服药二次，热微减而舌有芒刺。盖初病由于虚弱之症，用心太过，十六日误服参、蓍、术、附，遂致邪热日盛。深为焦灼！

十九日：巳刻，请竹如来看鸿儿。遍身疹子发得极满，大便亦通，而壮热不退，舌苔不减。竹如谓须服石膏，因强令服一帖……有一湘潭刘姓医来诊鸿儿之病，非疹也，痘也。余闻之尤为忧灼，盖悔此四日半之药无一不错也。旋请一老痘科刘叟来诊，果痘也。遍身无一隙地，舌上、喉中、发际皆有，各客纷纷来看。阅本日文件，粗粗一过。乃打扫屋宇，择花园中厅净室敬奉痘神。傍夕沐浴，灯后拈香行礼……念鸿儿年已二十，体气素弱，此次错服诸药，痘多而重，竟夕不能成寐。四更后，至其窗下潜听，气息尚匀，为之少慰。

二十日：是日，衙门堂期，因心绪怫乱，谢绝诸客。早饭后清理文件。鸿儿之痘甚险，而尤可虑者在咽喉不能进饮食。盖一则毒火冲塞喉嗝间，二则舌上、喉内痘颗甚多，三则平日虚火，喉间双蛾多痰，此际蛾愈大而痰愈壅，以致药水难入。本日刘叟所开之药方，午刻灌入六匙。未刻，强服米汤半茶碗，咽喉微有疏通之意。酉刻，吃黄松鱼及鸭翅掌汤一茶碗，灯后又服米汤半茶碗，二更后吃干饭一杯，由是喉关稍通，渐渐有生机矣。早间痘色尚暗。午后渐觉红润，及至灯初，面上之暗而低者亦有起色，合署为之稍慰。余竟日未甚治事。辰正、未正，共围棋四局。巳初习字一纸。未初阅本日文件。酉刻见客一次。核批札各稿，均草草了事，余则绕室彷徨而已。

二十一日：鸿儿之痘，是日大有转机，自黎明至三更，凡吃饭一次，吃米汤三次，吃黄松鱼鸭翅汤二次，吃肉汤一次，吃药二次。前数次尚喉间疼痛，后数次渐觉其易。痘色一律红润饱满，已有五六分可靠。盖全赖神佑，非由人力，钦感无已。

二十八日：是日，鸿儿痘症平顺如常。食粥四次，凡二十碗，燕窝比昨日减一次，未服人参，换以洋参，肉汤、鸭汤均能食其精者，痘痂亦落十之一二。此次由至险而得至安，实初意所不到。一则赖痘神祐助，一则刘叟之老练精慎，叶亭之劳苦维持，均难得也。

四月初八日：早饭后清理文件。是日，礼送痘神。余作祭文一首，四言三十二句，令叶亭缮写。辰初读文，行四拜礼。金陵之俗，送痘娘娘者纸扎状元坊一座，扎彩亭三座，又扎纸伞、纸旗之类，亲友亦以伞旗及爆竹送礼。是日，送纸伞者三十余把，爆竹十余万。辰正礼送出门。余许以二千金修痘神庙，保金陵城内男女永无痘灾，亦于祝文中详言之……午刻，请医生江宁刘叟蔚堂、湘潭刘竹村小宴，黄昌期、潘伊卿等同饮。

初九日：念鸿儿痘症用钱太多，恐情过于礼，蹈薄孝厚慈之讥，悚惕无已。

## 5. 动静结合，坐疗为养

曾国藩讲养生，注重动静结合，特别是坐疗。早年在京城的时候，他就听从理学大家的建议，每日焚香静坐三次。静坐所带来的好处，他深有体悟：

神明则如日之升，身静则如鼎之镇，此二语可守者也。惟心到静极时，所谓未发之中，寂然不动之体，毕竟未体验出真境来。

他还在日记中写道：

精神委顿之至，年未五十而早衰如此，盖以禀赋不厚而又百忧摧撼，历年郁悒，不无闷损。此后每日须静坐一次，庶几等一溉于汤世也。

他说自己平日精神委顿，年龄还没有到五十，就觉得精力不行，大概是先天禀赋不怎么样，又加上每日不停地操劳，日益忧虑抑郁，身心备受折损。而摆脱这些恼人的事，每天静坐一次，就让自己轻松了许多。当他老年的时候，眼睛不好使了，他也选择静坐疗法：

近来因眼蒙，常有昏瞆气象，计非静坐，别无治法。因作一联以自警云："一心履薄临深，畏天之鉴，畏神之格；两眼沐日浴月，由静而明，由敬而强。"

曾国藩还以明朝的陈继儒以及《红楼梦》为例，告诫自己和家人，要适当学会放下看开，每日静坐，可以让人想开很多。正如陈继儒《小窗幽记》所言：“透得名利关，方是小休歇；透得生死关，方是大休歇。”《红楼梦》也有诗为证：“世人都晓神仙好，只有金银忘不了；终朝只恨聚无多，及到多时眼闭了。”

曾国藩曾经在日记中记录自己的“静坐要诀”：

静坐凝神，以目光内视丹田，因举四语要诀曰：“但凝空心，不凝住心；但灭动心，不灭照心。”又称二语曰：“未死先学死，有生即杀生。”有生谓妄念初生，杀生谓立予铲除也。又谓此与孟子“勿忘勿助”之功相通，吾谓与《朱子》“致中和”一节之注亦相通。

对于静的运用，他还说：

静则生明，动则多咎，自然之理也……静有二道：一曰不入是非之场，二曰不入势利之场。

关于“静”的好处，《黄帝内经·素问》称：“静则神藏，躁则消亡。”《淮南子》亦云：“夫精神气志者，静而日充者以壮，躁而日耗者以老。”这都说明了以静养神的道理和必要性。

可见，强身健体，最重要的就是动静结合，静坐为要。毛泽东第一次正式发表的论文《体育之研究》中就引用了曾国藩的话：“天地唯有动而已。”苏东坡云：“精出于动，神守为静。动静即精神也。”

曾国藩曾通过阅读《福寿金鉴》，自创“小周天法”，日记记载：

阅《福寿金鉴》。午正，数息静坐，仿东坡《养生颂》之法，而心粗气浮，不特不能摄心，并使身不少动摇而不能。酉刻服药后，行“小周天”法。静坐半时许。

小周天是内丹术功法第一阶段，练精化气，也称百日筑基、子午功法。人到成年，由于物欲耗损，精气已不足，必须用先天元气温煦它，使后天精气充实起来，并使之重返先天精气。完成这步功法，就可防病祛病。

## 6. 取法苏东坡

曾国藩特别推崇苏东坡的养生之道。曾以人体的心、肝、脾、肺、肾，对应儒家所说的仁、义、礼、智、信，提出养生的要诀，他说：

一阳初动处，万物始生时，不藏怒焉！不宿怨焉！右仁所以养肝也。内有整齐思虑，外而敬慎威仪；泰而不骄，威而不猛。右礼所以养心也。饮食有节，起居有常，作事有恒，容止有定。右信所以养脾也。扩然而大公，物来而顺应，裁之吾心而安，揆之天理而顺。右义所以养肺也。心欲其定，气欲其定，神欲其定，体欲其定。右智所以养肾也。

因为曾纪泽体弱多病，曾国藩就告诫儿子应该清静调养，不应妄施攻治，大补尤其不可，他说苏东坡特别强调自然养生，故对儿子说：

尔虽体弱多病，然只宜清静调养，不宜妄施攻治。庄生云：“闻在宥天下，不闻治天下也。”东坡取此二语，以为养生之法。尔熟于小学，试取在宥二字之训诂体味一番，则知庄、苏皆有顺其自然之意。养生亦然，治天下亦然。若服药而日更数方，无故而终年峻补，疾轻而妄施攻伐强求发汗，则如商君治秦、荆公治宋，全失自然之妙。柳子厚所谓名为爱之其实害之，陆务观所谓天下本无事庸人自扰之，皆此义也。

后又与纪泽书：

东坡游罗浮诗云："小儿少年有奇志，中宵起坐存黄庭。"下一"存"字，正合庄子"在宥"二字之意。盖苏氏兄弟父子皆讲养生，窃取黄老微旨，故称其子为有奇志。以尔之聪明，岂不能窥透此旨？余教尔从眠食二端用功，看似粗浅，却得自然之妙。尔以后不轻服药，自然日就壮健矣。

关于苏东坡的养生，有著名的"东坡三二一"说法。

三养："一曰安分以养福，二曰宽胃以养气，三曰省费以养财。"曾国藩特别讲到"宽胃以养气"，人要宽胃才能养气，气才会流畅。气流畅，人就有神，精气就会养起来。怎么流畅呢？不要吃得饱。所以，古人讲，饭吃七分饱。

三疾："神仙至术，有不可学者，一忿躁，二阴险，三贪欲，公雅量清德，无此三疾，切谓可学。"疾病怎么来的呢？一个是情绪上的愤怒和暴躁，还有一个心理上的阴险，再有一个是人性上的贪欲，去掉这三疾才可以养生。说实话，要做到真不是容易的事。

二言："安则物之感我者轻，和则我之应物者顺。外轻内顺，而生理备矣。"这个不难理解，心安，自然轻松。和谐，自然通畅。外轻内顺，整个人当然舒服自在。

一难："难在去欲。"最难的还是"去欲"，人总是有欲望的，但还是要节制，不要让欲望埋没自己，不可自拔。

明清之际有一个学者王如锡，曾编纂了《东坡养生集》，共计十二卷一千余条，被收入《四库全书总目提要》中。这里节录一部分供参考：

苏东坡养生的"四三二一"："吾闻《战国策》中有一方，吾尝服之，有效，故以奉传其药四味而已：一曰无事以当贵，二曰早寝以当富，三曰安步以当车，四曰晚食以当肉。"

苏东坡被贬黄州，书写四戒："出舆入辇，命曰'蹷痿之机'；洞房清宫，命曰'寒热之媒'；皓齿蛾眉，命曰'伐性之斧'；甘脆肥浓，命曰'腐肠之药'。此三十二字，吾当书之门窗、几席、缙绅、盘盂，使坐起见之，寝食念之。"

## 7. 文化"养生"，天德有四

曾国藩还讲到文化的养生。古人读书最重要的是从书本中获得精神上的满足。由此，曾国藩创造了"曾氏减压法"，他说：

古来圣哲胸怀极广，而可达天德者约有数端，如笃恭修己而生睿智，程子之说也；至诚感神而致前知，子思之训也；安贫乐道而润身睟面，孔、颜、曾、孟之旨也；观物闲吟而意适神恬，陶、白、苏、陆之趣也。

这里提到了古今圣贤先哲们的胸怀都极其宽广，他们所达到的至圣大德境界，大约有四种。

先说说这四种人。程子，即二程，宋代理学的创始人程颢和程颐；子思，孔子的嫡孙；孔、孟、颜、曾，即孔子、孟子、颜渊、曾参；陶、白、苏、陆，即陶渊明、白居易、苏轼、陆游。

再看看“天德者约有数端”的具体阐述。

“笃恭修己而生睿智”，诚恳谦恭，注重自身修为而萌生出聪明睿智。在修身方面，程子主张“正心诚意”，认为对世间万物以诚恳谦恭之心对待，人也会变得睿智。

“至诚感神而致前知”，诚恳到了极点以致感动神灵，进而达到可预知未来的效果。这是子思的遗训，他认为诚恳至极就能感动神灵可知未来。

“安贫乐道而润身睟面”，安于贫穷的境遇，乐于奉行自己信仰的道德标准，则身体健康，面色红润。这是孔子、孟子、颜回、曾子的安贫乐道之境，自古以来就是很多文人墨客的人生准则、处世之道，他们对物质生活没有什么太大的追求，但是他们坚持自己的信仰。

“观物闲吟而意适神恬”，欣赏大自然的美景，吟咏诗赋，因而意态闲适，神色恬然。这是陶渊明、白居易、苏轼、陆游的悠闲山水之境，充满了人生乐趣。但是这种与世无争、悠闲惬意的境界，何尝不是历经仕途坎坷磨难而来的呢？

曾国藩又强调要多读诗书，体悟其中的豁达：

李白、韩退之、杜牧之则豁达处多，陶渊明、孟浩然、白香山则冲淡处多。杜、苏二公无美不备，而杜之五律最冲淡，苏之七古最豁达。……吾好读《庄子》，以其豁达足益人胸襟也。去年所讲生而美者，若知之，若不知之，若闻之，若不闻之一段（《庄子·杂篇·则阳》)，最为豁达。推之即舜禹之有天下而不与，亦同此襟怀也。

另外，曾国藩最好读《庄子》，可以说他的一生受益于《庄子》颇多。诗书当中的豁达，可以让人心胸开阔，对世间的名利看淡。他在日记中写道：

读东坡“但寻牛矢觅归路”诗，陆放翁“斜阳古柳赵家庄”诗，杜工部“黄四娘家花满蹊”诗，念古人胸次萧洒旷远，毫无渣滓，何其大也！余饱历世故，而胸中犹不免计较将迎，又何小也！沉吟玩味久之。

“半醒半醉问诸黎，竹刺藤梢步步迷。但寻牛矢觅归路，家在牛栏西复西。”这是苏轼写于被贬海南岛儋州期间，他的仕途之路颇为坎坷，被贬过两次，发配到海南，那是当时中国最偏远的地方，但他的心境还是很好。这让曾国藩感到非常赞叹。

# 第十六章　禁忌及身家八败

## 1. 官宦之家以不干预公事为第一要义

家训中一般都有禁忌，有时候禁忌还比较多。曾国藩家族与一般家族不同的是，曾家是官宦家族，曾纪泽是典型的官二代，这样一来，家训中就多了许多不同于普通家族的内容。总的来说，曾国藩家训有六大禁忌。

第一条禁忌就是官宦之家不能干预公事，而且曾国藩强调说“以不干预公事为第一义”。他写给儿子、弟弟，甚至写给叔父的信，都反复强调这一点。他经常说：

> 凡大员之家，无半字涉公庭，乃为得体。

“大员之家”就是指一二品高官之家。“涉公庭”就是涉及公务，干预地方官府的事情。后来曾国藩官至两江总督、大学士，位极人臣，手中拥有的权力非常大，他怕家里人打着自己的旗号做一些违法乱纪之事，对家族不利。早年曾国藩还是四品职衔的时候，他的父亲就借其名头干预公事，但又不能直接劝说父亲，所以他很委婉地给叔父写信，希望叔父劝劝父亲。他在写给叔父的信中说：

又闻四弟、六弟言父亲大人近来常到省城、县城，曾为蒋市街曾家说坟山事、长寿庵和尚说命案事。此虽积德之举，然亦是干预公事。侄现在京四品，外放即是臬司。凡乡绅管公事，地方官无不衔恨。无论有理无理，苟非己事，皆不宜与闻。地方官外面应酬，心实鄙薄，设或敢于侮慢，则侄靦然为官而不能免亲之受辱，其负疚当何如耶？以后无论何事，望劝父亲总不到县，总不管事，虽纳税正供，使人至县。伏求堂上大人鉴此苦心，侄时时挂念独此耳。

这里就提到了，曾国藩的父亲经常干预地方事务，去省城、县城，管别人家坟山的事情，还介入命案。这些事情虽然是积德的事情，但毕竟是干预公事，地方官府怎么办？他们因为受到权力的干扰，往往就不能公正审理。他以自己为例，说自己现在是四品京官，如果外放地方为官，成了一省的司法长官，设身处地地想想，地方乡绅干预公事，地方官虽然没有办法，又怎能不怀恨在心？他们当面顺从，背后实则恨死你。所以，无论有没有理，凡是跟自己没有切身关系的事情一定不要管。最后希望叔父体谅侄子的苦心，就怕老父亲打自己的旗号管地方公事。

大家都知道，做官最重要的一点，就是管好身边人，管好家里人。古代有好多人就是因为家没有管好，导致身败名裂。曾国藩就怕这些历史的悲剧在他身上重演。后来，在家主政的弟弟曾国潢也是经常干预地方大事小情，甚至州县官征赋税征不了的时候，也请曾国潢来出头。所以他写了一封措辞非常严厉的信，给曾国潢设定一个界限，不涉公家，不到衙门里去。他说：

巳正接沅弟信，知纪渠侄之子元十于六月初四日殇亡，殊为感怆。至内室久谈，相与欷歔久之……念澄弟昔年于骨肉根本之地，尽心尽力，而两年连殇二孙，殊不可解。闻弟近年好帮官司，好罚人出钱，好送人关班房，岂有损于阴德耶！抑闻侄妇有不敬其姑之处，神示之儆耶！展转思念，实深焦灼。继又思澄弟今年方四十九岁，较之余五十六岁抱孙时，尚小八岁，虽殇两孙，尚有一孙，何足挂怀。渠侄今年方二十六岁，纪泽长三岁，尚未得子。余生纪泽时，亦二十九矣，又何足忧虑哉！

甚至地方官加征曾家赋税，曾国藩也再三告诫诸弟千万不要到府县去告状，加征多少就承受多少。他说："我县新官加赋我家，不必答言，任他加多少，我家依而行之。如有告官者，我家不必入场。凡大员之家，无半字涉公庭，乃为得体。为民除害之说，为所辖之属言之，非谓去本地方官也。"

这在当时是非常难能可贵的。可以与张英的打油诗相媲美。

## 2. 有势不可使尽

六大禁忌第二条："有势不可使尽。"这也是讲大家族，权贵家族可以说"谈笑有鸿儒，往来无白丁"，结交的都是有权势的人，什么事情都能办。对此，曾国藩保持着高度的警惕。同治二年（1863）十一月在与曾国潢的家书中说：

弟家之渐趋奢华，闻因人客太多之故。此后总须步步收紧，切不可步步放松。禁坐四轿，姑从星冈公子孙做起，不过一二年，各房亦可渐改。总之，家门太盛，有福不可享尽，有势不可使尽。人人须记此二语也。

大家看，让弟弟步步收紧，不可步步放松，禁止家人太过于享受，如不准家人坐四人抬的轿子等，并说“有福不可享尽，有势不可使尽”。

后来，曾国藩又做九弟曾国荃的工作，要他注意影响，他说：

吾兄弟位高功高，名望亦高，中外指目为第一家。楼高易倒，树高易折，吾与弟时时有可危之机。专讲宽平谦巽，庶几高而不危。弟谋为此举，则人指为恃武功，恃圣眷，恃门第，而巍巍招风之象见矣。

他认为，自己兄弟二人位高权重，“中外指目为第一家”，“楼高易倒，树高易折”，稍微不谨慎，就完蛋了。所以千万不要讲资格，即论说武功、依仗圣眷、仗恃门第；要待人以宽、平易近人、谦虚为人、低调做事。

但是曾国荃不听兄长的，认为现在的天下就是势力的天下，谁的胳膊粗、谁的权力大，谁就说了算。曾国藩还是苦口婆心，提出不在胜人处求强，做弟弟的工作。他说：

家之强，必须多出贤子弟。此亦关乎天命，不尽由于人谋。至一身之强，则不外乎北宫黝、孟施舍、曾子三种……此外斗智斗力之强，则有因强而大兴，亦有因强而大败。古来如李斯、曹操、董卓、杨素，其智力皆横绝一世，而其祸败亦迥异寻常……故吾辈在自修处求强则可，在胜人处求强则不可。福益外家若专在胜人处求强，其能强到底与否尚未可知，即使终身强横安稳，亦君子所不屑道也。

他认为，几个家族要强，就要多出好子弟。接着以古人为例。以一人之强来讲，北宫黝、孟施舍、曾子是显例。读过《孟子》一书的人就知道，孟子专门论述过这三人。北宫黝是肌肤被刺不退缩，眼睛被戳不逃避；他觉得受到一点小挫折，就像在公共场所被人鞭打一样。既不受平凡小民的羞辱，也不受大国君主的羞辱；把刺杀大国君主看成刺杀平凡小民一样；毫不畏惧诸侯，听到斥骂一定反击。孟施舍则是对待不能战胜的，就像对待足以战胜的一样。要做到必胜，就得无所畏惧罢。而曾子则是“自反而不缩，虽褐宽博，吾不惴焉；自反而缩，虽千万人吾往矣”。此外斗智斗力的强者，有的因为战胜了，强大了，也有的最后失败了。像曹操、李斯、董卓、杨素，“其智力皆横绝一世，而其祸败亦迥异寻常”。所以，曾国藩还是希望在自修处求强，绝不可在胜人处求强。要知道，一个人能强一时，能强一辈子吗？

曾国藩又说：

余家目下鼎盛之际……近世似此者曾有几家？……日中则昃，月盈则亏，吾家亦盈时矣。管子云：斗斛满则人概之，人满则天概之。余谓天之概无形，仍假手于人以概之，霍氏盈满，魏相概之，宣帝概之；诸葛恪盈满，孙峻概之，吴主概之。待他人之来概而后悔之，则已晚矣。吾家方丰盈之际，不待天之来概、人之来概，吾与诸弟当设法先自概之。

也就是说，管子认为斗满人概，人满天概，曾国藩借此告诫弟弟，人拥有的太多，不要等上天和别人来削平，自己要削平。

## 3. 富家子弟以戒骄为第一义

第三个禁忌是“富家子弟以戒骄为第一义”。

曾国藩认为天道有三恶：“天道恶巧，天道恶盈，天道恶贰。”这三恶，讲的是为人处世的道理。“巧”指投机取巧，“盈”就是骄傲，“贰”是猜忌、不忠诚。曾国藩担心家中人骄傲，曾问过在家的四弟，弟弟答复说，家中子弟无不谦者。曾国藩却不以为然，回信说：

> 弟言家中子弟无不谦者，此却未然，余观弟近日心中即甚骄傲。凡畏人不敢妄议论者，谦谨者也。凡好讥评人短者，骄傲者也。……谚云：“富家子弟多骄，贵家子弟多傲。”非必锦衣玉食、动手打人，而后谓之骄傲也。但使志得意满，毫无畏忌，开口议人短长，即是极骄极傲耳。余正月初四信中言戒骄字，以不轻非笑人为第一义；戒惰字，以不晏起为第一义。望弟常常猛省，并戒子侄也。

这里说了，担心别人在背后指责、议论自己，才是谦退之道。而好说人短长，就是骄傲。“动手打人”就是骄傲，“志得意满，毫无畏忌，开口议人短长”，是极骄傲。他对于骄傲的理解是这样的。教导几位弟弟要引以为戒，不要有傲气、议人长短。

## 4. 不改寒素规模

第四个禁忌则是“不改寒素的规模”，就是过一点紧日子、苦日子，不要大手大脚度日。在给四弟的家书中，曾国藩说道：

任凭家中如何贵盛，切莫全改道光初年之规模。凡家道所以可久者，不恃一时之官爵，而恃长远之家规；不恃一二人之骤发，而恃大众之维持。我若有福罢官回家，当与弟竭力维持。老亲旧眷、贫贱族党不可怠慢，待贫者亦与富者一般，当盛时预作衰时之想，自有深固之基矣。

也就是说，家里保持现状最好，家道长久，靠的是家规和大伙的勉力维持，而不是一时的官位和一时的暴富。只要人人向上，努力读书，勤俭持家，家道自然兴旺。“不恃一时之官爵，而恃长远之家规；不恃一二人之骤发，而恃大众之维持”，这是曾国藩家训的经典之语。还有，自己将来罢官回家，应该跟几位弟弟竭力维持曾家的门风，老亲旧眷、贫贱族党不要怠慢，贫富一视同仁。

曾国藩老给几位弟弟上这种课，当他九弟回家大兴土木时，他很是恼火，甚至要绝交。为此他还郑重告诫九弟曾国荃，大意是：我家现虽鼎盛，但不可忘寒士家风味，我则不忘当年在蒋市街卖菜篮子的情景，弟则不忘当年在竹山坳里拖车拉碑的风景。昔日的苦况，怎么知道以后不再碰到呢？

## 5. 长辈恩怨，子弟不得妄生意气

第五条禁忌：“长辈恩怨，子弟不得妄生意气。”长辈之间的恩怨，后代的子弟不要妄生议论。我觉得这一点非常重要，父辈们的恩恩怨怨、是是非非，当孩子的不要议论。

当年曾国藩跟左宗棠闹不愉快，做两江总督时，又和自己一手提拔的沈葆桢（林则徐的女婿）闹矛盾。左宗棠和沈葆桢都是依靠曾国藩的力量上位的。和这两人发生的不愉快被两个儿子得知，儿子们难免又会议论。对此，曾国藩告诫曾纪泽：

尔信中述左帅（左宗棠）密劾次青（李元度），又与鸿儿信言闽中谣歌之事，恐均不确。余闻少泉言及闽绅公禀留左帅，幼丹实不与闻。特因官阶最大，列渠首衔。左帅奏请幼丹督办轮船厂务，幼已坚辞。见诸廷寄矣。余于左、沈二公之以怨报德，此中诚不能无芥蒂，然老年笃畏天命，力求克去褊心、忮心。尔辈少年，尤不宜妄生意气，于二公但不通闻问而已，此外着不得丝毫意见。切记切记。

书信告知曾纪泽，他们听闻的事都不确当，不要妄生意气之论。曾国藩这一点做得还是非常好的，这就叫为子女留余泽。曾国藩去世的时候，帮曾家最多的是谁呢？除了李鸿章，左宗棠帮得最多。曾国藩去世后，左宗棠写了这样一副挽联，其中一句说道：“谋国之忠，知人之明，自愧不如元辅。”下面还有一句话：“同心若金，攻错若石，相期无负平生。”两个人虽然时常争吵，看起来不和，实则“相期无负平生”。曾国藩过世后，左宗棠尽力看顾其子女。在总督两江时，就让曾国藩的小女儿曾纪芬的丈夫聂缉椝佐助上海制造局事。1878 年，曾纪泽奉命出任驻英法公使，左荐其“聪明仁孝”，尽力提携。

## 6．为乡亲行方便，切忌成为刻薄人家

第六条禁忌：“为乡亲行方便，切忌刻薄人家。”就是不要做刻薄的人家，对自己可以节俭、吝啬一点，但是绝对不能刻薄待人。

作为富贵之家，曾国藩希望自家子弟要善待乡邻，不要刻薄。他

认为：

凡世家子弟衣食起居，无一不与寒士相同，庶可以成大器，若沾染富贵气习，则难望有成。吾忝为将相，而所有衣服不值三百金。愿尔等常守此俭朴之风，亦惜福之道也。

世家大族子弟们饮食起居要与平民百姓相同，这样才可以成大器，养尊处优反倒不好。他自己所穿的衣服加在一起从来没有超过三百金，希望家人要守住俭朴作风，这也是惜福之道，不能有福一代享尽，后代无福可享。

他又说：

李申夫之母尝有二语云："有钱有酒款远亲，火烧盗抢喊四邻。"戒富贵之家不可敬远亲而慢近邻也。我家初移富圫，不可轻慢近邻，酒饭宜松，礼貌宜恭。建四爷如不在我家，或另请一人款待宾客亦可。除不管闲事，不帮官司外，有可行方便之处，亦无吝也。

曾国藩很感慨地提及幕僚李申夫的母亲所说的民间俗语，"有钱有酒款远亲，火烧盗抢喊四邻"，这是讲什么？远亲不如近邻，要跟邻里搞好关系，富贵之家不可近远亲，而怠慢近邻。近邻都不交往，好像你家势力大，不愿意跟平民百姓为伍。这样子不行，不可轻慢近邻，"酒饭宜松，礼貌宜恭"，尊重到家来访的乡邻。除了不管闲事、不帮官司之外，一定要把乡邻的难处放在心上，能解决就解决，能行方便之处，不要吝啬、刻薄。

## 7．避免身家八败

“避免身家八败”，分为避免身败和家败各四种。这是曾国藩总结出来的，他说：

士大夫之家不旋踵而败，往往不如乡里耕读人家之耐久。所以致败之由，大约不出数端。家败之道有四，曰：礼仪全废者败；兄弟欺诈者败；妇女淫乱者败；子弟傲慢者败。身败之道有四，曰：骄盈凌物者败；昏惰任下者败；贪刻兼至者败；反复无信者败。未有八者全无一失而无故倾覆者也。

曾国藩认为，士大夫之家往往不如耕读之家持久，容易败落。导致家败和身败的原因也是不少。家败之道有四种：“礼仪全废”，家里不讲规矩，长幼无序，这可不行；“兄弟欺诈”，兄弟各怀心中事，各自为政，不齐心；“妇女淫乱”，这完全是败坏门风；“子弟傲慢”，容易滋生骄奢之气，同样败家。一个大家族这四条中要是沾上一条就完蛋。那么，一个人不管多高的职位，要是身败也是同样完蛋，身败之道也是四种：“骄盈凌物”，看不起人，对谁都是吆五喝六，盛气凌人；“昏惰任下”，自己不明，懒于做事，任凭下面的人胡作非为，最后你自己肯定也会完；“贪刻兼至”，这一条曾国藩后来改成了“刻薄寡恩”，贪污还刻薄，没有什么恩情给别人，别人当然希望你早点倒霉；“反复无信”，反复无常，不守信用，还有谁来帮你？当然，如果上述八条全不沾，绝对不会无故衰败的。

曾国藩晚年的时候也讲自己把居官四败、居家四败写到日记里用来警惕自己，后来又做了改动，节录如下：

（同治七年日记）昔年曾以居官四败、居家四败书于日记，以自儆惕。兹恐久而遗忘，再书于此，与前次微有不同。居官四败：曰昏惰任下者败，傲狠妄为者败，贪鄙无忌者败，反复多诈者败。居家四败：妇女奢淫者败，子弟骄怠者败，兄弟不和者败，侮师慢客者败。仕宦之家不犯此八败，庶有悠久气象。

# 结语 家训的效果和影响

对于曾国藩的家训，关于其内容、具体体现，还有应用，我们讲了那么多，这些家训的效果和影响如何呢？因篇幅所限，这里做简单的总结。

曾国藩被誉为“晚清第一名臣”“官场楷模”。他力挽狂澜扶晚清王朝垂而不死，在“同治中兴”时起到中流砥柱的作用，其学问融汉学与宋学于一炉，以儒家为本体，而治军行法主刚，取申韩而用，功成名就后，又以老庄自持，兼收并蓄，治家以勤俭孝恕为本，实现了儒家立德、立功、立言“三不朽”的理想境界，被誉为“中华千古第一完人”。曾国藩的家训、家规对曾氏家族的传承有重大影响，曾氏家族更是历史上数得着的百年望族。关于曾家的后人，现在有不少学者做过研究。据统计，将近两百年来，自星冈公算起，至今已绵延到第十二代，远远超过曾国藩家族兴衰率的最高记录，即十代八代，曾家在业界有名望的优秀人才共计有二百四十多人，文至举人、进士、教授、工程师，武至将军，出现了像曾纪泽、曾广钧、曾广铨、曾昭抡、曾宪植等一代代杰出人物。而且，曾国藩家训家书家教的理念、做法，特别是其落地部分，其影响已经扩展到更广的范围，乃至成为中华民族优秀传统文化中特别是家教中的重要组成部分。

曾国藩或许不会想到，他留下的家训，影响了一百多年后的学子。

曾国藩对他所认定的事业，倾注了一生的心血，真正践行了“鞠躬尽瘁，死而后已”这句誓言。他对工作、对家人，真正做到了“义无反顾”。就大官僚而言，我们很少看到一个人能把事业与家庭兼顾。尽管儒家倡导“修、齐、治、平”，但是要真正做起来是非常难的，而曾国藩做到了。曾国藩每天在时间安排上井井有条，这也是梁启超在为《曾文正公嘉言钞》作序时所说的，我不相信孟子所说的人人可以为圣贤，但相信曾国藩所说的圣贤从平凡中做出。咸丰十年，曾国藩做了两江总督、钦差大臣，后来又做了大学士，同时统领湘军水陆两军，可以说日理万机。两江总督管辖三个省，即江苏、江西、安徽，清朝破例又把与太平军作战的主战场浙江划归他节制，所以他是四个省的一把手。清廷有任何大政实施之前，一定要征询曾国藩的意见。他还要行军打仗，此时不是和平时期；吏治民生问题他也要兼顾；他还兼管对外通商事务，实际上是当时对外关系的主要政策制定者。如此众多繁巨的事情，压在曾国藩一个人身上，但他把时间安排得井井有条，把时间分为上午、下午、晚上三个单元。而晚上要做两件事情，一件事情是核查明天应该奏报的事情，一件事情就是课子读书，与自己的儿子、儿媳一起读书，每晚必读两卷诗文，从不中断，行军、打仗期间，哪怕是舟次、坐轿也要看书。作为一个大人物，不废学，可能古往今来都很难找到这样的人。

曾国藩在世的时候，其家训影响就非常大，影响了子女、兄弟，还有同僚属下。去世之后，更是广为流传。在民国时期，大学和中学所用的修身课教材，很大一部分来自曾国藩的家训，那时还有独立出版的《曾文正公家训》，也是作为修身课的必读教材。

毛泽东早年认真研究阅读过曾国藩的家书，曾国藩的家训也经常读。他认真读了传忠书局的《曾文正公家书》。毛泽东一生敬仰曾国藩，特别是早年，视曾国藩为偶像级的人物，他曾经说："愚于近人，独服曾文正。"

蒋介石一生推崇的也是曾国藩。从他写给儿子蒋经国的信就可知，要儿子读《曾文正公家训》，读曾国藩的家书。

曾国藩对学人的影响也非常大，我在本书开始时就提过，钱穆把自己一生的成就归因于读《曾文正公家训》。

十大元帅之一的刘伯承，读得最多的是曾国藩家书，他说家书至少有两条对今天的我们有意义，一条是劝曾国荃戒躁。人急躁的时候就容易办错事情，尤其面临重大抉择的时候。另一条是要注意早选替手，"办大事者，以多选替手为第一义"，多选替手就是找好接班人。这两条作为治军为政之道不无道理。

以上我们看到，曾国藩对各界大人物都有影响。可见，曾国藩家训对现代的启示意义是相当大的。全国人大常委会前副委员长许嘉璐先生对曾国藩有一个评价，有两条。第一条，他说曾国藩是中国传统文化的守护者和传播者。第二条，曾国藩是中国近代化事业的开拓者。我觉得这个评价非常中肯。曾国藩开办安庆内军械所，是中国近代化事业的开始，派遣中国第一批赴美留学生，开办中国第一个洋学堂，开办中国第一个翻译外国书籍的正式书局，真的是开风气之先。所以可以说他是中国传统社会的最后一个精神偶像，是中国走向近代化的真正第一人。

# 附录　曾国藩治家语录

1. 凡天下官宦之家，多只一代享用便尽。其子孙始而骄佚，继而流荡，终而沟壑，能庆延一二代者鲜矣。商贾之家，勤俭者能延三四代；耕读之家，谨朴者能延五六代；孝友之家，则可以绵延十代八代。（“家族兴衰周期律”）

2. 凡家道所以可久者，不恃一时之官爵，而恃长远之家规；不恃一二人之骤发，而恃大众之维持。（齐家）

3. 历览有国有家之兴，皆由克勤克俭所致。其衰也，则反是。（齐家）

4. 无论大家小家、士农工商，勤苦俭约，未有不兴，骄奢倦怠，未有不败。（齐家）

5. 居家四败：妇女奢淫者败，子弟骄怠者败，兄弟不和者败，侮师慢客者败。（齐家）

6. 居官四败：曰昏惰任下者败，傲狠妄为者败，贪鄙无忌者败，反复多诈者败。（为官）

7. 子弟之贤否，六分本于天生，四分由于家教。（教子）

8. 治家贵严，严父常多孝子，不严则子弟之习气日就佚惰，而流弊不可胜言矣。（教子）

9. 凡人多望子孙为大官，余不愿为大官，但愿为读书明理之君子。（教子）

10. 凡世家子弟衣食起居，无一不与寒士相同，庶可以成大器；若沾染富贵气习，则难望有成。（教子）

11. 凡子之孝父母，必作人有规矩，办事有条理，亲族赖之，远近服之，然后父母愈爱之，此孝之大者也。（孝亲）

12. 儿子若贤，则不靠宦囊，亦能自觅衣饭；儿子若不肖，则多积一钱，渠将多造一孽，后来淫佚作恶，必且大玷家声。（财富）

13. 仕宦之家，不蓄积银钱，使子弟自觉一无可恃，一日不勤，则将有饥寒之患，则子弟渐渐勤劳，知谋所以自立矣。（财富）

14. 吾兄弟处此时世，居此重名，总以钱少产薄为妙。一则平日免于觊觎，仓卒免于抢掠，二则子弟略见窘状，不至一味奢侈。（财富）

15. 凡将相无种，圣贤豪杰亦无种，只要人肯立志，都可以做得到的。（立志）

16. 凡人无不可为圣贤，绝不系乎读书之多寡。（立志）

17. 书籍之浩浩，著述者之众，若江海然，非一人之腹所能尽饮也，要在慎择焉而已。（读书）

18. 买书不可不多，而看书不可不知所择。（读书）

19. 读经有一“耐”字诀。一句不通，不看下句；今日不通，明日再读；今年不精，明年再读。（读书）

20. 读史之法，莫妙于设身处地。每看一处，如我便与当时之人酬酢笑语于其间。（读书）

21. 经史而外，诸子百家，汗牛充栋。或欲阅之，但当读一人之专集，不当东翻西阅。（读书）

22. 人之气质，由于天生，本难改变，惟读书则可变化气质。古之

精相法（者），并言读书可以变换骨相。（劝学）

23. 虽极忙，亦须了本日功课，不以昨日耽搁而今日补做，不以明日有事而今日预做。（劝学）

24. 古人修身、治人之道，不外乎勤、大、谦。（修身）

25. 勤所以儆惰也，谦所以儆傲也，能勤且谦，则大字在其中矣。（修身）

26. 千古之圣贤豪杰，即奸雄欲有立于世者，不外一“勤”字；千古有道自得之士，不外一“谦”字。（修身）

27. 好汉打脱牙和血吞。（修身）

28. 每怪运气不好，便不似好汉声口，惟有一字不说，咬定牙根，徐图自强而已。（修身）

29. 不贪财、不失信、不自是，有此三者，自然鬼服神钦，到处人皆敬重。（修身）

30. 君子之处顺境，兢兢焉常觉天之过厚于我，我当以所余补人之不足。（处世）

31. 君子之住啬境，亦兢兢焉常觉天之厚于我：非果厚也，以为较之尤啬者，而我固已厚矣。（处世）

32. 悔者，所以守其缺而不敢求全也。小人则时时求全；全者既得，而吝与凶随之矣。（处世）

33. 有福不可享尽，有势不可使尽。（处世）

34. 吾未见业果精而终不得食者也。农果力耕，虽有饥馑，必有丰年；商果积货，虽有壅滞，必有通时；士果能精其业，安见其终不得科名哉？（专精）

35. 凡事皆贵专。求师不专，则受益也不入；求友不专，则博爱而不亲。（专精）

36. 凡人作一事，便须全副精神注在此一事，首尾不懈，不可见异思迁，做这样想那样，坐这山望那山。（专精）

37. 养生之道，视、息、眠、食四字最为要紧。息必归海，视必垂帘，食必淡节，眠必虚恬。（养生）

38. 如汗者，心之精液，古人以与精血并重。养生家惟恐出汗，有伤元气。（养生）

39. 既知保养，却宜勤劳。家之兴衰，人之穷通，皆于勤惰卜之。（勤教）

40. 身体虽弱，却不宜过于爱惜，精神愈用则愈出，阳气愈提则愈盛。每日作事愈多，则夜间临睡愈快活。（勤教）

41. 若存一爱惜精神的意思，将前将却，奄奄无气，决难成事。（勤教）

42. 自古无终身安乐而克成伟人者，历尽多少艰苦不如意之事，乃可磨炼出大材来。（进取）

43. 往者不可追，请从今始。（惜时）

44. 一生之成败，皆关乎朋友之贤否，不可不慎也。（交友）

45. 当盛时预作衰时之想，自有深固之基矣。（谋划）

# 主要参考文献

## 一、原始文献

（清）何绍基撰，毛健、尧育飞整理：《何绍基日记》，岳麓书社 2023 年版。

（清）贺长龄、贺熙龄著，雷树德校：《贺长龄集·贺熙龄集》，岳麓书社 2010 年版。

（清）胡林翼撰，胡渐逵、胡遂、邓立勋校点：《胡林翼集》，岳麓书社 2008 年版。

（清）江忠源、王鑫著，谭伯牛校：《江忠源集·王鑫集》，岳麓书社 2013 年版。

（清）黎庶昌、王定安等撰：《曾国藩年谱（附事略荣哀录）》，岳麓书社 1986 年版。

（清）梁溪坐观老人著，王淑敏点校：《清代野记》，山西古籍出版社 1996 年版。

（清）刘鉴、曾纪芬著，阳海燕、唐红卫笺注：《近代湖湘经典女训著作》，湘潭大学出版社 2022 年版。

（清）梅英杰等撰：《湘军人物年谱（一）》，岳麓书社 1987 年版。

（清）欧阳厚均撰，方红姣校点：《欧阳厚均集》，岳麓书社 2013 年版。

（清）欧阳昱：《见闻琐录》，岳麓书社 1986 年版。

（清）欧阳兆熊著，谢光尧校注：《水窗春呓》，中华书局 1984 年版。

（清）唐鉴撰，李健美校点：《唐鉴集》，岳麓书社 2010 年版。

（清）吴永述，刘治襄记：《庚子西狩丛谈》，广西师范大学出版社 2008 年版。

（清）薛福成：《庸盦笔记》，江苏古籍出版社 2000 年版。

（清）曾国藩：《曾国藩治家全书》，岳麓书社 1996 年版。

（清）曾国藩：《曾国藩家训》，岳麓书社 1999 年版。

（清）曾国藩：《曾国藩全集》，岳麓书社 2011 年版。

（清）曾国藩等撰：《湘乡曾氏文献》，台湾学生书局 1965 年版。

（清）曾国藩评选，廖承良、夏剑钦导读注译：《鸣原堂论文》，岳麓书社 2019 年版。

（清）曾国藩著，李瀚章编撰，李鸿章校刊：《曾文正公全集》，中国书店 2011 年版。

（清）曾国荃：《曾国荃全集》，岳麓书社 2006 年版。

（清）曾国荃等：《湘乡曾氏文献补》，台湾学生书局 1975 年版。

（清）曾纪泽：《曾纪泽集》，岳麓书社 2005 年版。

（清）曾麟书等撰，王澧华等整理：《曾氏三代家书》，岳麓书社 2002 年版。

（清）赵尔巽等撰：《清史稿》，中华书局 1979 年版。

（清）赵烈文：《能静居日记》，岳麓书社 2013 年版。

（清）朱孔彰：《中兴将帅别传》，岳麓书社 1989 年版。

（清）朱孔彰：《中兴名臣事略》，上海书局光绪戊戌秋月。

（清）左宗棠：《左宗棠全集》，岳麓书社 2014 年版。

蔡锷辑录，陈志学译注：《曾胡治兵语录》，巴蜀书社 1995 年版。

丁凤麟、王欣之编：《薛福成选集》，上海人民出版社 1987 年版。

胡平生译注：《孝经译注》，中华书局 1996 年版。

刘体仁著，张国宁点校：《异辞录》，山西古籍出版社 1996 年版。

刘志惠整理：《曾纪泽日记》，中华书局 2013 年版。

罗惇曧、李岳瑞：《太平天国战纪・春冰室野乘》，重庆出版社 1998 年版。

太平天国历史博物馆编：《清咸同年间名人函札》，档案出版社 1992 年版。

王利器：《颜氏家训集解》，中华书局 2016 年版。

王钟翰点校：《清史列传》，中华书局 1987 年版。

夏家善主编：《温公家范》，天津古籍出版社 1995 年版。

徐凌霄、徐一士著，徐泽昱、徐禾整理：《凌霄汉阁谈荟・曾胡谈荟》，中华书局 2018 年版。

徐一士：《一士类稿》，山西古籍出版社 1996 年版。

徐一士著，郭建平点校：《一士谈荟》，山西古籍出版社 1996 年版。

徐一士著，徐泽昱、徐禾选编：《一士类稿续集》，中华书局 2019 年版。

许啸天句读，胡翼云校阅：《左宗棠家书》，知识产权出版社 2012 年版。

杨朝明、宋立林主编：《孔子家语通解》，齐鲁书社 2013 年版。

杨居让、任越美注译：《养正集语》，三秦出版社 2000 年版。

中国史学会主编：《太平天国》，神州国光社 1952 年版。

锺叔河汇编校点：《曾国藩往来家书全编》，海南出版社 1997 年版。

## 二、近人论著

卞哲：《曾国藩》，上海人民出版社 1984 年版。

蔡元培：《中国伦理学史》，商务印书馆 1999 年版。

成晓军：《曾国藩家族》，辽宁古籍出版社 1997 年版。

成晓军主编：《名人评曾公》，辽宁古籍出版社 1997 年版。

董丛林：《曾国藩》，河北教育出版社 2000 年版。

董丛林：《曾国藩年谱长编》，上海交通大学出版社 2017 年版。

郭廷以编定：《郭嵩焘先生年谱》，（台北）“中央研究院”近代史研究所 1971

年版。

何贻焜：《曾国藩评传》，岳麓书社 2016 年版。

胡卫平、李志和、陈白羽等：《湖南历代文化世家：湘乡曾氏卷》，湖南人民出版社 2012 年版。

胡卫平：《曾国藩的藏书与刻书》，岳麓书社 2014 年版。

胡卫平：《曾国藩文化世家》，湖南人民出版社 2014 年版。

胡哲敷：《曾国藩治学方法》，当代中国出版社 2015 年版。

简又文：《太平天国革命运动史》，九州出版社 2020 年版。

江堤、彭爱学：《岳麓书院》，湖南文艺出版社 1995 年版。

江涌主编：《湖湘传统家训选读》，岳麓书社 2024 年版。

蒋星德：《曾国藩的生平与事业》，岳麓书社 2018 年版。

雷颐：《李鸿章与晚清四十年》，山西人民出版社 2008 年版。

李细珠：《晚清保守思想的原型——倭仁研究》，社会科学文献出版社 2000 年版。

梁启超著，韦少雯选编：《梁启超教子家书》，福建教育出版社 2013 年版。

林乾：《百年家族的秘密：林乾讲曾国藩家训》，北京大学出版社 2019 年版。

陆宝千：《郭嵩焘先生年谱补正及补遗》，（台北）“中央研究院”近代史研究所 2005 年版。

罗尔纲：《晚清兵志》，中华书局 1997 年版。

罗尔纲：《李秀成自述原稿注》，中华书局 1982 年版。

罗尔纲：《湘军兵志》，中华书局 1984 年版。

罗宏曾编著：《治家史鉴》，天津人民出版社 1996 年版。

罗绍志、田树德：《曾国藩家世》，江西人民出版社 1996 年版。

罗益群：《曾国藩读书生涯》，长江文艺出版社 1998 年版。

马东玉：《曾国藩本传》，辽宁古籍出版社 1997 年版。

马平、龙梦荪：《曾文正公学案》，岳麓书社 2010 年版。

孟泽：《独醒之累：郭嵩焘与晚清大变局》，岳麓书社 2021 年版。

聂云台：《保富法》，哈尔滨出版社 2016 年版。

潘德利、王宇：《曾纪泽年谱》，中国社会科学出版社 2011 年版。

钱基博：《近百年湖南学风》，岳麓书社 2010 年版。

钱基博著，曹毓英编：《钱基博学术论著选》，华中师范大学出版社 1997 年版。

秦翰才辑录：《左宗棠逸事汇编》，岳麓书社 1986 年版。

苏同炳：《中国近代史上的关键人物》，百花文艺出版社 2000 年版。

唐浩明：《冷月孤灯・静远楼读史》，广东人民出版社 2016 年版。

唐浩明：《唐浩明评点曾国藩家书》，岳麓书社 2002 年版。

田澍：《曾国藩与湖湘文化》，湖南大学出版社 2004 年版。

汪澍白：《毛泽东思想与中国文化传统》，厦门大学出版社 1987 年版。

王大龙主编：《中国家教百年》，湖北教育出版社 2017 年版。

翁飞、董丛林编注：《李鸿章家书》，黄山书社 1996 年版。

沃丘仲子：《近代名人小传》，中国书店 1988 年版。

吴相湘：《晚清宫廷实纪》，（台北）正中书局 1961 年版。

吴相湘：《晚清宫廷实纪》，中国大百科全书出版社 2010 年版。

吴相湘：《晚清宫廷与人物》，中国工人出版社 2009 年版。

萧艾：《王湘绮评传》，岳麓书社 1997 年版。

萧一山：《曾国藩传》，海南国际新闻出版中心 1994 年版。

萧一山：《清代通史》，中华书局 1986 年版。

徐少锦、陈延斌：《中国家训史》，陕西人民出版社 2003 年版。

徐泰来、罗绍志主编：《学者笔下的曾国藩》，岳麓书社 1997 年版。

杨慎初、朱汉民、邓洪波：《岳麓书院史略》，岳麓书社 1986 年版。

苑书义：《李鸿章传》，人民出版社 1991 年版。

曾宝荪、曾纪芬：《曾宝荪回忆录》，岳麓书社 1986 年版。

曾永玲：《郭嵩焘大传》，辽宁人民出版社 1989 年版。

张立真：《曾纪泽本传》，辽宁古籍出版社 1997 年版。

赵刚、王以仁主编：《中华家庭教育学》，研究出版社 2016 年版。

郑焱：《近代湖湘文化概论》，湖南师范大学出版社 1996 年版。

中共中央文献研究室编：《毛泽东早期文稿》，湖南出版社 1990 年版。

朱东安：《曾国藩传》，四川人民出版社 1985 年版。

朱明勋：《中国家训史论稿》，巴蜀书社 2008 年版。

朱树人编：《曾国藩逸事汇编》，岳麓书社 2019 年版。